KB116913

과학에서 가치란 무엇인가

과학에서 가치란 무엇인가

1판 1쇄 발행 2022. 12. 26.
1판 2쇄 발행 2024. 7. 26.

지은이 케빈 엘리엇
옮긴이 김희봉

발행인 박강휘
편집 임솜이 이승환 디자인 박주희 마케팅 윤준원 정희윤 홍보 장예림
발행처 김영사
등록 1979년 5월 17일 (제406-2003-036호)
주소 경기도 파주시 문발로 197(문발동) 우편번호 10881
전화 마케팅부 031)955-3100, 편집부 031)955-3200 팩스 031)955-3111

값은 뒤표지에 있습니다.
ISBN 978-89-349-4337-2 93400

홈페이지 www.gimmyoung.com   블로그 blog.naver.com/gybook
인스타그램 instagram.com/gimmyoung   이메일 bestbook@gimmyoung.com

좋은 독자가 좋은 책을 만듭니다.
김영사는 독자 여러분의 의견에 항상 귀 기울이고 있습니다.

A Tapestry of Values

: An Introduction
to Values in Science

과학에서 가치란 무엇인가

연구 주제 선정부터 설계, 실행, 평가까지

케빈 엘리엇   김희봉 옮김

김영사

추천의 말

오래전에 인류는 인체의 정맥과 동맥이 분리되어 있다고 확신한 적이 있었다. 고대에는 간에서 정맥피를 보내 몸에 양분을 공급하며, 심장에서 동맥피를 보내 온몸에 정기를 제공한다고 생각했다. 이런 믿음은 동물이나 인체를 해부해 보아도 동맥과 정맥이 연결되어 있지 않다는 관찰로 뒷받침되었다. 17세기에 이르러 영국 의사 윌리엄 하비가 합리적 추론을 통해 동맥과 정맥이 연결되어 있으며 피가 온몸을 순환한다고 주장했다. 그리고 몇십 년 뒤에 발명된 현미경은 실로 동맥과 정맥이 인체 말단의 모세혈관을 통해 연결되어 있음을 드러냈다.

과학과 가치가 서로 무관하다고 여겨진 적이 있었다. 과학은 자연의 사실을 다루며, 가치는 인간 세계의 당위와 연결되어 있다고 생각했기 때문이다. 철학자들은 사실 명제is에서 당위와 규범의 명제ought가 유도될 수 없다고 논증했다. 그래서 과학에 가치를 주입하려는 시도는 모두 실패할 수밖에 없다고 생각되었다. 가치가 강제로 주입되면서 과학을 망친 사례들(우생학, 나치의 아리안 과학, 리센코의 유전학 등)이 널리 알려졌고, '가치중립적 과학value-neutral science'이라는 이념이 진리인 양 설파되었다.

과학과 가치가 무관하다고 생각했던 것은 둘을 연결하는 '모세혈관'에 주목하지 않았기 때문이다. 철학자들은 사실에서 당위가 유도

될 수 없다는 논리적 명제로부터 과학과 가치가 무관하다는 주장을 반복했는데, 이런 주장의 문제는 과학과 가치 모두 인간의 지적이고 사회적인 실천이며, 실천하는 인간 속에서 이 둘이 연결된다는 엄연한 현상을 무시한다는 것이다. 거의 항상 우리는 사실에 기반해서 가치판단을 하며, 거꾸로 사실의 진위를 가늠할 때도 가치의 도움을 받는다. 인간의 실천은 과학과 가치를 연결하는 '모세혈관'인 것이다.

과학철학자 케빈 엘리엇은 과학자의 연구 주제 선택, 방법론 평가, 연구 목표 설정, 불확실성을 대하는 방식, 대중과 소통하는 프레임의 설정 같은 과학 활동의 모든 단계에 가치가 영향을 미친다는 사실을 실증적으로 보여준다. 과학과 가치라는 정맥과 동맥이 수많은 모세혈관으로 이어져서 서로 영향을 주고받음을 체계적이고 흥미롭게 밝혀낸다. 그는 여기에서 한발 더 나아가, 어떤 가치가 과학에 영향을 미치는 것이 바람직하냐는 규범적인 문제에도 도전한다. 과학자가 자신의 연구에 영향을 주는 가치를 숨겨서는 안 된다고 강조하면서, 엘리엇은 과학자가 자신의 연구에 담으려 하는 가치가 우리 사회에서 우선시되는 윤리적·사회적 가치가 될 때 더 바람직한 연구를 낳을 수 있다고 주장한다. 기업의 이해관계와 같은 가치는 이런 바람직한 가치의 후보가 될 수 없다는 것이 그의 입장이다.

이 책은 '과학은 가치중립적이다'라는 명제를 겨냥한 과학철학자의 강력한 카운터펀치다. 아직도 우리 사회에는 과학이 가치중립적이라는 이야기를 금과옥조처럼 되뇌는 사람들이 있는데, 이 책은 이런 과학주의에 유효한 해독제다. 이 책을 읽으면 그런 말을 하는 사람은 무식한 사람이거나, 아니면 위험한 사람이라는 것을 알 수 있을 것이다.

독자들은 이 책을 통해 과학과 가치의 다층적인 얽힘을 이해하면서, 더 생각하고 고민할 문제에 접근할 수 있을 것이다. 과학을 좋아하는 모든 독자는 물론, 실험실에서 연구에 몰입하고 있는 과학자, 학생들에게 과학 지식을 가르치는 교사, 과학 대중화에 힘쓰는 과학 커뮤니케이터 모두에게 이 책을 강력히 추천한다.

홍성욱(서울대학교 과학학과 교수)

나의 아이들, 제이든과 레아에게

서문

이 책은 과학과 가치에 관한 문헌들에 커다란 공백이 있다는 생각에서 시작되었다. 최근의 많은 책과 논문이 이 주제를 다루고 있다. 과학의 역사·철학·사회HPS와 과학기술학STS 분야는 과학과 가치의 교집합에 많은 관심을 쏟고 있다. 반쯤은 대중서인 《의혹을 팝니다Merchants of Doubt》(나오미 오레스케스, 에릭 콘웨이 2010), 《청부과학Doubt Is Their Product》(데이비드 마이클스 2008), 《불량 제약 회사Bad Pharma》(벤 골드에이커 2012) 같은 책들은 더 많은 대중에게 가치가 과학에 어떤 영향을 어떻게 주는지 생생하게 보여주었다. 그러나 이런 책에는 흔히 두 가지 약점이 드러난다. 첫째, 과학이 가치에 의해 크게 영향을 받는다는 일반적인 요점을 강조하지만 과학적 방법·개념·가정·질문의 선택에 가치가 정확히 어떻게 영향을 주는지 자세히 알려주지는 않는다. 둘째, 이 책들은 과학 안에 가치가 있다고 강조하기는 하지만 받아들일 수 있는 것과 그렇지 않은 것을 구별하는 방법을 명확하게 알려주지 않는다.

이 분야의 철학에는 이 두 가지 공백을 모두 메울 수 있는 연구가 많이 있다. 사실상 과학철학자들은 이 두 주제에 관해 많은 글을 썼다. 이 글들은 가치가 과학에 영향을 주는 방식들의 범위를 확인하고, 어떤 영향이 적절하고 어떤 것이 그렇지 않은지를 다룬다. 그러나 불행하게도 이런 글들은 일반 대중들이 쉽게 찾아보기 어려운 학술 논문과 전문 서적의 형태로만 출판된다. 나는 대학 신입생 혹은 관심이 있는 일반 독자들이 읽고, 도움을 받고 정보를 얻을 수 있는 책의 형태로 이러한 철학적인 통찰을 전달해주고 싶었다. 나의 목표는 한 가지 철학적 관점을 유지하면서도 충분히 학제적으로 폭넓은 논의를 통해 과학철학뿐만 아니라 과학 정책, 연구 윤리, 과학사, 환경 연구, STS에서 모두 입문 과정으로 사용할 수 있는 책을 쓰는 것이다. 마지막으로, 나는 이 책이 현장 과학자들과 정책 입안자들에게도 도움이 되기를 바란다.

이러한 목표에 따라 나는 가치가 과학의 수행에 영향을 미친 실제 사례를 집중적으로 연구하는 책을 썼다. 독자들이 더 쉽게 읽을 수 있도록 본문에는 참고문헌 표시와 각주를 넣지 않고 각 장의 끝에 모아두었으며, 책의 끝부분에 더 자세한 참고문헌 목록을 수록했다. 독자들이 쉽게 이해할 수 있게 쓰면서도, 나는 특정한 가치가 영향을 주는 것이 정당하다고 할 수 있는지, 왜 그런지를 일관되게 질문하는 철학적 태도를 유지했다. 이 책은 과학이 가치에 의해 영향을 받을 수 있는 다섯 가지 특징을 중심으로 다음과 같이 구성되어 있다.

연구 주제 선택(2장)

주제의 연구 방식(3장)

특정한 과학 탐구의 목적(4장)

과학자들이 불확실성에 대응하는 방식(5장)

결과의 설명에 사용하는 언어(6장)

나는 이 책에서 과학 연구에서 가치의 역할을 논한 여러 저명한 철학사들을 이해하기 쉽게 소개했다. 필립 키처와 지넷 쿠라니(2장), 엘리자베스 앤더슨, 휴 레이시, 헬렌 롱기노(3장), 크리스틴 인테만과 낸시 투아나(4장), 헤더 더글러스(5장), 존 듀프레와 대니얼 매코언(6장), 크리스틴 슈래더-프레셰트(7장)를 비롯해 많은 철학자를 다룬다. 이 책의 학제적 성격을 유지하기 위해 필 브라운(3장), 로저 필키 주니어, 대니얼 새러위츠(5장), 스티븐 엡스타인, 데이비드 구스턴, 애비 킨치, 쇼비타 파타사라티(7장) 같은 주요 과학 정책 및 STS 학자들의 견해도 다루었다. 내가 사용한 접근법의 한 가지 단점은, 과학에서 가치의 역할이 타당하거나 그렇지 않다는 구별을 어떻게 할지에 대한 나 자신의 광범위한 철학적 정당화를 보여주지 못한다는 것이다. 1장과 8장에서 나만의 접근 방식을 간략히 설명했다. 과학에서 가치가 정당한 역할을 하는 경우는 크게 두 가지로 나눌 수 있다. 첫째, 많은 경우 과학자들은 이용 가능한 증거에 의해 완전히 해결되지는 않지만 다른 것들보다 윤리적·사회적 가치를 지향하는 선택을 하도록 강요받는다. 이러한 선택을 할 때 특정한 가치를 추구하려는 의도가 없다고 해도 과학자들은 그러한 결정에 가치가 적재된다value-laden는 것을 인지하고, 그러한 측면을 고려해야 한다고 나는 주장한다. 둘째, 과학자들이 타당한 목표(예를 들어 사회적인 요구와 긴급성에 어울리는 방식으로 연구하는 것)를 달성하는 데 가치가 도움이 되므로, 나는 가치가 여러 맥락에서 정당화된다고 주장한다.

　이 두 시나리오 중 하나가 존재할 때(가치의 영향을 피할 수 없거나 타당한 목표 달성에 도움이 될 때), 가치는 과학에서 적절한 역할을 한다. 그러나 이러한 시나리오가 존재하는지와 과학의 수행에서 어떤 가치를 포함해야 하는지를 결정하기 위해서는 일반적으로 부가적인 조건들이 충족되어야 한다. 나는 이 책에서 다음과 같은 세 가지 조건을 강조한다. (1) 과학자는 가치의 영향을 면밀히 조사할 수 있도록 데이터·방법·모형·가정을 최대한 **투명**하게 해야 한다. (2) 과학자와 정책 입안자는 주요 사회적·윤리적 우선순위를 **대표**하는 가치를 포함시키기 위해 노력해야 한다. (3) 이해관계가 얽힌 사람들이 가치의 영향을 식별하고 성찰하는 일을 도울 수 있도록 적절한 **참여**의 형태가 발전되어야 한다. 나는 이러한 아이디어의 일부를 이전 연구(예를 들어 Elliott 2011b, 2013a, b; Elliott and McKaughan 2014; Elliott and Resnik 2014; McKaughan and Elliott 2013)에서 논의했다. 우리는 사회적·윤리적으로 가장 적절한 가치를 지지하기 위해 최대한 노력해야 하지만, 어떤 가치가 최선인지에 대해서는 이견이 있을 수밖에 없다는 것이 이러한 조건들의 이면에 있는 동기이다. 그러므로 과학에 영향을 주는 가치들을 모든 사람에게 알려서, 그들이 수행하는 과학이 그들 자신의 가치에 따라 어떻게 달라질 수 있는지에 대해 다른 사람들이 판단할 수 있도록 해야 한다.

내가 선호하는 접근 방식은 다른 철학적 연구와 세부적인 면에서는 다르지만, 다행히도 가치가 과학에 적절하게 영향을 주는 주요 방식에 대한 여러 가지 설명은 대체로 일치한다. 따라서 내가 이 책에서 바라는 것은, 가치가 과학 연구에 적절하게 영향을 줄 수 있게 하는 방법과 그 이유에 대한 철학적 견해를 알기 쉽고 효과적으로 소개하는 것이다. 궁극적으로, 연구에 영향을 주는 가치를 어떻게 안내해야 우리가 윤리적·사회적 목표에 더 잘 기여할 수 있는지에 대한 사려 깊은 성찰을 하는 데 이 책이 도움이 되기를 바란다.

이 점을 염두에 두고, 이 책의 표지에 대해 설명하고 싶다(원서의 표지에 쓰인 그림은 8쪽에 실었다-옮긴이). 표지 그림은 "유니콘 태피스트리"로 알려진 일곱 편의 연작 중 마지막 작품인 〈사로잡힌 유니콘The Unicorn in Captivity〉이다. 뉴욕 메트로폴리탄 미술관의 분관인 클로이스터스에 소장된 중세 후기의 이 유명한 태피스트리들은 유니콘 사냥을 묘사하고 있다. 내가 이 그림을 표지로 선택한 이유는 유명한 태피스트리이기 때문만은 아니다. 유니콘은 강력한 상징이며, 이 태피스트리 연작은 일반적으로 신랑의 구애나 그리스도의 강림을 나타내는 것으로 해석된다. 따라서 이 그림은 사랑과 종교적 헌신의 가치를 보여주며, 이 책은 과학에서 이러한 가치가 쉽게 드러나지 않는다는 점을 시사한다. 나는 또한 잡기 힘든 유니콘을 다치지 않게 사로잡아서 길들이려는 노력이, 윤리적·사회적 가치를 증진시키기 위해 "과학을 길들이려고" 노력하는 이 책의 주제와 흥미로운 유사점이 있다고 생각한다. 태피스트리를 자세히 들여다보면 유니콘의 몸통을 타고 떨어지는 석류나무 열매의 즙을 볼 수 있다. 보통은 결혼의 보람을 상징한다고 해석하지만, 이 책의 맥락에서는 과학이 사회를 위해 만들어내기를 우리 모두가 바라는 열매라고 생각해도 좋을 것이다.

케빈 엘리엇
2016년 5월

감사의 말

이 책의 저술을 지원해준 미시간 주립대학교와 라이먼브릭스칼리지의 엘리자베스 시먼스 학장에게 크게 감사한다. 이 책의 중요한 부분은 2015년 봄학기 때 라이먼브릭스칼리지에서 개설된 강의에서 마련되었다. 내가 이 책을 쓰게 된 이유는 주로 라이먼브릭스칼리지 학부 교육 과정에서 HPS 입문 과정으로 사용하기에 적합한 교과서를 만들기 위해서였다. 2015년 가을 HPS 입문 과정, 2016년 봄 STEPPS 캡스톤 과정, 2016년 봄 어류·야생동물 대학원 세미나에서 초고를 살펴본 학생들의 조언 덕분에 책을 더 잘 다듬을 수 있었다.

또한 나와 함께 일하고 연구한 많은 동료에게 감사한다. 이 책의 제목(원제는 'A Tapestry of Values'이다-옮긴이)에 대한 아이디어를 언제 얻었는지는 정확히 기억나지 않지만, 헤더 더글러스가 나에게 과학의 수행은 태피스트리와 같다고 말해주었던 것 같다. 헤더와의 토론은 과학과 가치에 대한 내 생각을 발전시키는 데 큰 도움이 되었다. 내 친구 대니얼 매코언도 이 책에 큰 영향을 주었다. 독자들은 4장과 6장의 많은 아이디어가 매코언과의 공동 논문에서 나왔다는 것을 알게 될 것이다. 4장에는 데이비드 윌메스와 함께 논문을 쓰면서 내가 알게 된 내용도 들어 있다. 또한 이 책에는 내가 저스틴 비들에게 얻은 통찰들도 많이 들어 있다.

저널 엘리엇과 댄 스틸은 원고 전체를 읽고 조언해주었다. 옥스퍼드대학교 출판부의 두 검토자가 초고에 대해 훌륭한 제안을 해주었고, 최종판 검토자의 조언으로 책을 크게 개선할 수 있었다. 또한 워싱턴대학교에서 2016년 열린 대학원 '과학과 가치' 세미나에서 나의 강연을 들었고 같은 해 이공계 사회 관련 철학 공동 세미나에 참석한 로빈 블럼, 매트 브라운, 에린 내시, 팻 소라노가 이 책에 대해 중요한 의견을 주었다. 과학과 가치에 대해 생각해보도록 영감을 준 노트르담대학교의 크리스틴 슈래더-프레셰트, 돈 하워드, 자넷 쿠라니에게 감사하며, 이 문제에 대해 대화를 나누며 내 생각을 다듬는 데 도움을 준 여러 학자들에게 감사한다.

특히 아내 재닛에게 감사한다. 나는 이 책에서 과학의 수행은 여러 가닥의 실로 엮은 태피스트리와 같다고 주장한다. 게다가 내가 이 책을 쓴 것도 태피스트리와 같아서, 읽고 쓰고 생각하는 모든 것들이 수없이 많은 가족 활동과 얽혀서 이루어졌다. 이 책에 담긴 나의 연구에는 재닛과 우리 아이들 제이든과 레아로부터 받은 많은 축복이 담겨 있다. 나는 이 책이 우리 아이들과 그들의 자식들을 위해 세계를 더 좋은 곳으로 만드는 연구를 도울 수 있기를 바라며 우리 아이들에게 이 책을 헌정한다.

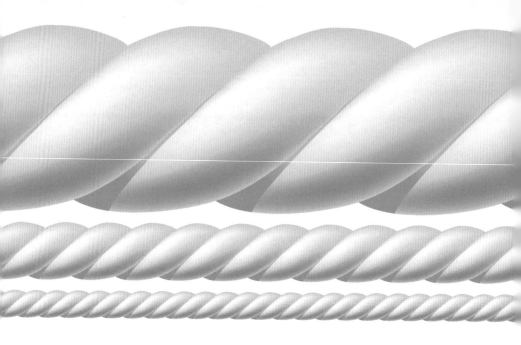

A Tapestry of Values

: An Introduction
to Values in Science

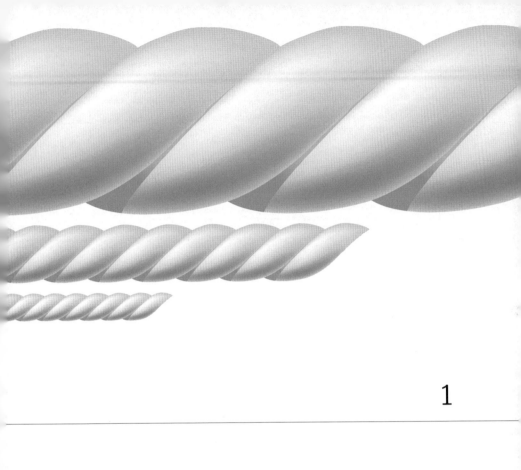

과학에서 가치란 무엇인가?

1943년 1월 26일, 러시아의 유명한 과학자 니콜라이 이바노비치 바빌로프가 소련의 감옥에서 죽었다. 조국과 세계를 위해 평생을 바친 뒤에 굶어 죽었다는 점에서, 그의 죽음은 특히 끔찍하다. 유전학자이자 농학자였던 그는 식물 육종가들이 주요 식량 작물이 진화한 최초의 지리적 위치를 파악하기 위해 노력해야 한다는 통찰을 얻었다. 그 지역에서는 여전히 그 작물의 다양한 변종을 발견할 수 있다는 것이 이유였다. 이러한 유전적 다양성을 이용하면 가뭄에 대한 저항력, 극한의 기온에 대한 내성, 높은 수확량 등 귀중한 형질을 지닌 새로운 품종을 번식시킬 수 있다. 러시아 사람들이 지속적인 식량 부족과 기근을 겪고 있었기 때문에, 개선된 품종을 찾는 일은 국가적으로 중요한 과제였다. 그래서 바빌로프는 이러한 통찰에 따라 씨앗과 모종을 찾아서 전 세계를 누볐다.

바빌로프의 이야기는 과학에서 가치가 어떤 일을 할 수 있는지를 보여준다. 그가 조국을 위해 그렇게 노력하고도 결국 감옥에 가게 된 이유는 소련의 지도자 이오시프 스탈린이 유전학을 싫어했기 때문이다. 스탈린은 바빌로프가 연구하는 유전학이 소련 지도부의 가치에 어긋난다고 생각했다. 이러한 가치의 충돌 때문에 스탈린은 유전학을 탄압하기로 했다. 게다가 스탈린은 자신이 야심차게 추진했지만 실패한 집단농장 사업의 책임을 떠넘길 희생양이 필요하기도 했다.

그러나 가치는 과학에서 매우 긍정적인 역할을 할 수 있다. 바빌로프의 이야기를 마친 뒤에, 이 장에서는 1980년대와 1990년대 환경 오염에 대한 테오 콜본의 선구적인 연구를 살펴보겠다. 콜본의 이야기는 가치가 연구에 유익한 영향을 줄 수 있는 여러 가지 방식들을 보여준다. 바빌로프와 콜본의 이야기는 우리가 이 책을 통해 함께 탐구할 두 가지 주요 질문의 중요성을 잘 보여준다. 첫째, 가치는 어떤 방식으로 과학적 추론에 영향을 주는가? 둘째, 그러한 영향이 바람직한지 그렇지 않은지 어떻게 알 수 있는가? 이 질문에 대한 답을 준비하기 위해 이 장의 마지막 절에서 책 전체의 개요를 살펴보고, 다음의 장들에서 다룰 철학적 개념 몇 가지를 명확하게 설명한다.

바빌로프 이야기에서의 가치

러시아 국민을 도울 농업의 돌파구를 열기 위해 바빌로프는 전 세계를 누비고 다니며 200회 이상의 탐험을 했고, 수십만 개의 식물에서 씨앗을 채취했다. 그의 전기를 쓴 피터 프링글이 언급했듯이, 바빌로프의 모험은 놀라웠다. 1916년에 그는 러시아, 아프가니스탄, 중국이 국경을 맞대고 있는 파미르의 산악 지대로 탐험대를 이끌고 떠났다. 가장 편안한 길은 군사 충돌로 안전하지 않았기 때문에 그들은 말을 타고 위험한 빙하를 통과해야 했고, 바빌로프와 그의 말은 가까스로 죽음의 고비를 넘기기도 했다. 1924년에는 러시아 최초의 과학 탐험대를 이끌고 아프가니스탄으로 갔다가 말라리아를 앓았고, 기꺼이 동행할 현지 안내인들을 찾기 위해 애를 먹으면서 위험한 지역을 여행했다. 1927년에는 아비시니아(오늘날의 에티오피아)와 에리트레아를 여행했다. 이 탐험에서 일행은 감시병들에게 브랜디를 선물해 그들이 취해 잠들었을 때 몰래 도망친 적도 있다. 스페인 여행 때는 경찰 두명이 동행했는데, 일정이 너무 빡빡해서 경찰들이 낮에 함께 다니기를 포기하고 매일 밤에 합류하기로 약속했다. 그는 미국, 캐나다, 서유럽, 중국, 일본, 중남미를 포함한 전 세계에서 표본을 수집했다.

바빌로프의 연구는 소련뿐만 아니라 국제적으로도 높은 평가를 받았다. 1926년에 그는 과학 활동에 주어지는 소련 최고의 상인 레닌상을 받았다. 1929년에는 소련 과학아카데미의 최연소 정회원으로 선출되었고, 레닌농업아카데미 원장이 되었다. 그는 토머스 헌트 모건과 헤르만 뮐러를 포함한 세계 최고의 유전학자들에게 존경을 받았다. 그는 레닌그라드에 25만 개 이상의 표본을 보유한 세계 최대의 종자은행을 만들었고, 그가 감독하는 소련 전역의 300개 실험장에서 새로운 식물 품종을 시험했다. 제2차 세계대전 당시 나치가 레닌그라드를 포위해서 도시 주민들이 굶주릴 때도 바빌로프 연구소의 직원들은 씨앗을 충실히 지켰고, 일부 직원들은 굶으면서도 수집한 표본을 끝까지 건드리지 않았다. 씨앗 표본을 보호한 직원들의 열정은 과학에서 가치가 할 수 있는 심대하고 유익한 역할을 보여준다. 불행하게도 바빌로프의 이야기는 반대로 가치(이 경우에는 정치 이데올로기)가 과학에 어떤 해를 끼칠 수 있는지 보여주는 전형적인 사례로 자주 거론된다.

바빌로프처럼 유명하고 인도주의적인 과학 영웅이 감옥에서 굶어죽는다는 것은 상상도 하기 어려운 일이다. 스탈린이 소련 농업을 집단농장으로 재편성하고 정치적 반체제 인사들을 탄압하는 동안 바빌로프는 식물 육종에 몰두하고 있었다. 스탈린의 정책은 실패했고, 그렇지 않아도 소련을 괴롭히던 식량 사정은 훨씬 더 나빠졌다. 스탈린 정부는 바빌로프에게 농업 수확량을 최대한 빨리 늘리라고 압박했지만, 바빌로프는 육종 기술로 이끌어낼 수 있는 발전 속도에는 한계가 있다고 주장하면서 저항했다. 같은 시기에 트로핌 리센코라는 야심 찬 젊은 과학자가 다른 농업 전략을 추구하면 훨씬 더 빨리 발전할 수 있다고 주장했다.

프링글에 따르면, 리센코는 소련이 선전하던 '맨발의 과학자'의 한 예였다. 이들은 대학을 졸업하지 않은 채 인민들의 생활에 직접 관련되는 실질적인 문제를 해결하기 위해 나선 연구자들이었다. 1927년부터 공산당 기관지인 〈프라우다〉가 리센코의 식물 육종 연구에 주목하기 시작했다. 그는 씨앗이 노출되는 온도·습도·빛과 같은 환경적 요인을 변화시킴으로써 농작물의 수확량을 극적으로 높일 수 있다고 주장했다. 바빌로프는 리센코의 연구에 감탄했지만, 바빌로프와 동료 농학자들은 리센코의 연구가 오류이거나 과장되었거나 심지어 속임수일 수도 있음을 알고 있었다. 그럼에도 불구하고, 리센코의 방법은 유전적 형질보다 환경적 요인이 중요하다고 강조하는 집권 공산당의 마르크스주의 철학과 매우 잘 어울렸다. 더욱이 리센코는 전통적인 지식인을 극도로 의심하는 문화적 환경에서 자신이 농민 출신이라는 점과 교육 받지 못했다는 점을 대단히 전략적으로 활용했다.

스탈린은 1930년대 집단농장 사업 실패의 책임을 떠넘길 희생양을 찾고 있었기 때문에, 바빌로프와 동료 유전학자들은 쉬운 표적이

되었다. 오랫동안 바빌로프는 리센코와 잘 지내려고 노력했고, 농업 과학에 대한 리센코의 환경적 접근이 바빌로프가 추구하던 유전적 번식 전략과 보완적이라고 추켜세웠다. 그러나 바빌로프를 따르는 여러 동료 유전학자들은 리센코를 비판했다. 리센코는 소련의 서열 체계에서 점점 더 권력을 얻으면서 유전학 분야가 과학에 대한, 잘못된 서구적·'부르주아적' 접근이라고 공격했다. 1938년에 바빌로프는 권력에 의해 레닌농업아카데미 원장에서 밀려나고 리센코가 그 자리를 차지했다. 한편 스탈린은 '반혁명분자'로 지목된 수많은 사람을 악랄하게 숙청했고, 1930년대 후반에는 점점 더 많은 유전학자가 반혁명분자로 내몰렸다.

몇몇 유전학자가 처형되었지만, 바빌로프는 한동안 자유로웠다. 바빌로프의 국제적 명성이 도움이 되었고, 스탈린이 자신의 공포 정치에 관심이 쏠리는 것을 원치 않았기 때문이었을 수도 있다. 그러나 소련 지도부는 결국 바빌로프가 우크라이나 서부로 탐사 여행을 떠나 있는 동안 그를 조용히 체포할 음모를 꾸몄다. 1940년 8월 6일, 그는 붙잡혀서 감옥으로 끌려갔다. 그 뒤로 11개월 동안 바빌로프는 거의 400번의 심문을 당했다. 그는 8월 10일부터 8월 24일까지 거의 잠도 못 자면서 120시간 동안 심문을 당했다. 그는 8월 말에 농업계의 '우익' 조직에 가담했다는 거짓된 고발을 시인했지만, 이듬해 내내 계속된 끊임없는 취조를 받으면서도 간첩죄는 인정하지 않았다. 날조된 증언을 바탕으로 간첩죄의 누명을 쓰게 된 바빌로프에게 결국 사형 선고가 내려졌다. 항소심에서 감형되어 처형될 위기는 면했지만, 바빌로프는 감옥의 가혹한 환경을 견디지 못하고 1년 6개월 만에 죽었다.

소련이 리센코주의를 채택하고 지키면서 다른 견해를 가진 과학자들을 박해한 일은 가치가 과학에 영향을 줄 때 일어날 수 있는 위험한 결과를 보여주는 대표적인 사례다. 과학이 순수한 정치적·종교적·윤리적 가치를 지키지 않으면, 과학자들이 진리에 도달하지 못하게 하는 이데올로기에 휘둘릴 위험이 있다. 그러나 리센코주의에 대한 이러한 비판은 전적으로 공정하지 않을 수 있다. 20세기 중반에 리센코에게는 종종 '가짜 과학자'라는 딱지가 붙었지만, 더 최근의 학자들은 상황이 조금 복잡하다는 것을 보여주었다. 리센코가 전통적인 유전학을 배척했다는 점은 비난을 피하기 어렵지만, 저온 처리된 농작물이 더 잘 자랄 수 있다는 것은 과학계에서 잘 받아들여졌다. 더욱이 그의 연구는 이론적인 작업과 실제적인 관심사를 통합한다는 목표에 영향을 받았는데, 이는 당시 소련의 중요한 과제였다. 다음의 장들에서는 올바른 조건에서 과학이 이러한 종류의 실제적인 목적에 영향을 받는 것이 허용될 수 있다고 주장한다.

따라서 바빌로프와 리센코의 이야기에서 문제는 단순히 리센코의 연구에 가치가 작용했기 때문이 아니라, 가치를 타당한 방식으로 포함시키기 위해 필요한 다른 조건들을 충족하지 못했기 때문이었다. 가장 명백한 문제는 리센코가 선호하는 접근법에 저항하는 많은 과학자가 잔인하게 억압당했다는 것이다. 유전학에 대한 그의 견해에 이의를 제기하는 학자들은 투옥되거나 살해되었고, 체포되지 않은 사람들도 두려움에 떨면서 그의 연구를 감히 비판하지 못했다. 그 결과, 학자들은 그의 연구에 비판적으로 관여할 수 없었고, 그 우수성을 의심할 수 없었다. 리센코의 연구에서 또 다른 문제는 리센코가 연구자로서 잘 교육 받지 못했기 때문인지, 실험과 결과를 주의 깊게 설명하지 못했다는 것이다. 이러한 투명성의 결여 때문에 과학계는 그의 연구를 평가하기가 더 어려워졌다. 과학 연구에 가치를 적절하게 포함시키려면 비판적 참여와 투명성이 중요함을 우리는 이 책 전체를 통해 계속 보게 될 것이다.

콜본 이야기에서의 가치

과학이 가치와 관련된 더 최근의 이야기를 살펴보자. 2014년 12월에 세상을 떠난 테오 콜본은 환경 오염의 이해에 혁명을 일으켰다는 갈채를 받았다. 그녀는 독성 화학 물질과 관련된 위험성을 강조했다는 점에서 환경 운동의 선구자인 레이첼 카슨과 자주 비교된다. 그러므로 콜본이 환경 과학의 노벨상으로 여겨지기도 하는 블루플래닛상을 비롯한 다양한 영예를 얻었을 뿐만 아니라 카슨의 이름을 딴 수많은 상을 받은 것은 적절하다.

1978년, 약사로 일하다가 은퇴한 51세의 콜본이 새로운 경력에 도전하기로 결심했을 때만 해도 그녀가 이렇게 큰 업적을 남길 것이라고 예상하기는 어려웠다. 그녀는 콜로라도의 로키산맥 생물학연구소 근처에 살고 있었고, 새를 좋아했기 때문에 환경 단체에서 자원봉사를 하게 되었다. 그녀는 좀더 그럴듯한 자격증을 얻기 위해 생태학 석사학위 과정에 등록했고, 위스콘신대학교 매디슨 캠퍼스에서 동물학

박사학위 과정에 들어갔다. 1985년에 학위를 받은 콜본은 워싱턴 D.C.에 있는 미국 기술평가원에서 근무할 수 있는 펠로우십을 받았고, 1987년에는 오대호 지역에 환경 오염이 미치는 영향을 연구하는 비영리 연구 기관인 컨서베이션재단Conservation Foundation에 자리를 잡았다.

당시의 과학자들은 환경에 방출된 독성 화학 물질 때문에 인간과 야생동물이 암에 걸린다고 추측했다. 그러나 그녀는 오대호 지역 주민들이 비정상적으로 암에 많이 걸린다는 확실한 증거를 찾지 못했다. 반면에 그녀는 이 지역의 동물들이 겪고 있는 여러 가지 놀랍고 이상한 일을 관찰했다. 예를 들어 일부 재갈매기 군락에서는 암컷만 두 마리가 사는 둥지들이 발견되었는데, 분명히 수컷이 부족하기 때문이었다. 또한 많은 조류 종의 어미들이 이상한 행동을 하고 있었다. 새들은 정상적일 때보다 둥지를 더 자주 비우고 알을 잘 품지 않았다. 많은 새가 기형으로 태어났고, 밍크와 같은 동물들은 번식에 이상이 있었다. 콜본은 뭔가가 잘못되었다고 생각했지만, 그녀가 알아낸 것은 대부분의 과학자들이 연구하던 암 발병 패러다임과 무관했다.

콜본은 궁극적으로 여러 가지 발견을 종합해서 환경 오염에 접근하는 새로운 패러다임 개발을 주도했다. 그녀는 오대호의 생물들이 겪는 많은 문제가 특히 오염 물질에 노출된 개체의 번식과 성장에 관련된다는 것을 깨달았다. 다른 과학자들이 수행한 실험 연구를 바탕으로, 그녀는 여러 가지 화학 물질이 동물의 호르몬 계통을 방해해서 해로운 영향을 주고 있다고 주장했다. 호르몬 체계는 성장 과정뿐만 아니라 면역 체계 및 신경계와 깊숙이 얽혀 있기 때문에 환경 오염 물질이 호르몬을 변화시켜 광범위한 문제를 일으킬 수 있다. 어떤 경우에는 암도 해로운 영향에 포함될 수 있지만, 다른 결과도 다양하게 일어날 수 있다.

이처럼 건강에 해로운 영향(콜본은 이것을 '내분비 교란'이라고 불렀다)에 많은 과학자들과 정책 입안자들이 새로이 우려를 표했다. 특히 태아가 발달하는 민감한 시기에는 생물들이 극히 낮은 수준의 호르몬에도 영향을 받기 때문에, 일부 과학자들은 이전에 생각했던 것보다 훨씬 낮은 수준의 환경 오염 물질이 문제를 일으킬 수 있다고 우려한다. 내분비 교란 물질의 영향에 대한 연구도 쉽지 않다. 이 물질들은 암보다 발견하기 어려운 여러 가지 미묘한 결과를 일으킬 수 있고, 다량이 아닌 소량에 노출될 때 다른 문제를 일으킬 수 있으며, 생물에게 중요한 발달 시기에 노출되었을 때만 영향이 나타날 수도 있다. 일부 과학자들은 인간이 이미 내분비 교란 화학 물질에 노출되어 해로운 영향을 경험하고 있다고 우려한다. 여기에는 선천성 결함, 불임, 면역력 약화, 주의력 결핍 장애, 정자 수 감소, 암 등이 포함될 수 있다.

이 책의 목적에서 특히 주목할 만한 점은, 가치가 콜본의 내분비 교란의 선구적 연구에 다양한 방식으로 개입했다는 점이다. 첫째, 그녀는 환경 보호의 열정에서 이런 현상을 발견했다. 그녀가 환경을 중요하게 여기지 않았다면 환경과학자로서 새로운 경력을 시작하지도 않았을 것이고, 오대호의 야생동물이 처한 곤경을 연구하기 위해 그렇게 오랫동안 고생하지도 않았을 것이다. 그 후 그녀는 다른 사람들과 함께 대중적인 책《도둑맞은 미래Our Stolen Future》를 썼다. 이 책은 내분비 교란 화학 물질과 관련된 잠재적인 위험에 대해 많은 관심을 불러일으켰다. 이 책의 저자들은 공중보건을 매우 중요하게 여겼기 때문에, 사람들이 직면할 수 있는 잠재적인 위협을 분명하게 경고해야 한다고 생각했다. 콜본은 공공 복지에 대한 관심으로 나중에 내분비교란 물질에 대한 정보의 수집과 홍보를 촉진하는 국제적 비영리 단체인 '내분비교란교류TEDX, The Endocrine Disruption Exchange'를 설립했다. 리센코의 사례와 달리 콜본의 연구에서는 가치가 매우 긍정적인 역할을 한 것으로 보인다. 하지만 그녀의 연구도 논란을 완전히 피하지는 못했다. 비평가들은 그녀가 때때로 과학적 증거보다 앞서 나가고, 증거가 보장하는 것보다 더 강력한 결론을 이끌어냈다고 지적했다. 특히 그녀의 저서 《도둑맞은 미래》는 현재 환경에 존재하는 내분비 교란 화학 물질의 수치에서 인간이 피해를 입고 있다는 결론을 너무 공격적으로 이끌어냈다고 비판을 받았다. 비평가들은 증거가 매우 불확실한 상황에서 대중의 우려를 불러일으킨 것은 무책임하다고 염려했다. 그러나 콜본과 그녀의 공동 저자들은 사람들이 직면할 수 있는 위험을 알려야 한다고 주장했다.

우리는 5장에서 콜본이 환경적 가치 때문에 부족한 증거로 지나치게 대담한 결론을 도출했다는 논란을 다시 다룰 것이다. 현재로서는 두 가지 관찰을 언급할 수 있다. 첫째, 콜본의 이야기와 바빌로프의 이야기는 모두 가치의 영향이 언제 적절하고 언제 그렇지 않은지에 대해 더 주의 깊게 생각해보아야 함을 알려준다. 둘째, 콜본의 경우 가치의 영향이 복잡하지만, 바람직한 역할이 더 큰 것으로 보인다. 그녀는 공중 및 환경 보건에 대한 열정으로 화학 안전에 대한 이해를 획기적으로 개선했다. 그리고 그녀가 쓴 대중서처럼 그녀의 연구에서 논란이 되는 요소들에 대해서도, 가치의 영향은 리센코의 경우보다 훨씬 더 정당해 보인다. 예를 들어 그녀와 공동 저자들은 《도둑맞은 미래》에서 자신들이 내놓은 해석의 약점과 한계를 인정하려고 노력했고, 다른 연구자들이 접근하고 평가할 수 있는 더 수준 높은 저작에 호소했다. 또한 그녀를 비판한 사람들은 반대했다는 이유로 사회적 압력을 받지도 않았다. 게다가 저명한 학술지들은 이 책의 한계를 경고하는 글을 실었다. 따라서 콜본의 경우는 리센코의 경우보다 투명성과 참여 조건이 훨씬 더 잘 충족되었다.

이 책의 개요

과학 연구 현장에서 일어난 이 두 에피소드를 보면 과학에서 가치가 하는 역할을 더 깊이 생각하는 것이 얼마나 중요한지 알 수 있다. 가치는 특정한 주제를 추구하도록 영감을 주거나, 연구가 추구하는 질문과 방법을 바꾸거나, 결론에 필요한 증거의 양을 바꾸는 등 다양한 방식으로 과학에 영향을 준다. 하지만 가치가 나쁜 영향을 줄 수 있다는 것 또한 분명하다. 가치가 개입하면 중요한 아이디어가 억제될 수 있고, 이용 가능한 증거를 의심스러운 방식으로 해석하도록 유도할 수 있으며, 과학 연구의 상태에 대해 연구자들이 대중의 오해를 부추길 수 있다. 이러한 도전에 대응하여, 이 책은 두 가지 질문에 집중한다. 첫째, 과학적 추론이 가치에 의해 영향을 받는 주요한 방법은 무엇인가? 둘째, 그러한 영향이 적절한지 부적절한지 어떻게 구별할 수 있을까?

이 질문들은 최근에 과학철학자, 과학사가, 과학사회학자들의 관심을 끌었다. 어떤 학자들은 '가치 배제의 이상value-free ideal'을 추진해왔다. 이 관점에서는 과학적 추론의 중심적인 측면, 즉 어떤 방법론 또는 표준을 채택할지 결정할 때 가치가 배제되어야 한다고 본다. 예를 들어 20세기의 유명한 사회학자 로버트 머튼은 과학의 중심 규범 중 하나가 '사심 없음disinterestedness'이라고 제안했다. 이에 따르면 과학자는 개인적·정서적·재정적 고려에 영향을 받지 않기 위해 노력해야 한다. 최근에는 과학에 가치의 영향을 허용하는 문제가 '과학 전쟁'의 불씨가 되기도 했다. 과학 전쟁은 20세기 말에 사회과학과 인문학 분야의 학자들이 과학에서는 객관적이고 가치가 배제된 진리에 도달하기 위해 노력할 수 있거나 노력해야 한다는 생각을 버리고 있다고 여러 과학자가 염려하면서 시작된 논쟁이다.

서로 다른 정치적 견해를 가진 사람들이 모두 과학의 정치화를 우려하듯이, 가치가 과학을 훼손할 가능성은 오늘날 중요한 문제다. 기후변화를 부정하는 경향은 대부분 보수적인 견해에서 나오는 것으로 보인다. 다시 말해 '큰 정부'에 정치적으로 반대하는 사람들은 기후변화와 같은 환경 문제의 존재에 의문을 제기하는 경향이 있다. 이러한 문제들은 정부 주도의 해결책이 필요해 보이기 때문이다. 이와 유사하게, 진화론에 대한 반대는 보수적인 종교적 가치에서 나오는 경우가 매우 많다. 그리고 가치가 과학을 오염시킬 가능성은 정치적 우파에 국한되지 않는다. 백신과 유전자 변형 식품의 안전성에 대한 과학적 증거를 외면하는 태도는 개인적·사회적·이념적 가치가 서로 다른 여러 집단에서 나오고 있다.

어떤 사람들은 이러한 문제에 대한 최선의 해결책이 가치 배제의 이상을 고수하는 것이라고 주장하는 반면에, 다른 사람들은 그러한 이상이 도달 불가능할 뿐만 아니라 과학과 사회 모두에 이롭지 않다고 주장한다. 그들은 무엇을 연구할지, 어떻게 연구할지, 무엇을 목표로 할지, 증거가 얼마나 확실해야 결론을 내릴지, 결과를 어떻게 설명할지 결정하는 데 가치가 자주 중요한 역할을 한다고 주장한다. 이 책은 가치 배제의 이상을 거부하는 사람들의 편에 선다. 이 관점에 따르면, 사회적·윤리적 가치는 과학적 추론의 많은 중심적 측면에서 필수적이며 피할 수 없다. 이러한 가치의 정당한 개입을 무시한다고 해도 과학에는 여전히 가치가 적재되어 있지만, 가치의 영향은 적절한 조사나 논의의 대상이 되지 않는다.

과학적 추론에서 가치를 배제하면 과학의 실행이 심각하게 약화되고, 숨겨진 가치가 부주의하게 영향을 주게 된다. 가치를 배제하려는 시도는 사람이 다칠 수 있으니 부엌에서 칼을 쓰지 말자는 주장과 비슷한 면이 있다. 칼이 큰 상처를 입힐 수 있듯이 가치도 과학에 심각한 문제를 일으킬 수 있지만, 경우에 따라 현명하지 못하거나 부적절하게 사용될 수 있다고 해서 모든 상황에서 문제가 된다는 뜻은 아니다. 가치는 과학적 추론에서 중요한 역할을 한다. 핵심은 가치가 영향을 행사할 수 있는 다양한 방법을 인지하고, 그러한 영향이 언제 적절하고 언제 부적절한지 알아내는 것이다.

이 질문들을 탐구하기 위해, 다음의 다섯 장에서 가치가 과학에 영향을 줄 수 있는 특정한 방식들을 하나씩 알아볼 것이다. 2장은 과학자들의 **연구 주제 선택**에 가치가 어떻게 타당하게 영향을 줄 수 있는지 탐구한다. 우리는 콜본이 공중보건을 중요하게 생각했기 때문에 환경 오염을 열정적으로 연구하게 되었다는 것을 이미 보았고, 바빌로프와 리센코는 둘 다 굶주림을 막기 위해 연구했다. 그러나 윤리적·사회적 우선순위에 어울리는 연구를 성취하기 어려울 때도 많다는 것을 앞으로 보게 될 것이다. 2장에서는 이러한 난점들 몇 가지와 이를 해결하기 위해 했던 노력에 대해 알아본다.

농업 연구에 대한 바빌로프와 리센코의 상반된 접근법은 과학자들이 동일한 일반 주제를 다루려는 동기를 가지고도 매우 다른 형태로 연구할 수 있음을 보여준다. 3장에서는 **연구 방법의 선택**이 (명시적으로든 암시적으로든) 가치에 영향을 받을 수 있다고 주장한다. 예를 들어 같은 시대의 농업 연구자가 유전공학적으로 종자를 개발하는 데 집중할 수도 있고, 여러 작물과 동물 종을 함께 키우는 생태 친화적인 전략을 개발하기 위해 노력할 수도 있다. 이 접근법들은 그것을 추진하는 사회적 가치에 따라 각각의 장점과 단점을 가진다. 3장에서는 과학자들이 사용하는 방법, 채택하는 가정, 구체적인 질문들 모두에서 어떻게 가치가 적재될 수 있는지를 탐구한다.

4장에서는 **특정한 맥락에서 연구의 목적을 결정**할 때도 가치가 중요한 역할을 할 수 있다고 주장한다. 과학자들은 새로운 이론·방법·모형을 개발할 때 다양한 이론적·실용적 목표를 저울질해야 하기 때문에 이것이 중요하다. 예를 들어 과학자들이 규제 기관이나 정책 입안자와 함께 일할 때는 상대적으로 빠르고 저렴하게 결과를 얻는 방법이나 모형을 개발하라는 요청을 받기도 한다. 이러한 상황에서 목표를 달성하기 위해 언제 세부사항과 정확성을 희생하는 것이 적절한지에 대해 가치적재적인 결정을 내려야 하는 경우가 생긴다. 어떤 경우에 현상의 일부 측면을 예측하기 위해 모형을 최적화하면 그 현상의 다른 측면을 예측하기가 어려워질 수 있다. 그러므로 과학자들은 가장 중요하게 알아내야 할 것이 무엇인지 판단하기 위해 전체적인 목표를 다시 살펴보아야 할 때도 있다.

5장에서는 **과학적 불확실성에 대처하는 방법에 대한 의사 결정**에서 가치가 하는 역할을 살펴본다. 우리는 이미 콜본이 내분비 교란 화학 물질이 인간의 건강을 해친다는 결론을 너무 빨리 도출하지 않았는가 하는 염려를 보았다. 이것은 과학자들이 이용 가능한 증거가 어느 정도여야 대중들에게 중요한 위험을 경고하기에 충분한지 결정해야 했던 많은 두드러진 사례 중 하나일 뿐이다. 가치는 이러한 상황에서 얼마나 과감하게 또는 신중하게 할지 결정하는 데 중요한 역할을 한다. 5장에서는 또한 가치가 어떻게 불확실성에 기여하는지 알아본다. 가치에 강하게 집착하는 집단은 논란이 많은 주제에 대해 자신들이 선호하는 입장을 지지하는 연구를 만들어내기도 하기 때문이다. 어떤 경우에는 이것을 받아들일 수 있지만 어떤 경우에는 그렇지 않을 수 있다. 우리는 이런 경우들이 어떻게 다른지를 살펴볼 것이다.

6장에서는 **과학 정보의 프레임을 짜고 전달하는 방식에 관련된 결정**에 가치가 어떤 역할을 하는지 탐구한다. 예를 들어 철학자 셸던 크림스키는 콜본의 연구에서 가장 중요한 측면은 인간과 야생동물에 대한 매우 다양한 비정상적인 결과들을 모두 내분비 교란이라는 단일하고 새로운 생물학적 현상으로 개념화할 수 있음을 보여준 것이라고 주장했다. 통일적 개념을 만들어냄으로써 콜본은 사람들이 이 문제에 훨씬 더 잘 대응할 수 있게 했다. 그러나 과학자들은 이 물질을 어떻게 불러야 할지를 두고 여전히 논쟁을 벌였다. 미국 국립과학원NAS, National Academy of Sciences의 한 위원회는 내분비 교란 물질 대신에 '호르몬 활성 물질'이라는 용어를 사용하여 보고서를 작성하기로 했다. 이 위원회는 '교란disruption'이 지나치게 감정적인 용어라고 생각했다. 또한 내분비 '교란' 물질이라는 말을 사용하면 이 화학 물질이 환경에 무조건 부정적인 영향을 미친다는 느낌을 준다고 보았다. 6장에서는 과학적 발견을 설명할 때 이런 종류의 가치들이 어떤 영향을 줄 수 있는지 알아본다.

가치가 과학에 영향을 줄 수 있는 이 모든 방식을 조사하는 과정에서(표 1-1 참조), 왜 어떤 영향은 다른 것보다 더 정당해 보이는지 탐구할 것이다. 2장에서 6장까지 진행하면서, 과학에 가치를 적절한 방식으로 가져오는 데 특히 중요해 보이는 세 가지 조건을 발견할 것이다. (1) 가치가 주는 영향은 최대한 **투명**해야 한다. (2) 가치의 영향은 우리의 주요 사회적·윤리적 우선순위를 **대표**해야 한다. (3) 다른 학자들과 이해관계자들이 **참여**하는 적절한 과정에 의해 가치의 영향을 면밀하게 조사해야 한다.

7장에서는 특히 세 번째 조건에 집중하여, 가치가 과학에 주는 영향에 대하여 과학계와 사회의 다른 집단들의 **참여를 촉진**하는 방법을 다룬다. 이 조건이 특별히 근본적인 이유는, 이것이 자주 투명성과 대표성의 조건을 달성하는 핵심적인 역할을 하기 때문이다. 그러나

표 1-1 가치가 과학 연구에 관련되는 방식에 대한 개관

가치의 역할	사례
연구 주제 선택	내분비 교란 화학 물질 연구에 상당한 사회적 자원 투입
특정 주제를 연구하는 방법 결정	농업 연구를 위한 여러 방법 사이의 선택
특정 맥락에서 과학적 연구의 목적 결정	현상의 어떤 측면을 알기 위해 모형화하는 것이 가장 중요한지 결정
불확실성에 대응하는 최선의 방법 결정	내분비 교란 화학 물질이 인간에게 해를 끼칠 수 있다는 사실을 대중에게 알릴지 여부의 결정
결과의 설명, 프레임 구성, 전달 방법 결정	'내분비 교란 물질' 또는 '호르몬 활성 물질' 중 어떤 용어를 사용할지 선택

이 세 조건이 만나는 상황이 크게 다를 수 있고, 이 조건들이 얼마나 잘 충족되었는지에 대해 사람마다 의견이 다를 수도 있다. 따라서 과학에 영향을 주는 특정한 가치가 진정으로 적합한지에 대해 의견이 엇갈릴 수 있다.

마지막으로, 8장에서는 가치가 과학에 어떻게 영향을 줄 수 있는지, 언제 그러한 영향이 정당화될 수 있는지에 대한 책의 주요 교훈을 전체적으로 다시 살펴본다. 여기에서는 몇 가지 잠재적인 반대에도 대응한다. 한 가지 특별히 중요한 반대는 이 책이 전체적으로 가치가 과학에 주는 영향을 과대평가하는 것으로 보일 수 있다는 것이다. 예를 들어 농업과 환경 오염처럼 정치와 관련된 분야들에서는 가치가 중요한 역할을 하지만, 입자물리학이나 우주론과 같은 이론 분야는 가치의 영향을 받는 것 같지 않다는 것이다. 이 책의 주장은 과학의 어떤 분야에서도 가치를 완전히 배제할 수 없다는 것이다. 물리학의 이론적인 분야에서조차도, 과학자와 정책 입안자는 여전히 자신들의 주제를 위해 얼마나 많은 돈을 쓸지, 새로운 발견을 어떤 프레임으로 어떻게 홍보해야 최선인지 판단해야 한다. 예를 들어 많은 사람이 주목하는 연구에 공공 기금을 지원할 때, 물리학자들은 콜본이 증거가 어느 정도여야 대중에게 새로운 발견을 알릴지 판단할 때와 같은 종류의 판단에 직면하게 된다. 다음의 장들에서 나오는 여러 과학 분야의 예들은 이 책에서 논하는 문제들이 몇몇 분야에만 국한되지 않음을 보여준다. 가장 빠르게 성장하는 연구 분야 중 다수가 사회에 대한 파급 효과가 큰 응용 주제라는 점은 언급할 필요조차 없을 정도다. 이런 주제들은 정확하게 가치판단이 스며들 가능성이 가장 높은 과학 분야들이다.

가치의 명료화와 정당화

이 책에서는 다양한 수준의 독자들이 읽을 수 있도록 구체적인 사례를 집중적으로 다루되, 개념적 논의는 최소화할 것이다. 다만 다음의 장들을 계속 읽어나가기 위한 준비로, 먼저 가치의 본질에 대해 조금은 명료하게 알아보는 것이 좋겠다. 이처럼 철학적으로 자세한 내용이 따분하다고 생각하는 독자들은 곧바로 다음 장으로 넘어갔다가, 철학적인 명료화가 필요하다고 느낄 때 돌아와서 이 부분을 다시 읽어도 좋다.

　대략적으로, 가치란 추구하기에 바람직한 그 무엇이다. 예를 들어 대부분의 과학자들은 정확한 예측, 명료한 설명, 논리적 정합성, 성과가 많은 연구, 정직성, 성취에 대한 인정, 건강, 경제 성장, 환경적 지속가능성, 세계 안보 등이 가치가 있다고 생각한다. 물론 모든 과학자가 이 모든 가치를 동등하게 보지는 않기 때문에, 특정한 상황에서 어떤 것을 더 중요시할지 정확하게 해야 한다. 이러한 일련의 가치들을 여러 가지 방식으로 범주화할 수 있다. 때때로 가치를 주제(예를 들어 '정치적' 가치)에 따라 분류할 수 있다. 다른 경우, 그 가치가 달성하게 해주는 것에 따라 나눌 수도 있다. 예를 들어 정확한 예측, 논리적 정합성과 같은 가치를 '인식적epistemic' 가치라고 부르는데, 그 이유는 이러한 가치들이 지식을 얻는다는 목표에 기여한다고 간주되기 때문이다. ('epistemic'이라는 단어는 지식을 뜻하는 그리스어 'episteme'에서 유래했다.) 지식을 얻는 데 일관되게 도움이 되지는 않는 다른 가치들을 '비인식적 가치'라고 부르기도 한다. 예를 들어 어떤 이론이 누군가의 정치적 이상과 잘 어울린다는 사실은 그 이론이 참인지와 무관하지만, 다른 사정이 모두 동일하면서 그 이론이 정확한 예측을 내놓는다면, 그 이론이 참일 가능성이 커진다.

　사람들이 '가치'라는 용어를 사용할 때는 대부분 비인식적이라고 여겨지는 윤리적·정치적·종교적 가치를 생각한다. 따라서 이 책에서는 '가치'라는 용어를 이러한 대중적인 의미로 사용할 것이다. 이것은 또한 '가치판단' 또는 '가치적재적' 판단을 지칭할 것이다. 가치판단은 증거와 논리에만 호소해서는 결정할 수 없는 과학적 선택이다. 계속

되는 장들에서 설명할 것처럼, 이러한 판단에는 방법·가정·해석·용어에 대한 결정이 포함된다.

때로는 이러한 가치판단이 의식적으로 가치의 영향을 받기도 하지만, 여러 가치 중에서 일부의 가치만을 지지하는 경우도 있다. 예를 들어 테오 콜본이 내분비 교란 화학 물질의 잠재적 위험을 대중에게 알릴 충분한 증거가 있다고 판단했을 때, 그녀는 가치판단을 하고 있었다. 그녀가 특정한 가치들을 지지할 목적을 가지고 의도적으로 이런 결정을 내리지 않았다고 해도, 그녀의 선택은 화학 산업의 단기적 성장이라는 가치보다 공중보건이라는 가치에 기여했다. 많은 경우 개별 과학자들은 그들의 연구에 관련된 가치판단을 잘 통제할 수 없다. 그들은 대가를 받기 때문에 특정한 주제를 연구하거나 특정한 질문을 해야 할 것이다. 가치의 영향이 의식적이건 무의식적이건, 그러한 영향을 일으키는 것이 개인이건 기관이건, 이 책에서 우리의 목표는 과학에서 가치의 역할이 언제 타당한 역할을 하는지 탐구하는 것이다.

그러나 과학에 대한 가치의 역할을 어떻게 정당화할 수 있을까? 가능한 전략 중 하나는 이러한 가치들이 실제로 연구에 영향을 미친다는 것을 보여주는 것이다. 예를 들어 과학자들이 일반적으로 다양한 개인적·사회적·재정적 고려에 영향을 받는다는 것을 보여줄 수 있다. 하지만 이것은 너무 단순하다. 과학자, 정책 입안자, 정치 지도자들은 우리가 진정으로 받아들일 수 없거나 타당하다고 생각하지 않는 일들을 하기도 한다. 예를 들어 스탈린이 유전학을 탄압한 이유는 마르크스주의적인 가치 때문이었는데(권력을 유지하겠다는 정치적 이유도 있었다), 거의 어떤 사람도 그러한 억압이 타당하다고 보지 않을 것이다.

이와 유사하게, 5상에서는 기후변화에 의문을 제기한 몇몇 저명한 과학자들이 보수적인 정치관을 이유로 다른 과학자들의 연구를 곡해한 사례를 다룬다. 정치적 가치가 과학 담론을 이런 방식으로 왜곡하는 것은 적절치 않아 보인다.

이런 종류의 활동을 설명하기 위해 몇몇 철학자들이 '희망적 사고의 문제the problem of wishful thinking'라는 말을 만들어냈다. 희망적 사고는 어떤 가설이나 이론이 참이거나 거짓이기를 원한다는 이유만으로 그 이론을 받아들이거나 거부하는 것을 말한다. 노골적으로 희망적 사고를 하는 일은 아마도 비교적 드물 것이다. 사람들은 대개 그들이 가지는 견해에 충분한 이유가 있다고 생각한다. 그러나 희망적 사고와 밀접하게 관련된 다양한 활동이 있다. 여기에는 미리 결정된 결과를 내는 '조작된' 방법을 사용하고, 선호하는 결론과 상충되는 증거를 무시하고, 심지어 결정된 뒤에도 계속 이의를 제기하는 행위가 포함된다. 과학적 추론에서 가치를 배제해야 한다는 생각은 가치가 과학에 영향을 주도록 허용하면 희망적 사고를 끌어들일 것이라는 우려 때문이다. 그러나 우리는 이것이 사실이 아님을 알게 될 것이다. 우리는 과학적 추론에서 가치가 중요한 역할을 한다고 인정하면서도, 단지 사실이기를 원한다는 이유만으로 그러한 결론을 도출하는 것은 용납할 수 없다고 주장할 수 있다.

그러므로 가치가 과학의 수행에서 언제 정당한 역할을 하는지를 결정하는 다른 전략이 필요하며, 가치가 실제로 과학자들에게 영향을 주는 예를 단순히 가리키는 것만으로는 부족하다. 어떤 예에서 가치의 영향이 적절하고 어떤 예에서 부적절한지 결정해야 한다. 이 책 전체를 통해, 우리는 과학에 가치를 가져오는 두 가지 주요 정당성을 만나게 될 것이다. 첫째, 증거를 해석하거나 결론을 도출하는 특정한 유형의 결정을 할 때 과학이 가치의 영향을 받거나 이 가치보다 저 가치에 더 기울어지는 것을 사실상 막을 수 없음을 알게 된다. 따라서 (과학자를 포함한) 모든 사람이 자신의 선택이 받은 영향에 대해 다른 사람들에게 말할 의무가 있으며, 과학자들은 그들의 연구에서 부주의하고 생각 없이 가치적재적 결정을 내릴 것이 아니라 가치의 역할을 사려 깊고 의도적으로 고려해야 한다. 예를 들어 6장에서는 과학 정보에 완전히 '가치중립적'인 프레임을 부여하는 방법 또는 용어를 찾아내기 위해 노력하는 것이 비현실적임을 알게 된다. 모든 사용 가능한 용어와 프레임은 특정한 가치 전망을 지지하는 미묘한 함의를 가진다. 이런 경우 문제는 과학자들이 개인적 가치의 영향을 피하기 어렵다는 것이 아니라, 과학자의 동기와 무관하게 그들의 선택이 어떤 가치는 지지하고 어떤 가치는 약화시킨다는 것이다. 책임감 있는 과학자들은 이러한 가치적재적 선택을 인지하려고 노력하고 최대한 사려 깊고 투명하게 이러한 결정을 내려야 한다.

이러한 첫 번째 정당화를 보면 가치가 과학에서 그저 '필요악'으로 느껴질 수도 있지만, 두 번째 정당화는 가치가 더 긍정적인 역할을 한다는 것을 보여준다. 과학에 가치를 가져오는 두 번째 주된 이유는 과학자가 타당한 목표를 달성하는 데 가치가 도움을 줄 수 있기 때문이다. 정치적·사회적·종교적 가치는 세계에 대한 정당하고 신뢰할 수 있는 정보를 얻는다는 과학의 근본적인 목표와 무관해 보이기 때문에 일반적으로 부적절하다고 여겨진다. 특정한 가설이 우리의 정치적·

종교적 선호와 어울린다고 해서 일반적으로 그것이 사실일 가능성이 높아지지는 않는다. 이것이 바로 희망적 사고가 부적절한 이유다. 그럼에도 불구하고 다음의 장들에서, 세계에 대해 신뢰할 수 있는 정보를 얻는다는 목표 외에도 과학자들에게는 다른 여러 가지 타당한 목표가 있고, 가치가 이러한 목표의 달성과 관련이 있음을 보여준다.

어떤 목표가 그런 것일까? 중요한 사회적 문제를 해결하고, 사회적 우선순위를 결정하고, 책임 있는 방식으로 대중에게 정보를 전달하고, 사회에 도움이 되는 정보를 정책 입안자에게 전달하는 노력이 이런 목표에 포함된다. 반대하는 사람들은 이러한 목표들의 대부분이 의심스러운 가정, 즉 과학자들이 사회를 이롭게 하는 것을 목표로 삼아야 한다는 가정을 포함하고 있다고 지적할 수 있다. 그러나 내 생각에 이 가정은 매우 합리적이다. 확실히 과학자를 포함한 모든 사람은 다른 사람을 돕는 것이 비교적 쉽다면 다른 사람을 돕기 위해 노력해야 하며, 모든 사람은 부주의하거나 소홀히 다른 사람을 해치지 말아야 한다. 사회가 과학자들에게 엄청난 재정적·제도적 지원을 하고 있는데도 과학자들이 사회에 이익이 되는 방식으로 일할 책임이 조금도 없다면 이상한 일이다. 따라서 사회 봉사라는 과학자의 목표 달성에 가치가 도움을 주기 때문에, 과학의 많은 측면에서 가치가 정당한 역할을 한다는 것을 알게 될 것이다.

가치의 영향을 피할 수 있든 없든, 또는 그것이 과학자가 타당한 목표를 달성하도록 돕든 돕지 않든, 가치의 영향을 완전히 정당화하기 위해서는 일반적으로 추가적인 조건을 충족해야 한다. 진정으로, 이러한 추가 조건의 이유 중 하나는 가치의 영향이 실제로 언제 불가피한지, 특정한 맥락에서 과학자들이 설정한 목표가 정말로 타당한지 결정하는 데 도움을 주어야 한다는 것이다. 앞에서 언급했듯이 이 책은 투명성·대표성·참여의 세 조건에 집중한다. 첫째, 과학자들은 가능한 한 데이터·방법·모형·가정을 **투명하게** 다루어서 그들의 연구가 특정한 가치에 의해 지지되거나 영향을 받는 방식을 다른 사람들이 알 수 있게 해야 한다. 둘째, 과학자와 정책 입안자는 사회적·윤리적 우선순위를 **대표하는** 주요 가치를 포함시키기 위해 노력해야 한다. 명확하고 널리 인정된 윤리적 원칙을 이용할 수 있으면, 과학에 영향을 주는 가치의 지침으로 사용해야 한다. 윤리적 원칙이 잘 정착되어 있지 않으면, 과학은 사회적 우선순위가 가장 높다고 여겨지는 가치의 영향을 최대한 많이 받아야 한다. 셋째, 과학자·시민·정책 입안자들은 과학자를 비롯해 다른 이해관계자들이 적절한 형태로 **참여**하도록 장려해야 한다. 참여는 과학의 가치에 대한 사려 깊은 검토를 촉진함으로써 투명성과 대표성이라는 다른 두 조건 모두를 촉진하는 데 도움이 된다.

이러한 조건에서, 과학자들은 과학적 객관성을 훼손하지 않으면서 연구에 가치를 포함시킬 수 있다. 이 책의 관점은 과학에서 가치를 제거하기보다 가치의 역할을 인정할 때 과학적 객관성을 유지하기가 더 쉽다는 것이다. 다음의 장들에서 강조하듯이, 과학자들은 연구를 진행하면서 온갖 종류의 결정을 내려야 한다. 이 결정에는 어떤 가정과 방법론을 채택할지, 어떤 모형을 개발할지, 어떤 통계 기법을 사용할지, 과학적 결과를 어떻게 설명할지에 대한 선택이 포함된다. 이러한 결정이 이 가치 아니면 저 가치를 중시하는 결과를 가져오지만, 이 결정의 중요성을 모르고 지나갈 때도 많다. 이 책의 목표는 가치가 이러한 결정들에 관련되는 방식을 강조하여 과학자들이 더 투명하고 더 사려 깊게 결정을 내릴 수 있게 하는 것이다. 중요한 판단을 더 잘 드러나게 하고 비판적인 조사가 가능하게 하려는 의지야말로 객관성의 증거다.

마지막으로 언급할 것은, 이 책이 과학 연구에서 가치가 정당화될 수 있는 모든 역할을 다루지는 못한다는 점이다. 사실 이 책은 가치의 역할들 중에서 놀랍거나 논쟁의 대상이 되는 것들을 집중적으로 다룬다. 윤리적 가치가 과학과 여러 가지 명백한 방식으로 관련되어 있다는 것은 이미 누구나 알고 있다. 예를 들어 과학자는 마땅히 실험 동물의 고통을 최소화하고 인간 연구 대상자의 권리를 보호해야 한다. 과학자는 또한 동료와 학생들을 존중하고, 양심적으로 지도하며, 다른 사람들의 결과를 표절하지 않고, 사람들을 위험으로부터 보호하기 위해 고안된 여러 법령과 규정을 따라야 한다. 이러한 가치의 영향은 연구 윤리에 관한 교과서에서 광범위하게 다룬다. 여기에서는 가치의 역할 중에서 좀더 미묘하고 논쟁의 여지가 있는 것들에 집중하겠다. 이 책에서 논의된 대부분 가치의 계열들은 과학의 지엽적인 측면에 집중하기보다 과학적 추론의 다양한 측면을 포함하고 있다. 가치의 이러한 역할은 충분히 음미되지 못했고, 살펴봐야 할 점이 많으며, 특별히 매력적인 탐구 주제다.

결론

이 책의 교훈, 특히 가치 배제의 이상을 버려야 한다는 결론을 진지하게 받아들인다면, 중요한 일을 해야 한다. 특히 과학의 수행에서 투명성·대표성·참여를 높일 수 있는 방안을 탐구해야 한다. 다행히도 다음 장에서 이러한 조건을 충족하기 위한 많은 전략을 만나게 될 것이다. 가장 흥미로운 전략 중 일부는 과학자들과 다양한 관점을 가진 다른 학자들의 학제간 협력을 육성하는 노력과, 과학자들과 그들의 연구에 이해관계가 있는 공동체 구성원들을 연결하는 노력이 포함된다. 예를 들어 3장에서는 매사추세츠주 워번에서 소아 백혈병 환자가 급증하자 주민 수십 명이 성공회 신부 브루스 영과 함께 이 문제를 해결하려고 노력했던 매력적인 사례를 소개한다. 그들은 자신들이 찾아낸 명백한 암의 집단 발병을 더 자세히 조사할 필요가 있으며, 수질 오염과 관련이 있을 수 있다고 확신하게 되었다. 그들은 매사추세츠주 공중보건부Department of Public Health에 이 문제를 조사해달라고 요청했지만, 정부는 증거가 모호하다는 보고서를 발표했다. 결국 이들 중 일부가 하버드대학교 공중보건대학원의 연구자들에게 이 사례를 조사해달라고 설득했고, 봉사자들도 참여한 연구를 통해 암이 오염과 관련된 것으로 보임을 입증했다. 이 문제는 결국 W. R. 그레이스컴퍼니W. R. Grace Company와 비어트리스푸드Beatrice Foods가 소유한 산업 시설에서 나온 화학 물질로 마을의 공동 우물이 오염되었다는 것이 알려졌고, 시민들은 W. R. 그레이스컴퍼니로부터 재정적인 합의를 얻어냈다.

워번의 사례는 이제 지역사회기반 참여연구CBPR, community-based

participatory research의 초기 사례로 유명해졌다. CBPR에서는 시민들이 연구자들과 함께 문제를 해결하고 그들의 요구를 충족시키는 방법으로 과학 연구를 설계한다. CBPR은 화학 오염을 비롯한 여러 정책 관련 문제에 대한 연구에 수많은 가치판단의 통합을 구현하는 과정에서 자연스럽게 생겨났다. 과학자들이 채택하는 가정, 그들이 묻는 특정한 질문, 선택하는 방법, 요구하는 증거의 기준, 발견을 전달하기 위해 사용하는 용어와 개념이 모두 암묵적 가치에 의해 영향을 받을 수 있다. 시민들은 이러한 가치를 밝히고 자신들의 관심사에 가장 적합한 방향으로 연구를 진행하는 방법을 제안할 수 있다. 이러한 시민 참여의 방식을 발전시키는 것도 이 책의 목표 중 하나이다. 과학자들, 시민들, 정책 입안자들, 학생들이 과학에 스며들어 있는 가치판단에 더 민감하다면, 그들은 더 사려 깊고 사회적으로 유익한 방법으로 가치의 영향을 다룰 수 있다.

참 고 자 료

바빌로프와 그의 식물 연구에 대한 자세한 내용은 그레이엄(Graham 1993), 나반(Nabhan 2009), 프링글(Pringle 2003, 2008)을 참조하라. 리센코의 연구는 고딘(Gordin 2012), 그레이엄(Graham 1993), 프링글(Pringle 2008), 롤-한센(Roll-Hansen 1985)에서 다룬다. 내분비 교란 현상과 콜본의 연구는 콜본, 두마노스키, 마이어스(Colborn, Dumanoski, and Myers 1996), 엘리엇(Elliott 2011b), 크림스키(Krimsky 2000)에 설명되어 있다.

과학 규범에 대한 머튼의 논의에 대한 자세한 내용은 머튼(Merton 1942)에 나와 있다. 코어지(Koertge 1998)는 과학 전쟁을 분석했다. 화학 오염 연구에서 가치의 역할에 대한 논의는 크래너(Cranor 1990, 1993), 더글러스(Douglas 2009), 엘리엇(Elliott 2011b)에서 확인할 수 있다. 가치, 가치판단, 인식론적 가치의 개념에 대한 소개는 더글러스(Douglas 2009, 2015), 엘리엇(Elliott 2011b), 엘리엇과 스틸(Elliott and Steel 2017), 롱기노(Longino 1990), 스틸(Steel 2010)을 참조하라. 과학자의 목표에 대한 기여도를 바탕으로 과학의 가치를 통합하자는 주장은 앤더슨(Anderson 2004), 브리간트(Brigandt 2015), 엘리엇과 매코언(Elliott and McKaughan 2014), 힉스(Hicks 2014)에서 찾아볼 수 있다. 희망적 사고의 문제는 앤더슨(Anderson 1995, 2004)과 브라운(Brown 2013)에서 논의된다. 가치 배제의 이상에 대한 주장은 베츠(Betz 2013), 허드슨(Hudson 2016), 레이시(Lacey 1999)에서 확인할 수 있다. 투명성·대표성·참여의 조건에 대해서는 8장에서 자세히 논의한다. 하딩(Harding 2015)은 과학적 객관성을 지속적으로 증진하면서 가치 배제의 이상을 버릴 수 있다고 강조한다. 워번 사례는 브라운과 미켈슨(Brown and Mikkelsen 1990)과 하르(Harr 1995)에서 논의된다. 시민들의 연구 참여에 대해서는 이 책의 3장과 7장에서 더 광범위하게 논의한다.

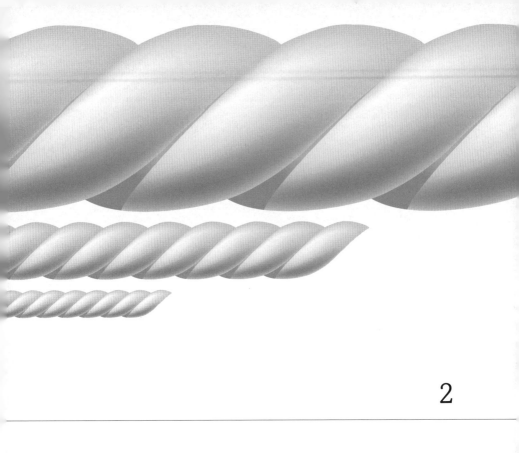

2

무엇을 연구할 것인가?

2006년 2월 21일, 로런스 '래리' 서머스는 그해의 학사 일정이 끝난 뒤에 하버드대학교 총장직을 사임하겠다고 발표했다. 그가 사임한 주요 원인 중 하나는 수학과 과학에서 여성은 남성만큼 소질이 없을 수 있다는 연설로 사람들이 크게 분노했기 때문이다. 앞으로 볼 것처럼, 그의 연설은 남성과 여성 사이의, 인종들 사이의 인지 능력 차이를 탐구하는 연구를 두고 벌어진 오랜 논쟁에서 하나의 에피소드에 불과하다. 수천 건의 연구가 이루어졌지만 이런 연구가 사회에 도움이 되었는지 의문이며, 반대로 해롭기만 하다고 생각하는 이유가 있다. 따라서 이 사례는 사회적 가치(예를 들어 모든 시민, 남성과 여성 모두에게 동등한 기회를 제공하려는 열망)가 연구의 우선순위 결정에 어떻게 관련될 수 있는지 보여준다.

사회에서 추구하고자 하는 연구 주제를 결정하는 데 가치가 중요하다는 것은 얼핏 뻔하고 거의 아무런 문제가 없어 보일 수 있다. 물론 이론상으로는 어느 정도 뻔해 보이겠지만, 가치가 정확히 어떤 역할을 해야 하는지에 대해서 다양하고 매혹적인 질문들이 있다는 것이 밝혀졌다. 이 장에서는 연구 주제를 선택할 때 가치가 어떤 역할을 하는지 세 가지 방식으로 나누어 알아볼 것이다. 첫째, 가치는 연구 주제들의 우선순위를 매기는 까다로운 결정을 내릴 때 도움이 될 수 있다. 둘째, 과학 연구에 공적 자금을 배분할 때 가치가 중요한 역할을 하며, 어떻게 해야 최선인지에 대해 더 많은 질문을 일으킨다. 셋째, 민간 부분에서 자금을 지원하는 연구를 평가하고 이러한 연구가 윤리적·사회적 목표를 가장 잘 달성할 수 있도록 영향을 주는 방식을 모색할 때 가치가 중요하다.

연구의 우선순위: 인지 능력의 차이

래리 서머스의 이야기는 가치가 연구 주제의 우선순위를 정하는 데 어떻게 도움을 줄 수 있는지 보여준다. 서머스는 1954년에 태어났고, 부모는 둘 다 경제학자다. 놀랍게도 그는 노벨상 수상자 두 사람의 조카이기도 하다. 그의 삼촌인 폴 새뮤얼슨은 1970년에 노벨 경제학상을 받았고, 20세기의 가장 중요한 경제학 교과서 중 하나를 썼다. 외삼촌인 케네스 애로는 1972년에 노벨상을 받았고, 현대의 사회선택 이론(개인의 의견 또는 선호가 집단의 결정에 어떤 영향을 주는지에 대한 연구)의 창시자로 유명하다. 서머스는 처음에 물리학을 공부하려고 했지만 나중에 경제학으로 방향을 바꾸었다. 28세이던 1983년 그는 하버드대학교 역대 최연소 종신 교수 중 한 명이 되었다.

서머스의 경력은 중요한 갈등과 함께 대단한 업적으로 가득 차 있다. 1991년에 그는 세계은행의 수석 경제학자가 되었다. 1993년에는 클린턴 행정부의 재무부에서 일하기 시작했고, 1999년에 재무부 장관이 되었다. 그가 세계은행에 있을 때, 개발도상국의 낮은 임금이 오염으로 인한 피해와 사망의 경제적 비용을 감소시키기 때문에 선진국에서 개발도상국으로 오염을 수출해야 한다는 내용의 메모에 서명해서 논란이 일었다. 서머스는 이 메모가 일종의 풍자였고, 맥락에서 벗어난 것이라고 주장했다.

서머스는 하버드대학교 총장으로 재직하는 동안 몇 가지 큰 논란을 일으켰다. 먼저, 그는 유명한 아프리카계 미국학African American Studies 학자인 코넬 웨스트와 충돌했다. 웨스트의 말에 따르면, 서머스는 웨스트가 휴강을 너무 자주 하고, 성적을 지나치게 잘 주고, 랩 CD를 제작해서 대학을 당혹스럽게 했다며 비난했다. 이 갈등으로 웨스트는 하버드를 떠나 프린스턴대학교로 갔다. 서머스는 또한 하버드대학교의 경제학자인 친구 안드레이 슐라이퍼를 지지해서 비난을 받았다. 슐라이퍼는 1990년대에 러시아가 자본주의 경제로 전환할 때 민영화 프로그램의 설계를 도와주면서 러시아 증권에 투자했는데, 이는 미국의 이해 충돌 지침을 위반한 행위였다. 결국 연방정부는 슐라이퍼와 하버드대학교를 고소했고, 많은 교수가 서머스가 슐라이퍼를 부적절하게 보호했다고 비난했다.

서머스는 2005년 1월에 열린 과학과 공학 분야의 다양한 인력 개발을 위한 회의에서 성에 따른 인지 능력의 차이에 대해 악명 높은 발언을 했다. 그는 우수한 대학교에 이공계 여성 교수가 많지 않은 이유에 대해 여러 가지 가설을 제시했다. 첫 번째 가설은 가사와 업무를 조정하기 어렵다는 것과 관련이 있었고, 두 번째 가설은 적성 차이에 관한 것이었으며, 세 번째 가설은 사회화와 차별에 관한 것이었다. 그는 일과 가사를 조화시키는 어려움(첫 번째 가설)이 아마도 가장 중요한 요소일 것이라고 말하면서도, 고등학교 때 과학과 수학 시험에서 최고 등급의 성적을 받을 가능성이 남학생보다 여학생이 낮다는 사실도 고려해야 한다고 언급했다. 그는 행동유전학에 대한 새로운 연구는 이러한 차이들이 부분적으로 사회화보다는 선천적인 능력 차이 때문일 수 있음을 가리킨다고 주장했다.

서머스는 연설 중에 자신의 발언이 의도적인 도발이라는 점을 명확히 했고, 이어 사과를 하면서 과학과 공학 분야의 여성들의 기회를 늘리기 위해 애쓰고 있다고 강조했다. 그러나 특히 사회화와 차별이 여성의 성과를 저해하는 중요한 요소라고 알려져 있는데도 총장이 타고난 인지 능력의 차이를 언급하는 것은 올바른 근거가 없을 뿐만 아니라 여성 과학자의 열망을 꺾을 수 있다고 많은 사람이 비판했다. 이 분야의 모든 증거를 살펴보는 것은 이 책의 범위를 넘어서지만, 서머스의 연설을 계기로 연구 주제의 우선순위를 책정할 때 가치가 하는 역할에 대해 생각해볼 수 있다. 특히 윤리적·사회적 가치에 따라 성(또는 인종)에 따른 인지 능력 차이에 대한 추가 연구의 우선순위를 낮춰야 할 것이다.

이런 연구의 우선순위를 낮춰야 한다는 주장의 타당성을 입증하기 위해, 여성의 열등함을 과학적으로 정당화하려고 했던 역사를 탁월하게 정리한 철학자 자넷 쿠라니의 말을 들어보자. 그녀에 따르면 17세기에는 여성의 뇌가 남성의 지적 능력과 경쟁하기에 너무 차갑고 무르다고 생각했다. 18세기에 과학자들은 여성의 두개골이 너무 작아서 남성보다 더 뛰어난 뇌가 들어갈 공간이 부족하다고 주장했다. 19세기의 전문가들은 여성들이 지적인 일을 너무 많이 하면 생식 능력이 떨어지게 될 것이라고 주장했다. 20세기에는 여성의 뇌는 두 반구의 전문화가 덜 이루어졌기 때문에 공간 지각 능력이 떨어진다는 주장이 나왔다.

쿠라니는 학자들이 성에 따른 인지 능력의 차이에 대해 다양한 설명을 계속 제시하고 있다고 지적한다.

> 여성의 뇌는 남성의 뇌보다 작다. 체질량의 차이를 보정해도 마찬가지다. 여성의 뇌는 피질 활동의 집중도가 떨어진다('신경효율성'이 낮다). 여성의 뇌는 피질 처리 속도가 낮다(백색질 축삭돌기에서 전도 속도가 낮다). 기타 등등.[1]

최근에는 기능적 자기공명영상fMRI을 이용해 뇌 활동의 지도를 얻을 수 있게 되었다. 전체적으로, 1968년과 2008년 사이에 1만 5,000건 이상의 '성에 따른 인지 능력 차이'에 대한 연구가 수행된 것으로 보인다. 그중 1998년과 2008년 사이에 4,000건 이상의 연구가 이루어졌다는 점을 고려할 때, 이 분야를 연구하려는 열정은 식지 않은 것으로 보인다.

이러한 역사에서 배울 만한 점 중 하나는 이 분야의 연구를 해석하고 평가할 때 신중해야 한다는 것이다. 수백 년에서 심지어 수천 년 동안, 사람들은 어떤 성이나 인종 집단이 다른 집단보다 열등하다는 문화적 가정을 정당화하려고 노력해왔다. 이 역사를 돌이켜볼 때, 복잡한 과학적 증거들을 만나면 기존 개념에 도전하는 증거로 인정하기보다 기존 가정에 맞춰서 해석하려는 심각한 위험이 있음을 알 수 있다. 더욱이 인지 능력의 특정한 차이에 대한 설득력 있는 증거가 있다고 해도, 이러한 발견이 미심쩍은 공공 정책을 옹호하는 데 악용될 가능성이 매우 크다. 이에 대해 쿠라니는 〈네이처〉에 게재된 스티븐 로즈의 논문을 인용했다. 그는 "능력을 적게 갖춘" 집단이 더 큰 성공을 거두도록 돕는 데 사용될 수 있다는 주장을 근거로 인지적 차이에 대한 연구가 정당화된다고 경고한다. 그러나 로즈는 "실제로 흑인과 백인, 또는 남성과 여성 사이에 지능의 차이가 있다는 주장은 항상 백인 남성이 (특히 경제학 또는 일반적인 자연과학에서) 최고의 지위를 계속 차지하는 사회적 위계를 정당화하기 위해 사용되어왔다"고 주장한다.[2]

인지적 차이 연구에 낮은 우선순위를 부여하기

이러한 상황에서, 우리는 사회적으로 어떻게 대응해야 할까? 1장에서 가치들이 과학 수행의 특정한 측면에서 어떤 역할을 하는지 결정하는 한 가지 방법은 과학자들이 정당한 목표를 달성하는 데 가치가 도움을 줄 수 있는지 결정하는 것임을 보았다. 연구 주제를 선택할 때, 과학자의 타당한 목표는 중요한 사회적 우선순위를 다루는 프로젝트를 추구하는 것이다. 따라서 가치는 사회적 우선순위를 확인하는 데 도움이 되기 때문에 과학의 이러한 측면과 관련이 있다. 예를 들어 인지 능력의 차이에 대한 연구를 강조해야 하는지 결정하기 위해서, 사회적으로 가치 있는 것을 성취하는 데 이 연구가 도움이 되는지 생각해볼 필요가 있다. 우리의 근본적인 사회적 가치 중 하나가 과학과 수학에서 뛰어난 능력을 가진 모든 사람에게 동등한 기회를 제공하는 것이고, 또한 이 가치를 촉진해야 하는 강한 윤리적 이유도 있다는 점을 고려하면, 이 연구 분야가 우선순위가 되어서는 안 된다는 것이 밝혀진다.

철학자 필립 키처가 주장했듯이, 인지적 차이에 대한 연구는 대부분 과소 대표된 그룹의 기회를 약화시키는 방향으로 오용되거나 오독되기 마련이다. 키처는 특정 성별이나 인종 집단에 대한 명시적 편견뿐만 아니라 암묵적 편견이 존재하는 문화에서는 인지적 차이에 대한 연구가 비대칭적으로 해석될 가능성이 높다고 지적한다. 한편으로 연구자들이 인지 능력의 차이에 반대되는 증거를 발견하더라도, 이것이 사회에 중대한 영향을 미칠지는 불분명하다. 사회과학자들은 고도로 정치화된 문제를 다룰 때 과학적 증거를 이용해 사람들을 설득하기가 매우 어렵다고 지적한다. 따라서, 일부 연구자들이 여전히 인지 능력의 차이에 찬성하는 증거를 제공하는 한, 이 연구는 이미 사회적 편견을 품고 있는 사회에서 계속 영향을 줄 가능성이 높다. 반면에 연구자들이 특정 사회 집단들 간의 인지적 차이에 대한 명백한 증거를 발견한다면, 이 증거가 부당한 방식으로 차별을 조장하기 위해 사용될 위험이 크다.

예를 들어 연구자들이 과학이나 수학 같은 특정한 전문 분야에서 남성과 여성 사이에서 평균적으로 작은 인지적 차이를 발견했다고 하자. 이러한 차이는 여전히 성별 내의 편차보다 분명히 작을 수 있다. 다시 말해서 여성들 사이의 차이 또는 남성들 사이의 차이가 두 성별의 평균값 사이의 근소한 차이보다 훨씬 더 크다는 것이다. 최근 몇 년 사이에, 여성들이 과학의 모든 분야에서 최고 수준의 성과를 낼 수 있는 능력을 가지고 있음이 명백해졌다. 그럼에도 불구하고 여성들은 전통적으로 이러한 많은 분야에서 제외되어왔다. 이러한 배척의 역사 위에서, 많은 성공한 여성들이 이공계 진로를 계속 선택하지 못하게 반복적으로 용기를 꺾는 말을 들었다고 증언하며, 또한 그들은 명백하거나 미묘한 방식으로 차별을 겪었다. 게다가 여성을 포함한, 역사적으로 불리한 집단은 자신들의 능력에 대한 고정관념을 스스로 내면화해서 무의식적인 이유로 학업 성취도를 저하시킨다는 증거가 있다. 그러므로 인지 능력에 평균적으로 작은 차이가 있다는 어떠한 증거도, 많은 여성이 수학과 과학의 높은 단계를 추구하지 못하도록 부적절하게 용기를 꺾는 방향으로 작용할 것이다. 실제로 수학과 과학을 계속 연구하려고 하는 수많은 여성이 전적으로 그렇게 할 능력이 있다는 사실에도 불구하고 말이다.

이 점을 염두에 두고 봤을 때, 우리가 이러한 연구에 우선순위를 두려고 하는 이유는 무엇인가? 연구 결과가 어느 쪽으로 기울어져도, 우리의 중심적인 윤리적 가치, 즉 동등한 기회를 보장하는 데는 도움이 될 것 같지 않다. 이러한 연구에서 인지 능력의 차이에 반대되는 증거가 나온다면, 아마도 제한적으로 영향을 미칠 것이다. 그러나 인지 능력에 차이가 있다는 증거가 나온다면, 아마도 많은 재능 있는 사람들이 그들의 잠재력을 완전히 달성하지 못하게 하는 방식으로 잘못 해석될 것이다. 어느 쪽이든, 쿠라니가 상세히 설명한 이 분야의 추악한 연구의 역사에 하나를 더 보탤 뿐 사회에 도움이 되지는 않을 것이다.

몇몇 반대 의견

그러나 우리 사회에는 여기에서 강조한 것보다 더 다양한 가치들이 배열되어 있다는 반박이 있을 수 있다. 어쩌면 어떤 사람들은 전통적으로 혜택을 받지 못한 여성들과 다른 집단의 구성원들이 사회적 기회를 더 얻지 못하게 하는 것을 중요시할 수도 있다. 그러나 이것은 상당히 비정상적인 가치일 가능성이 높으며, 이에 반대하는 충분한 윤리적 이유가 있다. 모든 정치적 스펙트럼에 걸친 대다수의 사람은 적어도 어떤 형태로든 모든 사람에게 기회의 균등을 촉진하고자 하며, 윤리적 관점에서 기회의 불균등을 정당화하기는 매우 어렵다. 불행하게도, 우리는 사회의 역사적 편견 때문에 인지적 차이에 대한 연구가 기회 균등을 촉진하기보다는 억제할 가능성이 더 높다는 것을 보았다. 따라서 과학 연구를 위한 자원이 한정되어 있다는 점을 고려할 때, 이 주제가 중요한 사회적 우선순위가 되어야 한다고 생각하기 어렵다.

어쩌면 더 중요한 반대는 인지적 차이에 대한 연구를 소홀히 하는 것이 학문의 자유를 침해한다는 주장이다. 현대 대학의 중심 가치 중 하나는 정치적으로 인기가 없더라도 학자들이 중요하다고 생각한다면 어떤 주제라도 추구할 수 있도록 허용해야 한다는 것이다. 사실, '정치적으로 올바르지 않은' 연구를 억누르려다가 자신의 발을 찧게 된다는 염려를 할 수도 있다. 여성을 비롯한 혜택 받지 못한 집단이 인지적으로 열등하다는 의심을 불러일으키는 데 그들의 능력에 대한 연구를 억압하는 것보다 더 좋은 방법이 있을까?

키처는 이러한 반대가 처음에 보는 것보다 설득력이 떨어진다고 지적했다. 인지적 차이에 대한 연구의 우선순위를 낮춰야 한다는 주장(이것이 이 장의 제안이다)과 이 연구를 금지하거나 억제해야 한다는 주장 사이에는 결정적인 차이가 있다. 어쩌면 일부 연구 분야를 실제로 금지해야 하겠지만, 인지 능력의 차이에 대한 연구에 대응하여 다양하게 더 낮은 단계를 취할 수 있을 것이다. 예를 들어 생물학자들과 심리학자들이 다른 연구 주제들을 추구하면 사회에 더 크게 기여할 수 있다고 자발적으로 결정할 수 있다. 또한, 연구비 지원 제안서의 심사위원은 집행 기관으로부터 '더 광범위한 영향' 또는 '의미'를 가진 제안에 가산점을 주라는 지시를 받기도 한다. 따라서 심사위원들이 인지 능력의 차이에 대한 연구 제안을 얼마나 관심 있게 검토할지 결정할 때 이 장에서 논의된 우려를 고려하는 것은 전적으로 타당해 보인다.

어쩌면 인지적 차이에 대한 연구의 우선순위를 낮춰야 한다는 생각에 대한 또 다른, 더 중요한 우려는 이 연구가 실제로 사회에 해를 끼치는 정도가 지나치게 강조되었을 수도 있다는 것이다. 예를 들어 여기에 언급된 우려에도 불구하고 일부 과학자들은 분명히 이러한 종류의 연구에 계속 관여할 것이며, 그들이 발견한 인지적 차이를 공유할 것이다. 이 연구가 잘못 해석되고 과장될 가능성을 고려한다면, 인지적 차이에 회의적인 과학자가 이 주제를 연구하는 것이 바람직할 수도 있다. 이 과학자들이 부당한 주장을 반박할 수 있고, 다른 학자들의 방법론에 담긴 약점을 지적하고, 인지적 차이에 대한 부당한 주장에 도전하는 연구를 제시할 수도 있다. 또한 인지 능력 차이에 대한 연구를 계속 장려하는 데는 지적인 이유가 있다고 생각할 수 있다. 비록 사회적으로 어느 정도 해로운 경향이 있다고 해도, 단지 수백 년 동안 사람들이 궁금하게 여겼던 질문들에 대한 답이기 때문에 이러한 연구에 대한 지원이 가치 있을 것이다.

이러한 고려들은, 과학 연구에서 가치의 역할에 대해 과학자들과 시민들이 더 깊이 토론하도록 장려해야 한다는 이 책의 주요 주제를 뒷받침한다. 인지 능력의 차이에 대한 추가 연구를 권장할 것인지를 둘러싸고는 찬성과 반대의 사려 깊은 의견 불일치의 여지가 있으며, 우리는 이러한 문제들에 대해 더 깊은 성찰을 촉진할 필요가 있다. 하나의 사회로서 우리는 호기심을 해소하려는 노력에 진정으로 가치를 부여하지만, 이 가치를 다른 사람들의 피해를 막고 모든 구성원의 기회 균등을 촉진하는 가치와 견주어 보아야 한다. 또한 인지적 차이에 대한 연구 중 일부는 이 주제에 관련된 논쟁을 명료하게 하고, 방법론적으로 부족한 연구에 이의를 제기하도록 연구자들을 훈련시키기 때문에 실제로 기회 균등의 가치를 지지할 가능성도 고려해야 한다.

이것들은 다른 여러 분야의 연구와도 관련된 중요한 가치적재적 문제다. 예를 들어 제2차 세계대전 중에 미국 정부를 도와 원자폭탄 개발에 참여했던 과학자 중 일부는 나중에 핵무기 연구는 사회적으로 무책임한 일이라고 결론을 내렸다. 최근에 과학 기관들은 테러리스트들이 생물학 무기로 이용할 가능성이 있는 치명적인 바이러스에 대한 정보를 공개하는 것이 적절한지를 놓고 논쟁을 벌였다. 토착 집단의 문화적 관행이나 유전적 특성에 대한 연구도 이미 불이익을 받는 집단에 해를 끼칠 가능성 때문에 논란이 되고 있다. 이 모든 예는 이러한 분야에서 "책임 있는" 연구를 수행하는 것이 가능한지, 이러한 주제에 대한 우리의 호기심이 잠재적으로 해로운 영향을 미칠 수 있는 연구를 정당화하는지, 잠재적 피해를 최소화하면서 연구를 진전시킬 수 있는 타협안을 개발할 수 있는지를 둘러싼 어려운 문제를 제기한다.

연구에 대한 공적 자금 지원: 의회와 국립과학재단

지금까지 우리는 가치가 어떤 연구에 낮은 사회적 우선순위를 부여할지 파악하는 데 도움을 줄 수 있다는 것을 보았다. 이 점을 확장하면, 공적 자금을 연구에 할당하는 방법을 결정하는 데 가치가 중요한 역할을 한다는 것을 알 수 있다. 이것은 가치의 중요한 역할이지만, 여기에는 더 탐구해야 할 복잡한 질문들이 있다. 2014년 봄에 미국 국립과학재단NSF, National Science Foundation 지도부와 텍사스 제21 선거구의 라마 스미스 하원의원 사이에 있었던 갈등을 생각해보자. 이 갈등과 국립과학재단을 둘러싼 광범위한 토론의 역사를 살펴보면 과학 기금의 결정에 가치를 가장 잘 반영하는 방법에 대해 소중한 통찰을 얻을 수 있다. 스미스는 하원의회 과학·우주·기술위원회 위원장으로서 국립과학재단에서 지원한 연구비 중에서 그가 의심스럽다고 생각한 사례에 대해 자세한 정보를 요구했다. 국립과학재단 지도부는 동료들의 연구비 지원 제안서 심사에 참여한 과학자들이 심사 내용을 기밀로 유지해야 한다는 이유로 이 요청을 거부했다. 결국 국립과학재단의 책임자인 프랜스 코르도바는 스미스 위원장과 타협해서, 의회 직원들이 국립과학재단에 와서 연구비 관련 자료를 검토하되 문서를 복사하거나 검토자의 이름을 볼 수 없도록 했다.

이 타협의 결과는 제프리 머비스가 〈사이언스〉에 설명한 대로 약간 우스꽝스러운 이야기가 되었다.

> 국립과학재단 꼭대기 층에 있는 예비실에서, 의회 직원 두 명이 국립과학재단이 지난 10년간 자금을 지원한 20개 연구 사업에 관련된 기밀 자료를 몇 시간에 걸쳐 검토했다. (…) 공화당 측 보좌관은 라마 스미스 하원의원(공화당, 텍사스)이 (…) 연구기관이 사소하거나 우선순위가 낮은 프로젝트, 특히 사회과학 분야에 70억 달러 규모의 세금을 낭비했다고 증명할 수 있는 모든 것을 찾고 있었다. 민주당 측 직원은 자신의 상사이며 이 위원회에 소속된 원로 의원인 에디 버니스 존슨(민주당, 텍사스)이 스미스가 제기할 수 있는 어떠한 비판에도 반박할 수 있을 만큼 모든 사례를 숙지하고 있는지 확인하려 했다.[3]

이 사례는 납세자의 돈을 연구비로 배분하는 방법을 결정할 때 발생하는 복잡한 문제를 보여준다.

이런 갈등의 배경에는, 미국 정부가 다양한 연방 기관을 통해 대학의 과학자들에게 많은 자금을 지원한다는 사실이 있다. 제2차 세계대전 이후 핵무기와 레이더 같은 주제에 대한 연구가 미국을 승리로 이끄는 데 도움을 주었을 때, 입법자들과 정책 입안자들은 학술 연구에 연방의 돈을 쏟아부을 가치가 있다고 점점 더 확신하게 되었다. 전쟁 중에 채택된 모형을 바탕으로 이러한 연구의 대부분에 대해 국립과학 재단, 국립보건원, 국방부, 에너지부, 농무부 같은 기관에서 관리하는 연구비를 통해 자금이 지원되었다. 기관마다 접근 방식이 조금씩 다르기는 하지만, 연구비 지원의 핵심은 과학자들이 연구비 제공자들로부터 어느 정도의 자율성을 유지하는 것이다. 정부 기관은 특정 분야에 연구비를 지원하지만, 과학자들은 그들이 보기에 가장 유망한 연구에 대한 제안서를 제출한다. 그런 다음에, 그들의 동료 과학자들이 '동료 평가peer review' 과정에 참여해서 제안서를 검토하고 그들이 보기에 최상의 제안서를 선정한다.

이러한 접근 방식은 처음 등장했을 때부터 과학자들이 자신의 관심사에 따라 연구를 선택할 자유를 증진시켜야 한다는 사람들과 사회의 더 넓은 가치가 연구의 선택에 더 큰 역할을 해야 한다고 생각하는 사람들 사이에 갈등을 일으켰다. 기초 연구 분야에 특별히 집중하기 위해 창립된 국립과학재단도, 연구비 집행 과정에서 사회적 고려의 적절한 역할을 둘러싼 논쟁에서 수렁에 빠졌다. 제2차 세계대전 동안 연구 활동을 이끌었던 버니바 부시는 유명한 에세이 〈끝없는 프런티어The Endless Frontier〉에서 과학자들에게 특정한 사회적 성과에 얽매이지 않고 기초 연구를 추진할 수 있는 최대의 자유를 줄 때 그들이 궁극적으로 사회에 최상의 봉사를 할 수 있다고 주장했다. 그러나 웨스트버지니아주의 상원의원 할리 킬고어는 이렇게 주장했다. 과학을 위한 연방 기금의 목적은 "단지 이론 과학을 육성하기 위해 이론 과학을 육성하는 것이 아니다. 전쟁 내내 그 목적은 과학 연구의 목적과 같았고, 과학자들은 인류의 향상을 위해 무엇인가를 하는 데서 동기를 부여받아야 한다."[4] 킬고어는 기관에 대한 정책적인 통제를 강화하고 나라 전체에 자금을 더 균등하게 분배해야 한다고 주장했다.

이러한 근본적인 논란은 결코 완전히 식지 않았다. 지난 50년 사이, 어떤 경우에 입법자들은 국립과학재단에 배분된 돈을 재단의 '부서들' 사이에 어떻게 분배해야 하는지 명시한 법안을 통과시켜서, 생명과학이나 사회과학 같은 주제에 얼마만큼의 돈이 들어갈지 결정되도록 했다. 1975년에, 하원은 국립과학재단에 제출된 특정 연구비 지원 제안서를 하원이나 상원이 거부할 수 있는 법안을 통과시켰다. 국립과학재단을 통제하려는 시도는 주로 보수적인 공화당원들이 추진했지만, 1947년에 민주당 소속 대통령 해리 트루먼이 국립과학재단이 대중의 통제로부터 너무 많은 독립성을 갖게 될 것이라고 생각한 법안을 거부한 것은 주목할 만한 일이다. 1970년대에, 위스콘신주 출신의 또 다른 민주당 상원의원 윌리엄 프록스마이어는 납세자의 돈을 낭비하는 것으로 보이는 국립과학재단 연구비에 도전하기 위해 익살스러운 '골든 플리스Golden Fleece 상'을 제정했다(fleece라는 단어에는 '양털'과 '바가지를 씌운다'라는 두 가지 뜻이 있으며, 황금 양털은 고대 그리스 신화 아르고호의 이아손 이야기에 나온다 – 옮긴이).

최근에는, 톰 코번 상원의원(공화당, 오클라호마), 에릭 캔터 하원의원(공화당, 버몬트), 제프 플레이크 하원의원(공화당, 애리조나) 등이 국립과학재단의 정치학 연구비 지원을 제한하려 했다. 그들의 노력에 따라, 스미스 하원의원은 국립과학재단을 제한하는 여러 방안을 장려했다. 그는 잠재적으로 낭비라고 생각되는 연구비에 대한 감사 외에도 수학과 공학 같은 분야에 더 많이 지원할 수 있도록 사회과학에 대한 지원을 크게 줄이자고 제안했다. 그는 또한 국립과학재단이 각각의 연구비가 '국익'에 부합함을 입증해야 한다고 제안했다. 예상대로, 과학자들은 스미스의 노력에 큰 좌절감을 느끼며 반응했다. 사우스플로리다대학교의 글렌 고든 스미스 교수는 〈고등교육 연대기Chronicle of Higher Education〉에 기고한 기사에서 스미스의 특정 연구비에 대한 감사는 "과학의 터무니없는 정치화"라고 주장했다. 뉴욕 주립대학교 올버니 캠퍼스의 로버트 M. 로젠스위그 교수는 "선출된 관료들이 이런 식으로 과학을 공격하는 데서 슬픔을 느낀다"고 말했다. 캘리포니아대학교 데이비스 캠퍼스의 몬트 허버드 명예교수는 이렇게 말했다. "전체적으로 감독할 의회의 권리와 책임을 존중하지만, 위원회가 국립과학재단보다 국익에 대해 더 잘 결정할 수 있다고 생각하는 것 같아서 불안하다."

라마 스미스는 과학자들의 회의론에 이렇게 대응했다. "우리는 모두 과학자들을 위한 학문의 자유를 믿지만, 연방의 연구기관은 납세자들에게 그들의 돈이 우선순위가 더 높지 않은 연구에 사용되는 이유를 설명할 의무가 있다." 납세자들이, 자신들이 연구에 대는 돈이 그들의 우선순위에 맞는 프로젝트로 가야 한다고 주장하는 것은 합당해 보인다. 그러나 다른 한편으로, 국립과학재단이 납세자들의 요구를 충족시키도록 강제하는 스미스의 전략 중 어떤 것들은 상당히 의심스러워 보인다. 그리고 일부 논평가들은 스미스를 비롯한 많은 의원들이 정치적인 이유로 그들이 싫어하는 기후변화와 같은 주제의 연구를 억제하려고 한다고 염려했다.

이 사례를 세 가지 구체적인 질문으로 나누어 좀더 주의 깊게 분석해보자. 첫째, 우리의 윤리적·사회적 가치가 연구를 위한 공적 자금에 대한 선택에 영향을 주어야 하는가? 둘째, 어떤 가치가 대중에게 가장 중요한지 결정하고 그 가치를 공적인 연구비 배분에 관련된 결정으로 전환하는 데 의회가 중심적인 역할을 해야 하는가? 셋째, 의회가 국립과학재단과 같은 정부 기관의 동료 평가 과정을 '이중 검토'하여, 연구비 지급이 우리 사회가 연구를 위해 설정한 가치를 충족시키도록 해야 하는가?

질문 1

첫 번째 질문을 살펴보자. 우리는 가치가 연구자들이 추진할 주제를 선택할 때 타당한 역할을 한다는 것을 이미 보았다. 1장에 따르면, 가치들이 과학의 특정한 면에서 적절한 역할을 하는지 결정하는 한 가지 방법은 가치들이 타당한 목표를 달성하는 데 도움이 되는지 알아보는 것이다. 과학 연구에 대한 공적 자금 조달의 목표 중 적어도 하나는 사회가 중요하다고 보는 문제에 대해 더 나은 해결책을 찾는 것임이 분명해 보인다. 그러므로 어떤 문제가 우리에게 가장 중요하고, 그에 따라 어떤 종류의 연구에 가장 많은 자금을 지원해야 하는지 알아낼 수 있도록 사회적 가치를 고려해야 한다. 물론, 자금을 선택할 때 사회적 가치만을 유일하게 고려해야 한다는 뜻은 아니다. 우리는 또한 과학자들이 학문을 발전시키는 데 가장 크게 도움이 된다고 생각하거나 자연 세계에 대해 가장 큰 통찰을 줄 것이라고 예상하는 프로젝트를 고려하고 싶을 것이다. 게다가 사회적 가치가 다양하므로, 상충하는 우선순위를 어떻게 다룰지 결정하기가 매우 어려울 때가 많을 것이다. 그럼에도 불구하고, 우리의 가치는 여전히 자금 지원에 대한 결정과 명백히 관련이 있다.

질문 2

두 번째 질문인 어떤 가치가 중요한지 그리고 그에 따른 연구 자금을 어떻게 조달할 것인지 결정하는 데 의회가 중심적인 역할을 해야 하는지에 대해서는, 상황이 좀더 복잡해진다. 의회의 대표들이 돈을 어떻게 쓸지 결정해야 한다는 것은 언뜻 분명해 보인다. 하지만 몇 가지 다른 걱정이 생긴다. 첫째, 우리의 대표들에게는 많은 유권자가 있고, 당선을 위해서는 많은 돈을 모아야 하기 때문에, 그들의 결정은 다수의 유권자보다 소수의 부유한 사람의 이익을 따를 가능성이 크다. 둘째, 우리의 대표들 대부분은 과학 전문가가 아니므로, 사회에 가치가 있는 것을 성취하는 데 가장 크게 도움이 될 연구 과제가 어떤 것인지 알아볼 특별한 준비가 되어 있는지 명확하지 않다. 셋째, 의회는 연구 사업에 대해 여러 수준으로 통제력을 행사할 수 있기 때문에, 의회가 얼마간의 영향력을 가져야 한다고 우리가 결론을 내려도, 여전히 어느 정도의 영향력이 적절한지 결정해야 한다.

의회가 과학 기금과 관련된 결정에 대해 어떤 종류의 통제를 행사할 수 있는지 생각해보자. 의회가 국방과 의료 목적의 연구에 얼마를 할당할지 또는 농업·에너지·교육에 얼마를 할당할지에 대해 대규모의 결정을 내리는 것은 아마도 합리적일 것이다. 이 정도의 수준에서도 소수의 강력한 이익 집단이 대다수 공중의 이익에 부합하지 않는 방식으로 결정을 왜곡할 가능성이 높다. 그러나 우리가 정치 체제를 크게 바꾸지 않는 한, 의회가 이런 역할을 하도록 하는 것 외에 다른 대안은 거의 없다. 따라서 정부가 운영되는 방식을 고려할 때, 의회가 국방부, 농무부, 에너지부, 국립보건원에 대한 연구비 할당을 결정하는 것이 합당해 보인다.

그러나 이러한 기관들 안에서 자금을 배분할 때도 의회가 개입해야 하는지는 훨씬 불분명하다. 대표들의 과학적 전문성 부족이 특히 우려되는 것이 바로 이 지점이다. 예를 들어, 최근에 공화당 의원들이 정치학에 대한 연구비 지원을 반대한 사례를 생각해보자. 마이애미대학교의 두 정치학자가 이 문제에 관해 상원의원들에게 영향을 미친 요소들을 조사했는데, 그들이 소속된 주에 강력한 정치학과를 가진 대학교가 있거나 스스로 정치학에서 학사학위를 받았을 때 이 분야에 대한 지속적인 연구비 지원을 더 크게 지지했음을 발견했다. 이러한 호의적인 태도는 단지 자기 주의 대학교와 개인의 학문적 관심사를 지지하려는 욕구를 반영한 것일 수도 있지만, 정치학을 더 잘 이해하는 사람들이 이 학문의 사회적인 선에 대한 기여도를 더 높이 평가한다는 사실을 반영할 수도 있다.

스미스 하원의원과 다른 입법자들이 기후변화에 대한 국립과학재단의 연구에 이의를 제기하려는 명백한 욕구에 대해 비슷한 염려가 나올 수 있다. 과학계의 압도적 다수가 기후변화가 일어나고 있고, 인간이 배출하는 온실가스가 온난화에 상당히 기여하고 있으며, 앞으로 수십 년 동안 사회에 상당한 영향을 미칠 것이라고 결론을 내렸다. 하지만 많은 의원은 이 증거에 대해 상당한 회의론을 표명했다. 대다수 과학자가 정치인들보다 기후변화의 증거에 대해 더 정확할 가능성이 크다고 가정한다면, 이것은 사회의 요구와 가치를 증진시키는 기후 연구에 대한 의원들의 판단력에 심각한 의문을 제기한다. 우려되는 것은, 입법자들이 이 분야의 연구에 대한 자금 지원 또는 연구비 지원 제안서에 이의를 제기한다면, 그들이 사회적 우선순위와 가치에 대한 타당한 의견 불일치가 아니라 기후 과학에 대한 잘못된 견해에 영향을 받았을 수 있다는 점이다. 글렌 고든 스미스가 〈고등교육 연대기〉 기사에서 언급했듯이, "압도적인 과학적 증거를 선별적으로 부정한다는 것은 그 분야 연구자들의 신뢰도를 떨어뜨릴 방법을 찾는 것이다."

그러나 너무 서둘러 의회 대표들을 물리쳐서는 안 될 것 같다. 기후 과학에 대해 잘못 알고 있다고 해도, 과학계 스스로 어떤 연구 과제가 사회의 이익에 가장 도움이 될지 결정하는 능력에 한계가 있다는 점에서는 그들이 옳을 수 있다. 과학 정책 전문가 대니얼 새러위츠는 예를 들어 기후변화의 경우, 과학계는 미래의 기후 영향에 대한 상세한 모형의 개발에 지나치게 많은 관심을 쏟는 경향이 있으니, 기후변화에 적응하는 전략에 대한 사회과학 연구에 더 많은 연구비를 지원하는 것이 사회적 요구에 더 크게 부응할 수 있다고 제안했다.

그러므로, 우리는 어려운 상황에 처해 있다. 과학계는 언제나 시민들이 중요하다고 보는 가치를 추구하지 않을 수도 있고, 선출된 대표들이 과학에 대해 항상 충분히 알고 있지 않아서 사회적 가치에 최상으로 봉사하기 위해 어떤 연구 프로젝트를 선택할지 현명한 판단을 내리지 못할 수도 있다. 우리는 명백히 사회적 가치에 대한 정보와 첨단 과학 지식을 통합할 창의적인 방법을 찾아야 한다. 의회가 연구비 배분에 대해 세부적인 결정을 내리는 것보다 더 나은 전략이 있을 것이다. 7장에서 이 주제로 돌아와서, 시민의 가치를 공공 연구 기금 결정에 포함시키는 몇 가지 추가적인 방법을 탐구할 것이다.

요약하자면, 두 번째 질문(공공 가치를 파악하고 그러한 가치를 바탕으로 한 연구비 배분에 의회가 중심적인 역할을 해야 하는가)에 대한 답은 모호하다. 분명히 의회가 연구비를 나누는 약간의 역할을 해야 하겠지만, 세부사항까지 처리해야 할지는 의문이다.

질문 3

이제 공적 연구 자금에 대한 세 번째 질문을 간략하게 살펴보자. 의회가 국립과학재단의 연구비 지원 제안서를 이중으로 검토해서 그것이 공적 자금을 제대로 쓰는 것인지 확인해야 할까? 이것은 현명하지 않아 보인다. 우선, 이렇게 하면 의원들이 근시안적이고 지나치게 단순한 이유를 들어 연구비 지원 제안서에 시비를 걸어 정치적 점수를 획득하려고 시도할 수 있다. 우리의 지식을 장기적으로 가치 있는 방식으로 근본에서부터 발전시킬 수 있다고 해도, 지나치게 기술적이거나 비실용적으로 느껴지는 연구 프로젝트는 정당과 상관없이 의원들의 비웃음을 사기 십상이다. 또한 입법자들이 특정 연구비 지원 제안서가 다른 제안서보다 나은지를 결정하는 데 필요한 세부적인 전문 지식을 가지고 있을 가능성은 매우 낮다. 과학계가 중요한 사회적 가치와 동떨어져 있다고 입법자들이 염려한다면, 과학자와 국립과학재단 관계자와 다양한 이해관계자들이 함께 논의하도록 노력하는 것이 더 의미가 있을 것이다.

마지막으로, 국립과학재단은 의회가 미시적으로 관리하기에 특히 어려운 특성을 가진 기관이라는 점에 주목할 필요가 있다. 국립과학재단의 목표는 창립 당시부터 논란이었지만(부시와 킬고어의 갈등이 보여주듯이), 즉시 적용되지는 않아도 근본적인 문제를 해결하기 위한 연구의 원천으로 항상 간주되어왔다. 그렇다고 국립과학재단이 과학계의 가장 이론적인 관심사에만 집중해야 한다는 뜻은 아니지만, 입법자들이 기관의 기금 결정에 이의를 제기하는 데 신중해야 한다는 것을 의미한다. 우리 사회는 다양한 가치를 가지고 있으며, 그중 하나는 세계의 본성에 대해 더 큰 통찰을 찾는 것이다. 서로 다른 연방 기관들이 서로 다른 사회적 우선순위에 부합하는 연구를 촉진한다는 점과 국립과학재단의 사명을 고려할 때, 이론적으로 가장 좋은 가능성을 제시하는 문제를 추구하는 과학자들을 결과만으로 비판하는 것은 현명하지 않아 보인다. 따라서 여기서는 과학 연구에 공적 자금을 지출하는 방법을 결정하는 데 사회적 가치가 실제로 관련이 있지만, 의회의 대표들이 자금 배분에 세밀하게 관여하기보다는 이러한 가치들을 조명하는 다른 방식을 모색해야 할 좋은 이유가 있음을 보았다.

민간 자금: 생의학 연구

앞의 절에서는 정부의 연구비 집행에 관련된 결정에서 가치의 역할에 집중했다. 그러나 정부는 과학 분야의 연구·개발R&D을 위한 유일한 주요 자금원이 아니다. 1960년대에 미국 연방정부는 미국 R&D의 약 3분의 2를 지원했지만, 21세기에 들어서 이 수치는 약 3분의 1로 떨어졌다. 따라서 연구 주제 선택에서 가치의 역할에 대해 생각하려면 민간에서 자금을 지원하는 과학도 검토해야 한다. 이러한 점을 염두에 두고, 이 절에서는 현대 생의학 연구를 예로 들어 민간 부문의 연구 투자 평가에서 가치가 얼마나 중요한지를 보여줄 것이다.

현재 전 세계의 질병 부담에는 놀라운 격차가 존재한다. 저소득 국가의 시민들은 부유한 나라에 사실상 존재하지 않는 많은 질병과 싸우고 있다. 말라리아를 예로 들어보자. 여러 종류의 학질 모기에 기생하는 플라스모디움Plasmodium 기생충에 의해 발생하는 말라리아는 수천 년 동안 세계적인 재앙이었다. 플라스모디움 기생충은 인간의 헤모글로빈을 먹고 살며, 심한 발열, 오한, 끔찍할 정도의 비장 비대를 일으키며, 심할 경우 죽음에 이른다. 2013년에, 세계보건기구WHO는 전 세계의 말라리아 환자가 약 2억 명, 사망자가 거의 60만 명에 이른다고 추정했다. 미국에서 발생한 2001년 9/11 테러의 희생자는 거의 3,000명이었다. 따라서 말라리아는 전 세계적으로 이틀마다 9/11 테러만큼이나 많은 생명을 앗아간다. 그러나 말라리아가 실질적으로 퇴치된 지역인 북미와 서유럽에 사는 많은 사람은 말라리아가 여전히 심각한 문제라는 사실을 알지도 못한다.

대부분의 부유한 나라에서 말라리아가 사라진 것은 비교적 최근의 현상이다. 과학 저술가 소니아 샤는 지난 수백 년 동안 런던 인근에서 늪이 많은 지역의 말라리아로 인한 사망률이 현대의 아프리카 사하라 남쪽의 사망률과 견줄 만한 정도였다고 보고했다. 이탈리아에서도 말라리아가 수백 년 동안 사람들을 괴롭혔고, 로마제국의 몰락에도 기여했을 것이다. 15세기와 16세기에 4명의 교황이 말라리아로 죽었고, 1847년에 플로렌스 나이팅게일은 말라리아 유행 때문에 이탈리아의 캄파니아 지역을 "죽음의 그림자 계곡"이라고 묘사했다. 샤에 따르면, 20세기 전반에도 캄파니아 지역의 많은 여성들이 말라리아로 남편을 잃었다고 한다. 미국에서는 말라리아가 초기 인구 분포의 형성에 기여했다고 할 수 있다. 백인들이 말라리아 전염이 심각한 남부의 주들에 정착할 수 없었기 때문이다(반면에 아프리카인의 후손들은 말라리아의 가장 강한 변종에 대한 저항성을 갖고 있었다). 미국의 중서부에서도, 말라리아는 오대호와 미시시피강을 따라 정착민들에게 심각한 피해를 주었다. 1800년대의 한 노래는 이렇게 충고한다. "질병의 땅 미시간에는 가지 말길, 이 단어는 학질, 발열, 오한을 의미한다네."[5] 남북전쟁 기간의 어떤 시점에는 북군의 절반이 말라리아에 걸렸고, 1864년에 루이지애나 또는 앨라배마에서 활동한 모든 남군도 말라리아에 걸렸다.

인구, 농업, 경제 동향 때문에, 20세기가 지나는 동안 말라리아는 대부분의 부유한 나라에서 사실상 사라졌다. 예를 들어 미국 중서부에서는 습지에 배수 시설을 설치한 덕에 모기 서식지가 많이 사라졌다. 더 나은 기반시설과 위생 체계도 모기의 번식을 억제하는 데 도움이 되었다. 철도가 등장하자 수로 교통의 중요성이 줄어들었고, 사람늘은 늪이 많고 말라리아가 발생하기 쉬운 지역에서 벗어날 수 있었다. 엔지니어들은 말라리아 모기에게 번식 기회를 주지 않는 방식으로 관개와 수력 발전 체계를 설계하는 방법을 배웠고, 미국과 영국에서 가축의 수가 증가했다는 것은 모기가 사람보다 가축을 더 많이 물 수 있음을 의미했다.

부유한 국가들이 이룬 성공의 이면에는, 말라리아로 계속 고통받고 있는 저소득 국가 사람들의 곤경에 주목하기가 더 어렵다는 문제가 있다. 제2차 세계대전 이후에, 살충제 DDT와 항말라리아 약물인 클로로퀸의 출현으로 말라리아가 완전히 퇴치될 수 있다는 큰 희망이 생겼다. 그러나 곧 모기와 기생충이 새로운 살충제와 약물에 내성을 갖춘 바람에 처음 기대한 것보다 말라리아 퇴치가 훨씬 더 어려워졌다는 것이 명확해졌다. 다양한 단체들이 이 질병과 싸우고 있지만, 말라리아는 여전히 전 세계적으로 엄청난 고통을 주고 있다.

문제가 있는 연구 투자에 대한 평가

말라리아 이야기는 현재 우리의 생의학 연구에 대한 투자가 전 세계 저소득층 사람들의 고통을 덜어주는 데 그리 효과적이지 않을 수 있다는 우려를 보여주고 있기 때문에 의미가 있다. 사회 기반시설과 위생 시설의 발전은 적어도 말라리아와 같은 질병을 해결하기 위한 과학적 연구만큼이나 중요하다고 받아들여진다. 그러나 이러한 연구와 별도로, 말라리아와 다양한 열대성 질병에 대한 직접적인 연구는 이 질병에 시달리는 사람들의 현재 상황을 개선하는 데 여전히 귀중한 역할을 할 수 있다. 불행하게도, 민간 기업들은 소득이 낮은 나라의 시민들에게 영향을 주는 질병을 해결하기 위해서는 많은 자금을 쓰지 않는다.

철학자 줄리언 라이스와 필립 키처는 이 문제를 자세히 탐구했다. 그들은 21세기 초에 말라리아, 결핵, 폐렴, 설사와 같은 질병이 전 세계 질병 부담의 약 20퍼센트(즉 질병과 관련된 사망률 또는 다른 유형의 고통)를 차지했다고 지적한다. 그럼에도 이러한 질병들의 연구에 배정된 연구비는 전체 생의학 연구비의 0.5퍼센트에도 미치지 못했다. 또한 질병 부담이 비슷한 열대성 질병과 비열대성 질병을 비교할 때, 발표된 연구 논문에서 열대성 질병보다 비열대성 질병이 다루어질 확률이 약 5배 높다는 증거가 있다고 라이스와 키처는 지적한다.

다양한 질병에 대한 연구 노력에 이렇게 극적인 차이가 나타나는 이유는 무엇일까? 근본적인 문제는 말라리아, 폐렴, 설사와 같은 질병과 많은 열대성 질병이 소득이 낮은 국가의 시민들에게 더 큰 영향을 준다는 것이다. 불행하게도, 민간 기업들이 이런 종류의 질병에 대한 연구에 많은 투자를 하도록 동기를 부여받기는 매우 어렵다. 신약을 출시하려면 막대한 비용(수억 달러)이 소요되며, 민간 기업들은 명백히 투자에 대한 수익을 고려해야 한다. 많은 사람이 한 가지 질병에 시달린다고 해도, 이 질병에 시달리는 사람들이 치료비로 쓸 수 있는 돈이 많지 않다면 수익을 내기 어렵다. 따라서 민간 시장에서는 부유한 나라들을 괴롭히는 문제를 훨씬 더 많이 연구할 가능성이 높다. 그 문제들이 발기부전, 속쓰림, 탈모처럼 사소한 것들이고, 소득이 낮은 국가들의 문제는 끔찍한 고통과 죽음을 초래하는 질병이어도 말이다.

라이스와 키처는 연구 자금의 이러한 흐름이 대부분의 사람이 지지하는 윤리적 가치와 일치하지 않는다고 지적한다. 그들은 소위 '공정 배분' 원칙을 채택해야 한다고 제안한다. "적어도 질병 문제가 비슷한 정도로 다루기 쉬워 보이는 한, 질병에 배분되는 전 세계 자원의 비율은 그 질병과 관련된 인간의 고통의 비율과 일치해야 한다."[6] 다시 말해서 두 질병이 연구하고 해결하기가 똑같이 쉽게 여겨지며, 한 질병이 다른 질병보다 두 배로 많은 고통을 일으킨다면, 그 질병을 해결하기 위해 두 배의 자원을 투입해야 한다.

현재 소득이 낮은 국가들에게 피해를 주는 질병에 연구비가 얼마나 적게 쓰이는지를 고려할 때, 공정 배분 원칙은 생의학 연구를 빈곤층의 필요에 맞게 극적으로 전환할 것을 요구한다. 그럼에도 불구하고, 공정 배분 원칙이 실제로 최상의 윤리적 지침인지는 명백하지 않다. 예를 들어, 분명히 멀리 있는 사람들보다 가까운 사람들의 요구를 먼저 해결할 윤리적 책임이 있다는 이유로 반대할 수 있다. 또는, 가난한 사람들의 질병에 더 많은 돈을 쓰면 좋겠지만 부유한 나라의 납세자들이 낸 돈으로 다른 나라 사람들을 주로 괴롭히는 질병을 연구하는 것은 부적절하다고 주장할 수도 있다. 이런 관점에서 보면, 개발도상국들의 필요에 대해 빌 게이츠와 같은 자선가들에게 연구비를 대라고 장려할 수는 있겠지만, 그들 대신 미국 정부에게 자원을 부담하라고 할 수는 없을 것이다. 마지막 반대는 공정 배분 원칙이 이론적으로 옳다고 해도, 의미 있는 변화가 일어나도록 동기를 부여하기에는 단순히 너무 어렵다는 것이다. 공정주의 원칙에 따라 연구 우선순위를 그렇게 급격하게 바꾸어야만 한다면, 사람들이 자신들의 윤리적 가치를 증진시키기보다 차라리 도덕적으로 행동하기를 포기하게 될 수도 있다.

공정 배분 원칙에 대한 이러한 모든 잠재적 우려로 볼 때, 라이스와 키처는 생의학 연구비에 대한 현재의 체계가 소득이 낮은 국가의 사람들이 직면한 요구를 해결하지 못할 뿐만 아니라 부유한 나라에게도 만족스럽지 않은 방식이라고 현명하게 이의를 제기했다. 실제적인 관점에서 보면, 부유한 나라의 사람들에게도 혜택이 돌아가는 방식으로 바꾸어야 소득이 낮은 국가의 의료 상황을 개선하기가 훨씬 더 쉬울 것이다. 라이스와 키처의 근본적인 주장은 현재의 의료 연구비 지원 체계는 가난한 나라에 해를 끼칠 뿐만 아니라 부유한 나라 시민들의 의료비 부담을 지나치게 높인다는 것이다. 그들은 제약 회사들이 개발한 신약에 독점권을 주는 특허 제도가 가장 큰 문제라고 주장한다. 라이스와 키처에 따르면 현재의 특허 제도는 가난한 나라와 부유한 나라 국민들의 약값을 모두 올리며, 그렇다고 가장 유익한 의료 연구를 장려하지도 않는다고 한다.

발명 특허를 보유한 사람은 일정한 기간 동안 다른 사람들이 발명품을 만들거나 사용하는 것을 막을 권리가 있다. 특허 제도를 시행하는 가장 흔한 이유 중 하나는 혁신을 촉진하기 때문이다. 발명가들이 특허를 얻을 능력이 있고, 그 발명을 사용하려는 다른 사람들에게 돈을 지불하도록 요구할 수 있다면, 새로운 기술을 개발하기 위해 열심히 노력할 것이다. 그럼에도 불구하고, 라이스와 키처는 현재의 특허 제도가 최적과는 거리가 멀다고 주장한다. 그들은 특허가 제약 회사들의 독점권을 보장하기 때문에 제약 회사들이 엄청난 이윤을 낸다고 지적한다. 예를 들어 1990년대에 제약 산업은 약 25퍼센트의 수익을 올린 반면에 다른 산업들은 약 5퍼센트의 수익을 올렸다. 최근에 제약 산업의 수익이 조금 감소했지만, 여전히 경제 분야 중에서 최고 수준인 15퍼센트와 20퍼센트 사이를 맴돌고 있다.

이런 정도의 이익은 그들이 엄청난 수준의 혁신을 촉진한다면 용인할 만하겠지만, 그렇게 되지는 않는 것 같다. 라이스와 키처가 지적했듯이 의약품 판매로 생기는 돈의 약 10퍼센트에서 15퍼센트가 R&D에 투입되는 반면에, 약 30퍼센트에서 40퍼센트가 마케팅에 사용된다. 더욱이 그들은 특허 제도가 기업들이 매우 혁신적인 의약품을 개발하도록 유의미한 동기를 제공하지 않는 것으로 보인다고 지적했다. 제약 회사들이 새로운 약의 특허를 냈을 때도, 이미 시판 중인 유사 의약품의 작용을 단순히 모방하는 약품인 경우가 많다. 이런 일이 일어나는 이유는, 기존의 약을 모방하는 것보다 완전히 새로운 약을 개발하려고 노력하는 것이 훨씬 더 비싸고 위험하기 때문이다. 따라서 가난한 나라와 부유한 나라의 시민들 모두 상대적으로 높은 약값을 지불하게 되는데, 그 약들은 부유한 나라에서 선호하는 것만큼 혁신적이지도 않고, 가난한 나라들이 원하는 만큼 관련성이 있지도 않다.

라이스와 키처가 지적한 점들을 요약하면, 현재의 특허 제도는 많은 사람의 가치를 충족시키지 못하는 제약 연구 체계를 장려하는 것으로 보인다는 것을 알 수 있다. 첫째, 돈이 적은 사람들은 민간 기업들이 내리는 결정에 거의 영향을 미치지 못한다. 따라서 그들의 가치는 거의 고려되지 않는다. 둘째, 돈이 더 많은 사람들은 특별히 혁신적이지 않은 약에 높은 가격을 자주 지불한다. 특허가 혁신과 연구를 촉진해야 한다는 점에서 이 결과는 직관에 어긋날 수 있다. 그러나 특허가 연구에 미치는 영향은 특허 정책의 세부사항에 크게 좌우된다. 예를 들어 제품이 특별히 참신하지 않아도 특허가 허용되고, 특허를 보장하는 기간이 너무 길고, 다른 과학자가 특허받은 제품에 대한 연구를 수행할 수 없도록 막는다면, 특허는 혁신을 효과적으로 추진하지 않으면서도 소비자에게 막대한 돈을 쓰게 할 수 있다. 따라서 정책을 어떻게 바꾸면 의료 연구를 대부분의 시민의 가치와 더 효과적으로 일치시킬 수 있는지 고려하는 것이 중요하다.

문제가 있는 연구 투자에 대한 잠재적인 해결책

민간에서 자금을 지원하는 연구가 중요한 사회적 가치에 반응하지 않을 때, 어떻게 하면 더 잘 반응하게 할 수 있는지 알아내기란 항상 쉽지 않다. 일반적으로 목표는 기업이 받는 인센티브를 변경하여 그들의 연구 우선순위를 바꾸는 것이지만, 이를 달성하기 어려울 수 있다. 예를 들어, 어떻게 하면 기업들이 가난한 사람들의 의료 수요에 대한 연구에 더 많은 노력을 기울이도록 장려할 수 있을지 명확하지 않다. 철학자 토머스 포게는 세계의 부유한 나라들이 특별한 건강영향기금HIF, Health Impact Fund에 돈을 따로 적립하자고 제안했다. 가난한 나라의 요구를 해결하는 연구에 대한 보상으로 제약 회사에 HIF의 자금을 지급할 수 있다. 그러나 이와 같은 새로운 제도를 만들고 자금이 지원되도록 하는 일이 쉽지는 않다. 또 다른 철학자 제임스 로버트 브라운은 의학 연구를 위한 민간 자금을 포기해야 한다고 제안했다. 그는 특허를 없애고 의료 연구를 정부의 자금에만 의존한다면 돈을 절약하고 사회적 요구에 더 부합하는 혁신을 이룰 수 있다고 주장한다. 하지만 그의 제안은 정치적으로 실현 가능할 것 같지 않다.

특허 제도를 포기하지 않고도, 민간 기업이 사회적 가치에 더 효과적으로 봉사하도록 유도하는 방식으로 제도 개선이 가능할 수 있다. 미국의 현행 특허법에 따라 특허가 가능한 발명은 참신하고, 유용하며, 뻔하지 않아야 하고, 의회가 통과시킨 다른 법령들의 세부사항에 따라야 한다. 발명이 이러한 요건의 충족을 입증하는 데 필요한 기준과 관련하여 특허 심사관에게 주어진 지침을 손질해서 특허 제도를 변경할 수 있다. 예를 들어 '뻔하지 않은' 약물에 대한 정의를 수정함으로써, 이미 시중에 나와 있는 특허받은 약물을 단순히 흉내 낸 약물의 특허 획득을 어렵게 만들 수 있다. 또한 기업이 '제품'이 아닌 '공정'에 대해 특허를 낼 수 있도록 법적 요건을 변경할 수도 있다. 이는 기업들이 의약품 생산의 특정한 방법에 대한 독점적 통제를 유지할 수 있게 해주지만, 다른 회사들은 그 약을 생산하는 다른 방법을 개발하는 경쟁으로 가격을 낮출 수 있다. 경쟁 회사의 특허 제품 사용을 배제할 수 있는 기간을 단축해서 가격을 낮출 수도 있다. 또 다른 가능성은 특허 기간 동안 다른 사람들이 수익을 내려고 시도하지 않는 한 특허 제품에 대한 연구를 수행할 수 있도록 더 큰 유연성을 부여하는 것이다.

물론, 상대적으로 사소한 변화도 법제화하기는 쉽지 않을 것이다. 제약 회사들은 막대한 수익을 내고 있으며, 그들은 순수익에 영향을 미칠 특허 제도의 변화에 크게 저항할 가능성이 높다. 그러나 제약 산업도 좋아하도록 특허 제도를 조정하거나 대체 인센티브를 제공하면서 의료 연구를 사회적으로 바람직한 방향으로 유도하는 방법을 찾을 수 있다. 이 절에서 나오는 중요한 교훈 중 하나는, 가치가 연구 주제 선택에 어떻게 영향을 주는지를 생각할 때 개별 과학자 또는 심지어 과학자 집단들의 가치에만 집중해서는 충분하지 않다는 것이다. 제도에 관련된 정책, 법률, 규정은 과학 연구가 어떤 가치에 봉사하고 어떤 가치에서 멀어져야 할지 그 방향을 설정할 수 있다. 따라서 과학 연구에서 가치가 하는 역할을 변화시키려고 할 때는 이러한 제도적 요인을 다루어야 한다. 7장에서는 과학 연구에 영향을 주는 가치와, 그러한 가치에 의해 지지되는 연구에 대한 질문을 다시 살펴본다.

결론

이 책의 후반부는 과학에서 가치가 역할을 하는 방식 중에서 얼마간 논란이 큰 계열들을 탐구하지만, 거의 모든 사람은 연구 주제의 선택에 가치가 타당한 역할을 한다는 데 동의할 수 있다. 그럼에도 불구하고, 가치가 과학의 이러한 측면에 영향을 주는 구체적인 방식들을 탐구할 때 여러 가지 문제가 제기된다. 이 장에서는 이러한 문제 세 가

지를 살펴보았다. 첫째, 가치가 연구의 우선순위를 매기는 어려운 결정을 내리는 데 어떤 역할을 할 수 있는지 조사했다. 둘째, 공공 연구 기금에 가치를 어떻게 포함시켜야 하는지에 대한 질문을 탐구했다. 셋째, 가치가 민간 부문 연구를 평가하고 영향을 주는 데 어떤 역할을 할 수 있는지 조사했다.

첫째, 우리는 인지적 차이에 대한 연구나 무기에 대한 연구처럼 어떤 연구 분야는 특정 집단이나 사회 전체에 해를 끼칠 가능성이 있다는 것을 보았다. 그 연구들이 해를 끼칠 것 같다면, 사회에 더 유익할 수 있는 다른 연구 주제들에 비해 이 연구 과제들의 우선순위를 낮추는 것이 합당하다. 그럼에도 불구하고 잠재적으로 유해한 연구 방향을 추구할지 말지를 결정할 때, 이러한 분야에서 연구 경험을 가진 선의의 사람들이 있다면 더 유해한 의도를 가진 사람들에게 대응할 수 있다는 이점도 고려해야 한다.

둘째, 공적 자금의 지원을 받는 과학이 사회적 가치에 부합하도록 최상으로 이끌기가 어려울 수 있다는 것을 알았다. 입법자들에게는 분명 납세자들의 돈을 어떻게 써야 하는지 결정하는 중요한 역할이 있지만, 과학 연구 자금에 대한 세부적인 결정을 내릴 자격을 그들이 충분히 갖추고 있다고 보기는 어렵다. 특히 기초 연구 분야를 지원하기 위해 설계된 국립과학재단과 같은 기관의 경우, 과학적 동료 평가 과정에 많은 자유를 부여할 때 더 많은 것을 얻을 수 있다. 그러나 긴급한 사회적 요구와 우선순위에 관한 정보가 연구비에 관련된 결정에 가장 잘 반영될 수 있는 방식을 고려하는 것은 여전히 중요하며, 이 문제는 뒤에서 다시 다룰 것이다.

셋째, 민간 부문의 자금 우선순위를 검토하는 데 사회적 가치가 어떻게 사용될 수 있는지 살펴보았다. 이론적으로, 시장의 힘은 사람들의 가치를 추구하는 쪽으로 민간 기업의 연구에 영향을 주어야 하지만, 이 과정은 불완전하다. 예를 들어 사람들이 너무 가난해서 시장에 영향을 주지 못하거나, 특허 정책 때문에 경쟁이 사라지고 독점이 형성될 때 실패할 수 있다. 생의학 연구에 대한 우리의 분석에서 중요한 특징 중 하나는, 가치의 영향이 개별 과학자의 마음뿐만 아니라 제도와 사회 체제에 적재될 수 있다는 점을 보여준다는 것이다. 예를 들어, 특허 제도는 연구를 특정한 방향(예를 들어, 부유층을 괴롭히는 질병에 대한 의약품 개발)으로 이끄는 경향이 있는 인센티브를 창출한다. 그러므로 개별 과학자 또는 제약 회사의 경영진이 저소득층의 요구에 대해 깊은 사회적 관심이 있어도, 시장에 작용하는 요인들이 그러한 가치에 따라 행동하는 능력을 심각하게 제한한다. 따라서 이 사례와 다른 사례에 비추어볼 때, 과학의 실행에서 우리가 관심을 갖는 가치를 증진하기 위해 법률과 정책의 대대적인 개편이 필요할 수 있다.

참고 자료

래리 서머스의 전기에 대한 자세한 정보는 봄바르디에리(Bombardieri 2005, 2006), 시아렐리와 트로이아노프스키(Ciarelli and Troianovski 2006), 플로츠(Plotz 2001)를 참조하라. 키처(Kitcher 2001)와 쿠라니(Kourany 2010)는 인지 능력 차이에 대한 연구는 가치의 역할에 대해 뛰어난 분석을 제공한다. 국립과학재단과 의회 간의 최근과 과거의 논쟁에 대한 자세한 내용은 킨티쉬(Kintisch 2014)를 참조하라. 바스켄(Basken 2014)은 〈고등교육 연대기〉에 라마 스미스의 제안에 반응한 과학자들의 말을 인용한 기사를 썼다. 그린버그(Greenberg 1968)는 제2차 세계대전 전후에 일어난, 과학자들에게 주어지는 연구 프로젝트를 선택할 자유의 정도에 대한 논쟁을 뛰어나게 요약했다. 부시(Bush 1945)는 과학자들에게 기초 연구를 할 자유를 주어야 궁극적으로 사회에 도움이 된다는 전형적인 견해를 보여준다. 우신스키와 클로프스타드(Uscinski and Klofstad 2010)는 정치학에 관련된 자금 지원에 대한 상원의원의 투표에 영향을 준 요인을 분석했다.

샤(Shah 2010)는 말라리아에 대한 설명과 이 질병이 인류에 미친 영향에 대한 뛰어난 개요를 제공한다. 라이스와 키처(Reiss and Kitcher 2009)는 개발도상국과 선진국 모두에서 생의학 연구에 대한 자원의 의심스러운 배분을 검토한다. 포게(Pogge 2009)는 건강영향기금에 대한 자신의 비전을 포괄적으로 설명했고, 브라운(Brown 2002)은 의료 연구의 사회화에 대한 자신의 주장을 제시했다. 비들(Biddle 2014b)은 특허 제도와 사회적으로 더 유익한 혁신을 촉진하기 위해 특허 제도를 바꾸는 방법을 매우 알기 쉽게 설명했다.

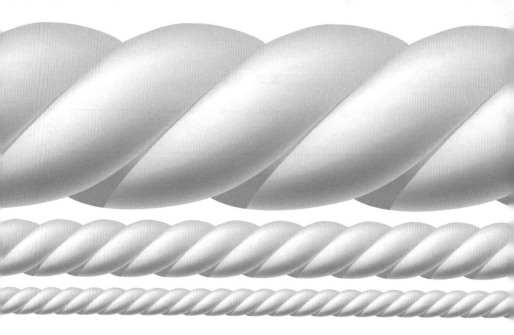

A Tapestry of Values : An Introduction to Values in Science

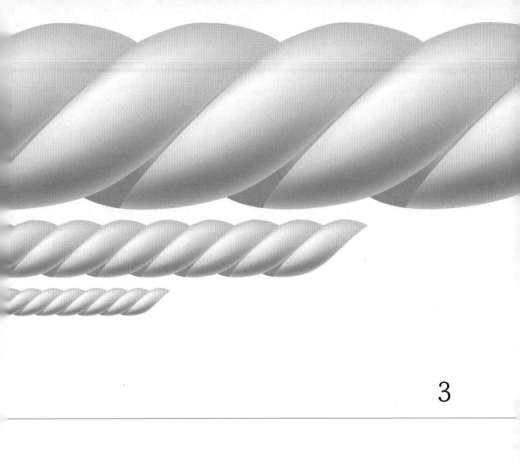

3

어떻게 연구할 것인가?

2000년에, 베타카로틴을 함유한 유전자 변형 쌀의 생산에 성공했다는 획기적인 논문이 〈사이언스〉에 발표되었다. 베타카로틴은 인체 내에서 비타민 A로 전환되는 물질이며, 전 세계에서 수백만 명의 가난한 사람들이 비타민 A 결핍에 시달리고 있다. 비타민 A 부족으로 매년 수십만 명이 죽고 눈이 멀기 때문에, 이것은 매우 중요한 돌파구로 여겨졌다. 비타민 A 결핍에 시달리는 많은 사람들이 쌀을 주식으로 하기 때문에, 쌀알 속에 베타카로틴이 만들어지도록 유전자를 변형할 수 있다면 많은 사람들이 혜택을 볼 것이다. 이 쌀은 베타카로틴 때문에 노란색을 띠기 때문에 '황금쌀'이라고 부르게 되었다. 이렇게 인도주의적인 연구가 논란이 된다는 것은 매우 이상해 보이지만, 이 연구는 세계적인 대논쟁에 불을 붙였다.

　이 장에서 볼 것처럼, 황금쌀에 대한 논쟁은 현대 농업 연구의 발전 방향에 대해 얼마나 큰 견해 차이가 있는지 설명한다. 많은 연구자는 유전자 변형 농작물이 제초제에 대한 저항성이 있고, 가혹한 환경에서 잘 자라며, 심지어 스스로 살충 성분까지 만들 수 있는 가장 유망한 방법이라고 생각한다. 다른 이들은 전통적이고 더 생태 친화적인 농업 기술을 연구해야 한다고 생각한다. 또 어떤 사람들은 이 모든 기술을 함께 사용해야 세계의 농산물 수요를 해결할 수 있다고 생각한다. 농업 연구의 방향에 대한 이러한 다양한 견해는 이 장의 주요 주제, 즉 특정 연구 주제의 추구 방식에 가치가 중요한 역할을 한다는 것을 보여준다. 우리는 과학자들이 같은 연구를 하면서도 연구에 영향을 주는 명시적이거나 암묵적 가치에 따라 채택하는 방법·가정·질문들이 어떻게 달라질 수 있는지 탐구할 것이다.

장님과 코끼리 이야기로 이 장의 요점에 대해 알아보자. 여러 장님이 모여서 어떤 사람은 코끼리의 코를 만지고, 어떤 사람은 꼬리를 만지고, 또 다른 사람은 옆구리를 만진다. 이렇게 해서 그들은 모두 같은 동물에 대해 말하면서도 코끼리의 생김새에 대해 저마다 다르게 설명한다. 이 이야기는 농업을 비롯해서 많은 과학 주제들을 연구하는 여러 가지 방법들에 대한 적절한 비유다. 오랜 시간이 지나면 과학자들은 공통의 탐구 주제에 대해 결국은 같은 설명을 하게 된다. 그러나 가끔은 아주 오랜 시간이 지나도 계속해서 다르게 설명하고 현상의 다른 측면을 연구하기도 한다. 탐구 대상이 사회적으로 중요할 때, 연구 주제에 접근하는 방법에 대한 의견 불일치는 사회에 큰 영향을 미칠 수 있고 매우 다른 가치를 뒷받침할 수 있다.

앞의 두 장에서 강조했듯이, 가치가 과학 연구의 특정한 측면에서 적절한 역할을 하는지 결정하는 한 가지 방법은 가치가 타당한 목표 달성과 관련이 있는지 확인하는 것이다. 이 장에서 설명한 사례에서, 과학자들의 타당한 목표는 그들의 연구 주제를 사회적 염려와 우선순위를 가장 잘 다루는 방식으로 조사하는 것이다. 농업의 경우를 생각해보자. 사회가 농업의 생명공학 분야를 구축하는 것이 중요하다고 판단한다면, 과학자들이 이러한 기술적 의제에 맞는 방식으로 농업에 대한 질문에 접근해야 이치에 닿는다. 반대로, 사회가 전통적인 농업의 접근 방식을 개선함으로써 사회적·환경적 요구를 더 잘 해결할 수 있다고 결론을 내린다면, 이것은 과학자들이 이 주제에 접근하는 방법에 영향을 줄 것이다.

이 사례는 또한 1장에서 논의한, 과학에 가치를 포함시키는 일의 정당화에도 부합한다. 이 정당화는 가치의 영향이 불가피할 때가 많다는 것이다. 어떤 과학적 선택을 해도, 그 선택은 결국 여러 가치 중 하나를 지지하게 된다는 것이다. 이 장에서는, 연구 주제에 대한 접근 방식이 어떤 가치를 더 지지하고 다른 가치를 덜 지지하게 된다는 한에서, 연구 방식의 선택이 이러한 정당화에 부합한다는 것을 보게 된다. 과학자들이 주제를 어떤 방식으로 연구하든 모종의 사회적 목표를 증진하게 된다면, 그들이 이 사실을 인지하고 어떤 가치가 그들의 연구에 영향을 주게 해야 할지 주의 깊게 성찰하는 것이 최선이다.

그렇다고 사회적 가치가 연구 방식을 결정할 때 유일하게 중요한 요소라고 말하는 것은 아니다. 과학자들은 또한 여러 접근법의 과학적 적합성과, 다양한 연구 전략이 그들의 학문 발전을 촉진할 수 있는지를 고려해야 한다. 그러나 다른 타당한 고려 사항들과 함께 사회적 가치가 해야 할 역할이 분명히 있다. 핵심은 과학자들이 이러한 가치의 영향을 명시적으로 드러나게 해서 사람들이 연구에 영향을 주는 가치적재적인 가정과 방법론적인 선택에 대해 혼란스러워하지 않도록 하는 것이다. 다음의 세 절에서는 연구에 영향을 주는 가치에 따라 주제를 다르게 연구하는 세 가지 방법을 탐구한다. (1) 농업에 대한 연구에서 볼 수 있듯이, 다른 **방법론**을 사용할 수 있다. (2) 산업 오염에 대한 연구에서 볼 수 있듯이, 다른 **가정**을 할 수 있다. (3) 의학 연구에서 볼 수 있듯이, 다른 **질문**을 할 수 있다.

농업의 연구 방법

가치가 특정한 주제의 연구에 영향을 주는 한 가지 방식은 그 주제를 탐구하는 방법에 영향을 주는 것이다. 황금쌀을 둘러싼 갈등에서 알 수 있듯이, 방법을 둘러싼 가치 논쟁은 농업 연구를 위한 최선의 방법을 두고 최근에 벌어진 논쟁에서 잘 드러난다. 예를 들어, 환경 단체 그린피스는 황금쌀을 '바보들의 황금'이라고 불렀다. 그린피스는 환경 문제가 발생할 수 있다는 우려 때문에 식물의 유전자 변형에 반대하며, 일일 권장량보다 훨씬 적은 비타민 A 함량을 가진 황금쌀을 심으면서까지 위험을 감수할 가치는 거의 없어 보인다고 지적했다. 환경 운동가 반다나 시바도 비슷하게 황금쌀이 '사기hoax'라고 말하면서, 비타민 A 결핍을 해소하기보다 오히려 악화시킬 것이라고 주장했다. 그녀는 "세계 최고의 과학자들이 가난한 나라의 아이들보다 더 심각한 형태의 실명을 겪는다"고 주장했는데,[1] 가난한 사람들이 비타민 A를 얻기 위해 먹을 수 있는 다양한 식물들을 그들이 인식하지 못하기 때문이라는 것이다. 그녀는 유전자 변형 작물을 개발하면 소득이 낮은 국가들이 농업의 산업화를 받아들여 상황이 더 나빠질 뿐이라고 불평했다. 그녀는 이러한 관행이 비타민 A 결핍의 진짜 원인이라고 본다. 왜냐하면 이 관행에서는 농부들에게 밭에 단 한 가지 작물만 재배하도록 장려하고 제초제로 다른 식물(비타민 A가 많이 함유된 식물도 포함해서)들을 모두 죽이기 때문이라는 것이다.

황금쌀 지지자들은 비판자들에게 격분하면서 대응했다. 이 작물의 개발에 참여한 주요 과학자 중 한 명인 잉고 포트리쿠스는 실험 농장을 파괴해서 황금쌀의 개발을 막는 것은 "인류에 대한 범죄"라고 주장했다.[2] 당시 록펠러재단의 회장이었던 고든 콘웨이는 반다나 시바가 가난한 사람들의 상황을 충분히 고려하지 않았다고 주장했다. 그는 과일과 채소는 비싸거나 얻기 어려운 경우가 많아서 많은 사람이 주로 쌀로 연명한다고 주장했다. 그는 또한 과학자들이 황금쌀에 함유된 베타카로틴의 수치를 높이기 위해 노력하고 있으므로 연구 초기 단계에서 쌀에 이 영양소가 너무 적다고 비판하는 것은 근시안적이라고 지적했다. 게다가, 그는 쌀이 일일 권장량을 모두 제공하지 못하더라도 비타민 A 섭취량이 조금이라도 증가하면 가난한 사람들에게 유익할 수 있다고 언급했다. 마지막으로, 그는 인도인들이 영양을 위해 쌀에 너무 의존하더라도, 더 다양한 음식을 먹을 수 있을 때까지 쌀의 영양가를 높이는 것이 여전히 의미가 있다고 주장했다.

황금쌀을 비판하는 사람들은 포기하지 않았다. 그들은 아시아 사람 대부분이 흰 쌀을 매우 선호하기 때문에 이 작물은 문화적으로 문제가 있다고 주장한다. 분명히, 이 사람들에게 노란 쌀을 먹으라고 하는 것은 서양인들에게 파란 빵을 먹으라고 하는 것과 비슷할 것이다. 반대하는 사람들은 또한 제대로 조리하지 않으면 쌀의 베타카로틴이 쉽게 파괴되고, 적절한 조리법은 많은 가난한 사람들에게 어려운 일이라고 주장한다. 그들은 또한 사람들이 충분한 지방을 섭취하지 못하면 베타카로틴은 영양학적 가치가 거의 없다고 염려한다. 이런 점을 고려해서, 반대하는 사람들은 황금쌀이 해결해야 할 진짜 문제를 해결하지 못하는 '기술적 땜질'이라고 지적한다. 그들은 이 문제에 기술적 '반창고'를 붙이려고 하기보다는 빈곤 해소를 위해 사회 정책과 농업 정책이 바뀌는 것을 보고 싶어 한다.

황금쌀과 다른 농작물들로 세계적으로 긴장이 고조되자, 몇몇 농업 생명공학 기업들이 세계은행과 식량농업기구FAO, Food and Agriculture Organization에 개발도상국에서의 유전자 변형 작물의 미래에 대한 조언을 요청했다. 이들의 요청으로 농업 과학 기술과 그것이 개발도상국 사람들의 삶을 개선하는 역할에 대해 연구하는 주요 프로젝트가 시작되었다. 이 프로젝트는 궁극적으로 국제연합 환경계획UNEP, United Nations Environment Program, 국제연합 개발계획UNDP, United Nations Development Program, 세계보건기구를 포함한 다양한 주요 국제 기구들의 후원을 받게 되었다. 수백 명의 전문가가 저자로 선정되었고, 많은 정부와 기관이 보고서 검토에 참여했으며, 주최 측은 이 보고서가 기후변화에 관한 정부간협의체IPCC, Intergovernmental Panel on Climate Change와 비교할 만한 세계적인 영향력을 발휘하기를 희망했다. 불행하게도, 몬산토Monsanto와 신젠타Syngenta 같은 주요 농업 기업들이 프로젝트가 끝나기 전에 철수했고, 여러 나라(호주, 캐나다, 미국을 포함해서)가 최종 문서에 대해 부분적인 지원만을 제공했다는 사실로 인해 성공이 좌절되었다. 한 논평가가 결론을 내렸듯이, "놀라운 기회를 놓쳤다는 느낌이 든다."[3]

IAASTD 보고서의 농업 연구 방법

개발을 위한 농업 지식, 과학, 기술의 국제평가IAASTD, International Assessment of Agricultural Knowledge, Science and Technology for Development라고 하

는 이 프로젝트는 어떻게 무너졌을까? 이 사업이 난관에 부딪힌 이유를 하나로 콕 짚을 수는 없지만, 적어도 한 가지 큰 문제는 농업 문제를 해결하기 위해 서로 다른 참여자들이 뚜렷이 다른 방법을 추구하고자 했다는 점이다. 철학자 휴 레이시는 이러한 서로 다른 접근법을 '연구 전략'이라고 언급하며, 이러한 전략들이 사회를 다른 방향으로 끌고 갈 수 있기 때문에 매우 중요하다고 주장했다. 예를 들어, 레이시는 현대 농업 연구의 특징은 한 가지 특정한 방법들의 집합이라고 주장한다. 이 방법들은 농작물의 유전적 특성을 분석하고 조작해서 수확량이 많은 종자를 생산함으로써 농업 생산을 극대화하는 데 초점을 맞추고 있다. 이러한 접근법은 농작물 생산량을 더 늘릴 수 있는 비료와 살충제 등의 특정한 투입물에 대한 연구 노력과 자주 결합된다.

농업 연구에서 이러한 접근법의 장점 중 하나는 농업 생명공학 기업의 활동을 원활하게 지원한다는 점이다. 이 회사들은 새로운 비료, 살충제, 종자의 변종을 특허로 등록해서 상당한 수익을 낼 수 있다. 최근에 이 회사들은 유전자 변형 종자와 함께 그 종자를 제외한 모든 식물을 다 죽이는 제초제를 개발해 더 큰 시너지를 일으키고 있다. 1980년대 이후로, 미국에서는 대학들이 이와 같은 민간 기업들과 공동 연구 프로젝트를 개발하도록 장려하는 여러 정부 정책이 입안되었다. 마지막으로, 이러한 모든 생물학적 연구 노력이 농업 생산에 대한 특정한 접근법이 국가와 세계 경제에 어떤 영향을 줄 수 있는지 결정하기 위한 경제 분석과 결합되기도 한다.

IAASTD 보고서와 관련된 일부 인사들은 이러한 전형적인 연구 방법을 발전시키려고 노력한 반면에, 다른 많은 인사는 다른 연구 전략을 추구하기를 원했다. 예를 들어, IAASTD 보고서 중 〈정책 결정자를 위한 세계적 요약Global Summary for Decision Makers〉은 매우 광범위한 질문에 집중했다. "어떻게 하면 농업 지식·과학·기술AKST, agricultural knowledge, science, and technology을 사용해서 기아와 빈곤을 줄이고, 농촌 생활을 개선하며, 환경적·사회적·경제적으로 평등하고 지속가능한 개발을 촉진할 수 있는가?"[4] 이와 같은 질문에 답하려면 생태학, 환경 과학, 사회학으로부터 통찰력을 끌어오는 다양한 학제적 방법을 채택해야 한다. 이러한 광범위한 접근의 동기는, 농업 연구가 주로 생산을 극대화하는 기술에 초점을 맞출 때 소규모 농가와 산림과 수산을 포함하는 천연자원에 발생하는 부정적인 작용을 무시할 수 있기 때문이다. 이러한 천연자원이 개발도상국 농민들의 생활에서 중심인 경우가 많다는 점에서, 순전히 농업 생산에만 집중하면 농업의 일부 측면(특히, 주요 농산물의 생산)이 강화되지만 동시에 공동체의 가난한 여러 구성원과 소규모 농가의 삶의 질이 전체적으로 떨어지는 경향이 있다.

빈곤과 환경에 대한 이러한 염려 때문에, 현대 농업 연구를 비판하는 사람들은 농업에 대한 많은 경제적 분석들이 심각하게 부적절하다고 주장한다. 이러한 분석들은 한 국가가 생산하는 모든 재화와 서비스의 시장 가치를 측정하는 국내총생산GDP에 집중하는 경우가 많다. 그러나 GDP는 사회 복지 측면에서는 잘못된 추론을 이끌어내기 쉽다. GDP는 부의 불평등을 반영하지 않고, 경제적 생산이 천연자원을 고갈시킬 수 있다는 것을 반영하지 않으며, 애초에 피하면 더 좋은 목적(예를 들어 자연재해나 사고의 복구)으로 재화와 용역의 생산이 일어났는지를 고려하지 않는다. 이러한 염려 때문에 IAASTD 보고서는 다음과 같이 강조한다. "[AKST에서] 투자 수익률 측정은 GDP보다 더 많은 정보를 제공하고 환경과 공평한 이득을 반영하는 지수를 요구한다."[5] 게다가 농업이 환경과 사람들의 생활에 미치는 영향을 측정하기 위한 조치를 취할 때도, 이 보고서는 이러한 다양한 척도들의 관계와 의미에 대한 정보가 여전히 매우 부족하다고 강조한다. 그러므로 이 보고서는 이러한 광범위한 질문에 초점을 맞추는 새로운 농업 평가 방법을 요구한다.

대체 연구 방법

IAASTD 보고서는 기아와 빈곤을 줄이는 데 더 효과적이면서도 환경 지속가능성을 증진할 수 있는 다양한 대안적인 연구 방법론을 제시하고 있다. 이 보고서의 권고안 중 하나는 친환경적으로 농작물을 재배할 수 있는 방법을 탐구하는 농업 과학 분야인 농업생태학 연구를 추진하는 것이다. 농업생태학자들은 더 나은 토양, 더 건강한 생태계, 비료와 살충제의 필요성 감소를 목표로 같은 밭에 여러 작물을 심을 것을 자주 권장한다. 그들은 또한 가축의 배설물이 농작물 생산에 기여할 수 있도록 가축을 농업 시스템에 통합하는 방법을 연구한다. 이러한 생태학적 접근은 때때로 더 많은 노동력을 필요로 하므로 농산물 가격이 높아질 수 있지만, 비교적 적은 투입 원가로 아주 많은 식량을 생산할 수 있다. 이러한 방식들은 또한 여성들이 농업 생산에 참여할 수 있는 기회를 더 많이 제공할 수 있다. 따라서 가난한 농업 노동자가 많은 농촌에서는 농업생태학적 전략이 때로는 경제적·물리적·환경적으로 건강한 공동체를 촉진할 수 있다.

다른 유망한 방법론들은 사회과학에서 나왔다. 농업 과학에 대한 현대의 지배적인 접근법은 일반적으로 자연과학의 기술에 초점을 맞추지만, 사회과학의 통찰력을 통합하면 농촌 사회를 강화하고 농촌의 빈곤과 기아를 완화하는 농업 접근법을 개발하는 데 도움이 될 수 있다. 예를 들어 IAASTD 보고서는 가난한 농부들이 토지를 경작할 수 있도록 보장하고, 더 투명하고 기능적인 시장을 촉진하며, 더 나은 사회 안전망을 제공할 것을 제안한다.

역사적으로, 지배적인 사회적·정치적 가치들이 자연과학의 방법들을 선호했기 때문에 사회과학의 접근법들은 별로 관심을 받지 못했다. 한 예로, 미국 정부는 1960년대에 인도의 기아 문제를 녹색 혁명 기술(예를 들어 다수확 종자, 비료, 살충제, 관개)로 해결할 문제로 설정하고, 이를 매우 강력하게 추진했다. 이는 주요 대안적 접근법(예를 들어 가난한 농민들이 경작할 수 있도록 하는 토지 재분배)이 붉은(공산주의) 혁명과 너무 비슷해 보여서 냉전이 한창일 때 옹호하기 어려웠던 탓이기도 하다. 마찬가지로 1950년대 과테말라 정부가 가난한 농민(역사적으로 식민지 정책으로 인해 토지를 소유할 수 없었다)이 토지를 경작할 수 있도록 대규모 농장의 사용하지 않는 토지를 강제로 매각하는 계획을 세웠을 때, 미국 정부는 이 토지 개혁을 중단시키기 위해 쿠데타를 조직했다. 이러한 사회적·정치적 가치의 논쟁적인 성격에서, 20세기와 21세기에 농업을 개선하기 위한 접근법이 사회과학에서 유래한 개입에 반대하고 생명과학의 기술적 방법에 주로 집중한 것은 놀라운 일이 아니다.

IAASTD 보고서의 저자들이 생물학적·화학적으로 더 집약적인 연구 접근법을 완전히 반대하지는 않는다는 점을 명심해야 한다. 예를 들어, 그들은 다수확 종자와 유전자 변형 작물이 경우에 따라 가치가 있을 수 있다고 지적한다. 그럼에도 불구하고, 이 보고서는 생명공학 기업들이 유전자 변형 종자에 대한 특허를 엄격하게 보호하는 것이 지역 농민들이 산업과학자들과 효과적인 공동 연구에 참여하지 못하게 막는 경향이 있다고 강조한다. 한 가지 결과로, 이 보고서는 수많은 대규모 농장에서 그렇게 인기를 끈 종자들이 저소득 국가들의 소규모 농가들의 요구에도 적절한지 의심한다. 현재의 특허 정책과 유전자 변형 종자에 대한 비판이 생명공학 기업들 및 미국과 같은 나라들이 IAASTD 보고서에 대한 지지를 약화시킨 주요 요인이었다.

요약하자면, 농업 연구는 특정 연구 주제에 대한 연구 방법을 결정할 때 가치의 중요성을 보여준다. 농업과 같은 복잡한 문제에 대한 연구에는 종자의 유전적 성질 조사, 새로운 살충제 개발, 특정한 기술에 대한 경제적 분석, 여러 작물과 동물들 사이의 시너지 시험, 토지 개혁이 가난한 농가에 미치는 영향에 대한 시험, 여러 가지 농업 기술이 생태계에 미치는 영향에 대한 연구 등 다양한 방법론을 사용할 수 있다. 각각의 방법은 서로 다른 사회적 가치에 봉사하는 경향이 있다. 예를 들어 종자의 유전적 특성에 집중하고 새로운 살충제를 개발하면 농업 생명공학 회사들의 성장과 비교적 싼값에 대량의 농작물을 생산하는 대규모 농업 운영을 촉진한다. 반면, 여러 작물 사이의 시너지에 집중하거나 토지 개혁이 가난한 농민들에게 주는 영향을 연구하면 소득이 낮은 국가의 가난한 농민들의 요구에 봉사하는 해결책을 더 잘 만들어낼 수 있다. 어떤 가치를 중요시하고, 어떤 방법을 강조할지에 대한 결정은 윤리적 헌신과 영향을 받는 이해관계자들의 참여를 요구하는 어려운 문제다(7장에서 논의한 것처럼).

오염 연구에서의 가정

과학자들이 조사할 때 채택하는 가정은 가치에 의해 바뀔 수 있다. 연구를 성공적으로 수행하기 위해 과학자들은 광범위한 문제들을 가정해야 하며, 여기에는 무엇이 타당한 증거로서 중요한지, 어떤 방법이 증거를 수집하고 분석하는 데 가장 적합한지, 증거를 가장 잘 해석할 수 있는 방법은 무엇인지, 증거의 공백이나 한계를 어떻게 해야 가장 잘 다룰 수 있는지 등이 포함된다. 이러한 가치의 역할은 산업 오염 사례로 유명해진 매사추세츠주 워번의 이야기에 잘 나타나 있다. 보스턴에서 북쪽으로 몇 마일 떨어진 곳에 있는 이곳은 피혁 처리 공장, 화학 공장, 제지 공장이 모여 있었다. 1970년대에, 사람들은 지역사회의 질병을 걱정하게 되었다. 특히 충격적인 것은 서로 매우 가까운 곳에 사는 소수의 가족들 사이에서 발생한 소아 백혈병 환자 집단이었다. 아들 지미가 네 살 때 백혈병 진단을 받은 앤 앤더슨은 지역의 상수원이 이 질병의 원인일 수 있다고 의심했다. 이 물은 가끔 색깔과 맛이 이상해진다고 알려져 있었지만, 대부분의 전문가와 시민은 이것이 건강 문제의 원인은 아니라고 생각했다. 1979년에 마을 공동 우물 두 곳 근처에 산업용 화학 물질이 들어 있는 통들이 묻혀 있는 것이 발견되면서 상황이 바뀌기 시작했다. 실험 결과 이 우물에는 트리클로로에틸렌을 포함한 유해한 오염 물질이 함유되어 있는 것으로 밝혀졌다. 우물 안의 오염 물질이 땅에 묻힌 화학 물질과 일치하지는 않았지만, 이 발견으로 오염의 원인을 더 조사하려는 노력이 시작되었다.

이 조사는 결국 우물 근처에 시설을 소유한 비어트리스푸드와 W. R. 그레이스라는 두 회사를 상대로 한 소송으로 이어졌다. 작가 조너선 하르가 원고와 그들의 변호사인 잰 슐리히트만을 사건 내내 따라다녔기 때문에 이 소송은 국제적으로도 유명해졌다. 그의 책《시민의 행동A Civil Action》은 같은 제목의 영화로도 제작되었고, 존 트라볼타가 슐리히트만 역으로 출연했다. 이 법정 소송은 부분적으로 두 기업의 막강한 변호사들에 대항해서 길고 복잡한 사건의 비용을 도저히 감당하기 힘들었던 슐리히트만의 작은 법률 회사가 맞섰기 때문에 많은 관심을 끌었다. 재판장은 비어트리스를 상대로 소송을 진행하기에는 증거가 충분하지 않다고 최종적으로 결론을 내렸다. 그레이스는 결국 800만 달러에 피해자 가족들과 합의했다. 합의가 이루어진 후에도 두 회사는 모두 독성 화학 물질의 투기와 관련하여 슐리히트만과 미국 환경보호청EPA, Environmental Protection Agency이 제기한 추가 소송에 휘말렸다. 책과 영화의 인기 덕분에, 이 사건은 산업 오염의 위험성과 피해자들을 위해 정의를 실현하는 매우 복잡한 과정에 대해 대중의 관심을 끌었다.

이 사례에서 피해자 가족들이 겪은 가장 큰 어려움 중 하나는 특정

화학 물질이 특정 질병을 유발했다는 것을 입증할 결정적인 과학적 증거를 제시하기가 어렵다는 것이었다. 암과 같은 질병은 여러 가지 경로로 발병할 수 있기 때문에, 특정한 원인이 되는 구체적인 요인을 확인하기가 어렵다. 게다가 특정 화학 물질이 일으킬 수 있는 질병의 범위를 파악하기도 매우 어렵다. 통제된 실험에서 사람을 독성 화학 물질에 노출시키는 것은 비윤리적이기 때문에, 유해성을 입증하기 위해서 과학자들은 동물 실험과 인간에게 미치는 영향의 간접적인 관찰에 의존할 수밖에 없다. 부분적으로 이러한 제한 때문에, 과학자들은 이용 가능한 증거를 바탕으로 결론을 도출하려고 할 때 상당한 가정을 할 수밖에 없다.

워번의 사례에서, 앤 앤더슨과 지역사회의 다른 구성원들은 처음에 지역 및 주 규제 기관들이 자신들의 염려를 심각하게 받아들이도록 설득하는 데 거의 성공하지 못했다. 그럼에도 불구하고, 그녀와 그 지역의 성직자가 앞장서서 피해 가족들을 만나고 다른 백혈병 피해자들의 위치를 표시한 지도를 작성했다. 매사추세츠주 공중보건부가 실시한 연구는 워번의 식수와 백혈병 사이의 연관성에 대한 증거로는 결론을 내릴 수 없다고 최종적으로 보고했다. 그러나 염려하는 시민들은 이 연구의 결론에 의문을 제기했고, 하버드대학교 공중보건대학원의 연구자들을 설득해서 별도의 연구를 수행하게 했다. 지역사회의 자원봉사자들이 수천 건의 전화 인터뷰로 워번 주민들의 건강 정보를 수집했고, 하버드 연구진이 이를 분석하여 결국 건강 문제와 오염된 우물물의 소비 사이에 유의미한 상관관계가 있음이 드러났다. 사회학자 필 브라운은 워번과 다른 지역 시민들이 과학자들과 협력한 방식을 설명하기 위해 '대중 역학popular epidemiology'이라는 용어를 만들었다. 워번의 사례는 '지역사회기반 참여 연구'에 관련된 많은 노력의 선례로 여겨지고 있다. 지역사회기반 참여 연구에 대해서는 나중에 더 알아볼 것이다.

시민들이 과학 전문가와 함께 연구 활동에 참여할 때 얻을 수 있는 이점 중 하나는 연구 결과의 선별과 해석에 영향을 주는 방법론적 가정에 시민들이 이의를 제기할 수 있다는 것이다. 공중보건부가 하버드대학교 공중보건대학원과 다른 결과를 얻었듯이, 환경 오염이 건강에 미치는 영향에 대한 여러 연구에서는 상반된 결과가 자주 나온다. 특정 연구를 얼마나 신뢰해야 하는지를 결정하는 것은 방법론적 가정의 평가에 달려 있을 때가 많다. 예를 들어 연구할 지리적 영역의 적절한 경계에 대한 가정에 따라 조사가 크게 달라질 수 있다. 심하게 오염된 지역과 그렇지 않은 지역을 하나로 묶어서 연구하면, 오염이 별로 심각하지 않다는 결과를 쉽게 얻을 수 있다. 비슷하게, 두 인접 도시의 건강 영향을 함께 분석하면 건강 문제에 대해 통계적으로 유의미한 증거를 얻을 수 있는 반면에, 두 도시를 개별적으로 분석하면 통계적으로 유의미한 결과가 나오지 않을 수 있다. 어떤 사람들을 조사 대상으로 포함시킬지, 과거의 어떤 기간을 조사 대상으로 삼을지에 대한 결정에서도 또 다른 가정들이 발생한다. 예를 들어 워번 사례에서, 공중보건부의 연구를 비판한 사람들은 워번에 살다가 이사를 간 아이들과 비거주자로 이 시기에 가족과 함께 이 마을에 살았던 사람들이 조사에 포함되지 않았다고 염려했다. 그러나 지역사회 구성원들이 추가 연구를 지속적으로 요구하지 않았다면, 공중보건부의 연구를 더 주의 깊게 들여다보지 않았을 것이다.

매디슨환경정의기구가 강조한 가정

시민 집단이 전문가들의 가정에 의문을 제기할 수 있는 또 다른 방법의 예로, 환경 위협에 대한 불평등한 노출 때문에 설립된 위스콘신주 매디슨의 작은 다문화 공동체인 매디슨환경정의기구MEJO, Madison Environmental Justice Organization가 하는 일을 살펴보자. 이 단체의 주요 목표 중 하나는 생계를 위해 낚시하는 사람들이 그들이 잡아먹는 물고기에 의해 독성 물질에 노출되는 문제를 해결하는 것이었다. 연방과 주의 규제 기관들은 물고기의 독성 물질에 대한 정보를 수집하고 권고를 통해 시민에게 위험을 알린다. 그러나 MEJO의 두 회원인 마리아 파월과 짐 파월은 이 기관들에 영향을 미치는 두 가지 의심스러운 가정을 강조했다. 첫째, 기관들은 매디슨호수가 위스콘신의 다른 수로들에 비해 비교적 독성이 없기 때문에 심각한 조사가 필요하지 않다는 의심스러운 가정을 했다. 둘째, 그들은 생계를 위해 낚시하는 사람들이 물고기를 많이 소비하지 않으며, 오염된 물고기를 많이 먹지 않는다고 가정했다.

　과학자들은 그들이 사회적 가치를 지지하는 방식 때문에 의도적으로 이와 같은 가정을 선택하지 않겠지만, 그럼에도 불구하고 이러한 가정들에는 다른 사회 집단보다 일부 사회 집단의 이익이나 가치를 선호하는 경향이 있을 수 있다. 예를 들어, 마리아와 짐 파월은 매디슨호수가 그다지 오염되지 않았다는 가정은 많은 연구자가 매디슨호수에서 잡은 물고기를 자주 먹는 소수 집단이 직면한 위험에 주의를 기울이지 못하게 하는 사회적·문화적 '눈가리개'에서 비롯되었다고 주장했다. 그들은 또한 연구원들이 호수가 안전하다는 초기 가정에 이의를 제기할 수 있는 자료를 수집하지 않기 때문에 '닭이 먼저냐 달걀이 먼저냐' 같은 상황이 발생한다고 주장했다.

MEJO는 또한 생계를 위해 낚시를 하는 여러 사람이 매일 또는 일주일에 몇 번씩 물고기(오염이 더 심한 큰 물고기를 포함해서)를 먹는다는 증거를 수집했다. 게다가 어떤 이민자 집단은 물고기를 통째로(때로는 내장과 함께) 먹기 때문에 독성 화학 물질에 대한 노출이 커질 수 있다. 그 결과, 물고기 소비가 적고 다른 종류의 물고기를 소비한다고 가정하는 정부의 위험 평가는 이러한 집단이 직면한 위험을 과소평가하기 쉽다. 따라서 이 사례는 객관적이고 명료해 보이는 과학적 분석이 실제로는 의심스러운 가정을 포함하기 때문에 이미 소외된 사회 집단을 더 불리하게 할 수 있음을 보여준다. 여기에서 살펴본 가정들처럼, 어떤 가정들은 큰 어려움 없이 거짓임을 입증할 수 있다. 다른 경우에는 (적어도 단기적으로는) 어떤 가정이 실제로 옳은지 결정하기가 매우 어렵기 때문에, 과학자들은 연구를 수행하면서 가정을 채택할 때 중요한 가치적재적인 선택에 직면한다.

MEJO 사례처럼, 전문가들이 지역 시민들의 모든 행동을 이해하지 못하기 때문에 이런 일이 일어날 수 있다. MEJO 사례에서 물고기 섭취를 통해 노출이 발생했지만, 전문가들은 살충제 노출을 초래하는 농민들의 행동이나 유해 물질 노출을 초래하는 어린이들의 놀이 습관

탓으로 잘못 판단할 수도 있다. 때때로 시민들은 전문가들이 전체 집단 또는 전체 기간에 걸쳐 노출 수준의 평균을 얻는 방법에 동의하지 않는다. 평균에 집중하면 더 많은 급성 노출과 건강 영향이 숨겨지고, 연구가 독성 물질의 영향을 과소평가하게 된다고 염려한다. 물론 모든 전문가가 이런 성향을 보이지는 않으며, 모든 시민이 같은 염려를 하지도 않는다. 게다가 시민들이 내놓은 가정들이 틀렸거나 오해의 소지가 있다고 알려지기도 한다. 그러나 중요한 점은 최근 수십 년간 공중보건 연구에 대한 시민들의 참여에 의해 환경 오염에 대한 연구에는 더 조사해볼 필요가 있는 중요한 가정들이 포함된 경우가 많다고 드러났다는 것이다.

과학 전문가들이 환경 오염을 연구할 때 자주 해야 하는 몇 가지 다른 가정들을 생각해보자. 첫째, 그들은 사람들이 독성 화학 물질에 아주 적게 노출되었을 때를 가정해야 할 때가 많다. 비용을 절약하면서 더 직접적인 결과를 얻기 위해 대부분의 동물 실험은 상대적으로 많은 양의 독성 물질만 집중적으로 연구한다. 이는 전문가들이 더 낮은 수준의 노출에서 일어날 수 있는 효과를 추정하는 방법을 만들어내야 한다는 것을 의미한다. 둘째, 전문가들이 동물 연구에서 관찰된 해로운 영향이 사람에게도 관찰될 수 있는지 가정해야 할 때도 많다. 사람에 대한 예비 연구에서 해로운 증거가 나오지 않을 때는 훨씬 더 혼란스러울 수 있다. 영향이 나타나지 않는 이유는 사람에 대한 연구가 부족했기 때문일 수도 있고, 사람이 영향을 받는 방식이 동물과 다르기 때문일 수도 있다. 셋째, 전문가들은 때때로 어린이와 임산부처럼 민감한 집단의 사람들이 다른 사람들보다 독성 물질의 해를 더 크게 입는지에 대해서도 가정을 해야 한다. 넷째, 독성 화학 물질들이 함께 작용할 때의 영향과 각각 따로 작용할 때의 영향이 어떻게 다른지 가정할 수밖에 없는 경우도 있다. 다섯째, 새로운 연구 방법의 신뢰성을 두고 전문가들의 의견이 엇갈릴 수 있다. 새로운 방법으로는 화학 물질이 유해하다고 나타나고, 전통적인 방법으로는 안전하다고 나타날 때, 전문가들은 매우 어려운 결정을 내려야 한다.

가치가 이러한 가정들에 영향을 주어야 하는지에 대한 논의

회의적인 독자들은 가정에 대한 선택이 정말로 과학자들이 가치의 영향을 받는 상황을 구성하는지 질문할 수 있다. 과학자들이 채택하는 가정에 가치들이 자주 영향을 준다고 해도, 과학자들이 이러한 영향에 저항하고 결정을 내릴 지침이 될 만한 추가적인 증거를 수집할 수 있을 때까지 가정을 하지 말아야 한다고 주장할 수도 있다. 이러한 태도가 가진 문제는 과학자들이 이용 가능한 증거 외에 적어도 몇 가지 가정을 추가하지 않고는 많은 분석을 수행하기 어렵다는 것이다. 예를 들어 철학자 헬렌 롱기노는 과학자들이 이용 가능한 증거와 그것들의 결론 사이에서 적어도 항상 어느 정도의 '빈틈'이 있고, 그들은 특정한 결론에 대해 타당한 증거로서 무엇이 중요한지에 대한 암묵적 가정으로 이 빈틈을 채우도록 강요당한다고 주장했다.

게다가 과학적인 증거와 결론 사이에 항상 빈틈이 있다는 것을 부인하더라도, 과학자들은 증거가 매우 제한적인 사안(독성 물질이 건강에 미치는 영향 같은 것)에 대해서도 시민들과 정책 입안자들에게 조언을 요청받는다. 많은 경우, 가정이 필요하지 않은 결정적인 증거를 얻을 때까지 어떠한 결론도 제시하기를 거부하는 것은 합당하다고 할 수 없다. 증거를 얻으려면 매우 오랜 시간이 걸릴 수 있다. 또한 사회적 귀결을 고려하지 않고 가정을 하는 것도 합당하지 않을 수 있다. 이 장에서 고려한 사례에서, 어떤 가정들은 의심스러운 화학 물질의 독성이 더 크게 보일 수 있고, 따라서 화학 물질을 피하게 될 가능성을 높여서 잠재적으로 공중 및 환경 보건을 개선할 수 있다. 다른 가정들은 의심스러운 화학 물질이 독성을 띠지 않는 것으로 보이기 쉬워서, 다양한 경제적 이익에 기여할 수 있다. 과학자들이 자신들의 연구에서 이러한 귀결을 무시한다면 무책임하다고 할 것이다. 따라서 이러한 사례들에서는 가치적재적인 선택을 피할 수 없으므로, 투명하고 사려 깊게 선택하는 것이 최선이다.

가치가 이러한 가정들에 영향을 주도록 허용하는 것에 반대하는 이유는, 그렇게 하면 과학의 객관성을 해치고 결국 자의적으로 그러한 선택을 하게 될 것이라는 잘못된 생각 때문일 수 있다. 더 자세한 조사에 따르면, 이것은 사실이 아니다. 가치적재적인 가정을 할 필요성을 정확하게 인지해야 과학을 더 엄격하고 투명하게 만들 수 있다. 예를 들어 롱기노는 과학 연구가 비판적으로 평가될 수 있는 공론화의 장을 개발해서, 핵심 가정이 밝혀지고, 이용 가능한 증거의 상황이 명확해질 수 있게 하고, 과학자들이 왜 다른 가정이 아니라 그러한 가정을 하는지 설명할 수 있어야 한다고 주장한다. 이러한 공론화의 장에는 학술지나 학술회의와 같은 전통적인 제도가 포함될 수 있지만,

학제간 집단들과 시민들을 통합하는 더 혁신적인 접근 방식도 포함될 수 있다(7장 참조).

환경 오염의 경우, 과학자들은 이미 정책 입안자들을 비롯해 다른 이해관계자들과 함께 독성 화학 물질의 위험성 평가에 관련된 많은 가정을 어떻게 다룰지를 결정해왔다. 예를 들어 미국 환경보호청은 과학자들이 동물에 미치는 영향에서 사람에 미치는 영향을, 대량의 영향에서 미량의 영향을, 성인에 미치는 영향에서 어린이에 미치는 영향을 추정하는 방법에 대한 지침을 개발했다. 이 경우, 이러한 가정들의 사회적 중요성이 널리 인지되며, 환경보호청은 이러한 가정들을 공중보건에 가장 적합한 방식으로 선택하려고 노력해왔다. 이와 같은 사례들은 과학자들이 그들의 가정을 알리고 공개적으로 논의하는 것보다 가치적재적 가정을 피할 수 있다고 생각하는 것(이 경우에 과학자들이 가정하는 것을 무의식적으로 억압하거나 숨길 수 있다)이 더 위험할 수 있음을 알려준다.

의학 연구에서의 질문

의학 연구와 관련된 많은 사례에서 볼 수 있듯이, 가치는 또한 과학자들이 특정 연구 주제에 대해 던지는 질문을 바꿀 수 있다. 우리는 앞 장에서 제약 산업이 가장 수익성이 좋은 경제 분야 중 하나라는 것을 보았다. 대부분의 산업이 연간 5퍼센트쯤의 수익을 내는 반면, 제약 산업의 수익은 일반적으로 지난 25년간 15퍼센트에서 25퍼센트 사이였다. 동시에 제약 회사들은 많은 사람이 원하는 만큼 혁신적이지 못하다는 비판을 받고 있다. 그러나 이 비판은 빙산의 일각에 불과하다. 수많은 책이 제약 산업의 관행을 공격하고 있다. 몇 가지 유명한 책만 살펴보자.《불량 제약 회사: 제약 회사는 어떻게 의사를 속이고 환자에게 해를 입히는가Bad Pharma: How Drug Companies Mislead Doctors and Harm Patients》,《제약 회사들은 어떻게 우리 주머니를 털었나The Truth about the Drug Companies: How They Deceive Us and What to Do about It》,《더러운 손의 의사들: 의사와 기업의 유착관계를 밝힌다On the Take: How Medicine's Complicity with Big Business Can Endanger Your Health》,《위험한 제약 회사: 거대 제약 회사들의 살인적인 조직범죄Deadly Medicines & Organised Crime: How Big Pharma Has Corrupted Health Care》등이 있다.

가장 많이 팔리는 세 가지 항우울제인 팍실Paxil, 졸로프트Zoloft, 프로작Prozac의 이야기를 살펴보면 이 책들이 제약 산업에 대해 제기하는 주요 관심사를 알 수 있다. 1990년대 후반에 팍실의 제조사인 글락소스미스클라인GlaxoSmithKline은 이 약이 아이들에게 효과가 있는지 확인하기 위해 여러 가지 실험을 했다. 연구들은 이 약이 위약보다 나을 것이 없음을 보여주었다. 더 나쁜 것은, 이 약이 자살 위험을 증가시킬 수 있다는 암시가 나왔다는 것이다. 불행히도, 글락소스미스클라인은 오랫동안 이 연구 결과를 일반 대중이나 감독 당국에게 알리지 않았다. 한때 팍실의 자살 위험에 대한 정보를 영국의 규제 기관에 보내기는 했지만, 아동과 성인의 연구를 뒤섞는 바람에 아동의 자살 위험이 증가했다는 증거가 사라졌다. 기업은 경우에 따라 규제 기관에게 제품에 대한 부정적인 정보를 밝힐 법적인 의무가 있지만, 대중에게 항상 이 정보를 공개하지는 않는다. 예를 들어 항우울제 관련 문헌에 대한 조사에서 제약사가 실시한 주요 연구가 74건이었고, 긍정적인 연구 38건 중에서 37건의 연구 결과가 대중에게 출판되었지만, 36건의 부정적인 연구 중에서는 3건만 출판되었다.

　연구 결과가 발표될 때조차, 졸로프트의 이야기는 제조 업체가 논문을 교묘하게 조작했다는 것을 보여준다. 소송 때문에 공개된 문서들 덕분에, 화이자가 자사의 제품인 졸로프트에 대해 계획했던 1990대의 논문 출판 전략이 드러났다. 학자들은 화이자가 학술지에 이 약에 대한 논문 여러 편을 싣기 위해 커런트메디컬디렉션스CMD, Current Medical Directions라는 회사와 계약을 체결했다는 것을 알아냈다. 이 논문들은 CMD가 작성한 것이고, 저명한 학자들이 이 논문들에 이름을 실을 것을 요청받았다. CMD 같은 회사를 통해서 과학 논문을 쓴 뒤에 명목상의 '저자' 역할을 할 학자들을 찾는 과정을 대필 ghostwriting이라고 한다(논문의 영향력을 높이기 위한 것으로 생각된다). 대필 논문은 대개 실제 저술 과정을 알리지 않기 때문에, 대필이 얼마나 자주 일어나는지 판단하기 어렵다. 그럼에도 불구하고 졸로프트와 관련해서 1998년부터 2000년 사이에 게재된 논문의 50퍼센트 이상이 CMD가 대필한 것으로 드러났다. 이 논문들은 거의 전적으로 졸로프트에 대해 긍정적이었지만, 화이자가 관여하지 않은 논문들 중에서 긍정적인 결과를 보고한 논문은 절반에 불과했다. 그럼에도 불구하고 대필 논문들이 더 권위 있는 학술지에 실렸고, 이후의 문헌에서도 더 많이 인용되었다.

또한 엘리릴리Eli Lilly가 제조한 항우울제 플루옥세틴염산염fluoxetine hydrochloride의 마케팅 용어인 프로작의 경우를 살펴보자. 2000년대 초에 릴리는 플루옥세틴염산염을 월경전불쾌장애PMDD, premenstrual dysphoric disorder라고 불리는 질병에 효과적인 치료제로 사용할 수 있다는 아이디어를 홍보해서 많은 관심을 끌었다. 이 병은 월경이 시작되기 직전에 나타나는 현저하게 우울한 기분, 뚜렷한 불안감, 긴장감, 초조함, 피로감, 무기력함, 기력 상실 같은 증상으로 월경전증후군PMS, premenstrual syndrome이라는 질병과 밀접한 관련이 있다. 많은 논평가는 릴리가 프로작에 대한 특허의 많은 부분에서 시효가 만료되는 때에 임박해서 월경전불쾌장애가 새로운 형태의 장애라고 적극적으로 홍보하는 것이 매우 의심스러운 일이라고 생각했다. 이 약이 치료할 수 있는 새로운 장애를 발견함으로써, 릴리는 더 많은 특허를 보호받고 수익의 일부가 사라지는 것을 막을 수 있었다. 회의적인 논평가들은 월경전불쾌장애와 월경전증후군을 구별할 타당한 이유가 없으며, 릴리가 주로 재정적인 이유로 새로운 질병 개념을 홍보하려 한다고 주장했다.

연구 질문에서의 가치

제약 산업의 이러한 활동은 매우 큰 문제지만, 그래도 모두 비교적 명백하다. 부정적인 데이터의 은닉, 은밀한 논문 대필, 마케팅을 위한 새로운 질병 범주의 생성을 막기 위해 정책 입안자들이 조치를 취해야 한다는 것은 꽤 분명하다. 이 장의 나머지 부분에서는 가치가 제약 산업에 영향을 주는 더 미묘한 방식에 집중한다. 구체적으로, 이러한 방식들은 연구를 할 때 회사들이 제기하는 질문들에 영향을 준다. 이 문제는 연구자들이 연구 주제를 선택할 때 가치가 영향을 미치는 방식을 탐구한 이전의 장에 속해 있는 것으로 보인다. 그럼에도 불구하고 이 문제를 여기에서 다루는 것이 적합한 이유는, 연구자들이 조사를 위한 특정 주제를 선택할 수 있으면서 여전히 매우 다른 종류의 질문을 할 수 있기 때문이다. 그들은 다른 질문을 함으로써 현상의 다른 측면에 대해 배울 수 있고, 따라서 매우 다른 가치를 촉진할 수 있다. 그러므로 다른 방법론 및 다른 가정을 선택하는 것과 함께, 연구에서 특정한 질문의 선택은 그 주제를 연구하는 방법에 가치가 영향을 미칠 수 있는 세 번째로 중요한 방법이 된다.

우울증 연구의 사례에서 이것이 어떻게 작동하는지 살펴보자. 우울증은 여러 생물학적·심리적·사회적 요인에 영향을 받을 수 있는 매우 복잡한 상태condition다. 그러므로 우울증의 원인과 치료법을 연구하기 위한 노력은 여러 형태를 띨 수 있는데, 여기에는 개인에게 대처 전략을 제공하거나 사회 환경을 변화시키려는 노력이 포함된다. 생물학적인 수준에서 우울증을 이해하려는 노력도 여러 형태를 취할 수 있고, 여기에는 수면, 식사 패턴, 운동의 영향에 대한 조사도 포함된다. 그러나 우울증을 해결하기 위한 최근의 노력은, 특히 정신의학 분야에서 우울증이 뇌의 신경화학적 변화와 어떻게 관련되는지, 다양한 약물들이 신경화학을 어떻게 변화시킬 수 있는지 연구하는 데 집중하고 있다. 팍실, 졸로프트, 프로작은 모두 최근에 우울증 치료에 널리 사용되고 있는 선택적 세로토닌 재흡수억제제SSRI, selective serotonin reuptake inhibitor의 예다. 요약하자면, 우울증에 대한 최근의 의학 연구 대부분은 우울증 현상에 기여하는 분자적 경로와 그러한 경로에 변화를 줄 수 있는 약물을 개발할 가능성에 대한 질문에 초점을 맞추고 있다. 그럼에도 불구하고 어떤 학자들은 이용 가능한 증거가 제약 업계에 의해 조작되지 않을 때, 실제로 많은 사람에게 SSRI보다 심리 치료와 같은 접근법이 더 효과적임을 보여준다고 주장한다.

연구의 초점이 이렇게 맞춰지는 데는 많은 가치가 힘을 발휘했다. 예를 들어 정신과 의사들은 1970년대와 1980년대에 정신적인 문제에 대해 심리적·사회적 설명보다 생물학적 설명이 과학적으로 타당성이 더 크다고 생각한 것으로 보인다. 가치에 대한 또 다른 결정적인 고려 사항은, 제약 회사들이 우울증 치료제로 특허를 받은 약을 판매할 경우 큰돈을 벌 수 있는 반면에, 많은 사람에게 매우 효과적인 것으로 보이는 운동과 같은 해결책을 연구해서는 큰 수익을 얻을 수 없다는 것이다. 따라서 의학 연구는 특허를 낼 수 있고 금전적 수익이 큰 방법으로 조작할 수 있는 좁은 범위의 생물학적 현상에 대한 질문에 집중해왔다.

현대의 암 연구는 의학 연구자들이 연구를 주도하는 가치에 따라 특정한 주제에 대해 얼마나 다른 질문을 할 수 있는지를 생생하게 보여주는 또 다른 사례다. 많은 암 연구가 치료에 크게 집중되고 있으며, 특히 방사선과 화학적 치료의 연구에 집중된다. 어떤 사람들은 암 예방에는 상대적으로 적은 돈이 쓰이고 있으며, 이 문제는 부분적으로 강력한 이익 집단의 가치 때문이라고 염려해왔다. 예를 들어 철학자 크리스틴 슈래더-프레셰트는 '유방암 인식의 달'과 같은 대규모 홍보 행사들이 암 예방보다는 암 치료 연구를 촉진하는 쪽으로 부적절하게 치우쳐 있다고 주장한다. 그녀는 유방암 인식의 달에 가장 많은 후원금을 내는 아스트라제네카AstraZeneca가 화학 요법에 사용되는 약인 타목시펜Tamoxifen과 유방암을 유발하는 것으로 보이는 염소화 화학 물질을 모두 생산하는 다국적 기업이라고 설명했다. 따라서 아스트라제네카가 "조기 발견이 최선의 예방"이라는 슬로건을 내세우는 것은 놀랄 일이 아니라고 그녀는 말한다. 암을 발견하고 치료하려는 노력은 아스트라제네카의 수익에 도움이 되지만, 이 회사는 산업용 화학 물질에 대한 노출을 제한함으로써 암을 예방할 수 있는 방법에 대한 질문을 피하고 싶어 한다고 그녀는 주장한다.

연구 질문의 다른 예

앞에서 논의한 산업 오염에 대한 연구에서도 질문을 선택할 때 매우 비슷한 문제가 있다는 것은 놀라운 일이다. 현재 이루어지고 있는 많은 과학적 노력은 사람들이 현재의 독성 물질에 대한 노출을 바탕으로 암 발병과 같은 나쁜 영향을 겪을 확률을 결정하는 데 집중되어 있다. 현대의 암 연구를 비판하는 사람들이 예방을 더 강조해야 한다고 주장하는 것처럼, 현대의 오염 연구를 비판하는 많은 사람은 잠재적으로 위험한 화학 물질 대신 사용할 안전한 물질을 찾는 데 더 많은 노력을 기울여야 한다고 주장한다.

예를 들어 철학자 칼 크래너는 전형적인 규제 접근법 때문에 기업들이 제품에 대한 연방정부의 위험 평가를 반박하느라 수십 년을 허비한다고 지적하면서, 기업들이 더 안전한 대안을 찾도록 장려하는 정책을 설계해야 한다고 주장했다. 크래너에 따르면, 1970년대에 처음 제정된 미국 독성물질관리법TSCA, Toxic Substances Control Act에 의해 기업들은 안전성 입증 없이도 화학 물질을 출시할 수 있고, 제품의 유해성은 정부가 입증 책임을 진다. 따라서 이 법은 기업들이 더 안전한 제품을 생산하는 방법을 찾기보다는 제품 판매를 유지할 과학적 증거를 찾도록 암묵적으로 장려했다. 결과적으로 이러한 연구 질문은 어떤 가치(예를 들어 공중보건)보다 다른 가치(예를 들어 화학 기업의 경제적 성장)를 지지하게 되었다. 2016년에 이 법이 개정되어 화학 물질이 시판되기 전에 환경보호청이 승인하는 강력한 권한을 갖게 되었다. 비록 이 법은 환경 단체가 원하는 만큼 더 안전한 화학 물질 연구에 대한 재정적 지원을 포함하지 않았지만, 그래도 기업들이 친환경 제품을 개발할 동기를 제공할 것이라는 희망을 준다.

미국과 캐나다의 오대호 지역에서 일어난 염소 처리 유기화합물의 사용에 대한 논쟁은 앞의 단락에서 설명한 일반적인 문제의 구체적인 예를 보여준다. 1990년대 초에 환경 단체 그린피스와 국제공동위원회IJC, International Joint Commission라는 미국과 캐나다 양국 간 자문위원회는 모든 합성 염화유기 화합물을 최대한 산업적으로 사용하지 않도록 단계적으로 폐지해야 한다고 주장했다. 그들은 오대호의 화학 오염에 관련된 경험을 바탕으로, 이러한 화학 물질은 독성이 강하고 환경에 오래 잔류하며, 전형적인 위험 평가 방법으로는 독성이 있는 것과 없는 것을 신속하게 구별할 수 없다고 주장했다. 어떤 화학 물질이 어느 정도의 농도에서 독성이 있는지 평가하기 위해 과학적 노력을 기울이기보다, 연구자들이 염소화합물 대신에 사용할 수 있는 물질의 개발에 집중할 때 공중 및 환경 보건의 가치를 더 증진시킬 수 있다고 그들은 주장했다. 염소 업계는 이러한 제안이 비과학적이고 경제적인 재앙이라고 주장했고, 단계적 철폐에 대한 요구는 정치적 동력을 얻지 못했다.

우울증, 암, 오염과 같은 복잡한 주제들을 조사할 때, 연구자들이 다른 질문이 아니라 이런 질문을 선택하는 것에는 예를 들어 증거를 숨긴다든가 하는 명백한 문제가 없다. 그럼에도 불구하고, 이 절에서 논의된 사례들에서는 그것이 사회에 똑같이 중요한 결과를 가져올 수 있다는 것을 보았다. 따라서 과학자들이 연구 주제에 대해 던지는 구체적인 질문들에 어떤 종류의 가치들이 영향을 주는지 고려하는 것은 중요하다. 이 문제는 과학자들이 묻는 질문이 그들의 개인적 가치보다 더 많은 가치에 영향을 받기 때문에 처음에 보이는 것보다 더 어려울 수 있다. 그들의 질문은 또한 법과 공공 정책에 적재된 가치들에 의해서도 영향을 받는다. 예를 들어 우울증 사례에서 보았던 것처럼, 특허를 받을 수 있는 종류의 치료법에 대한 정책에 따라 적극적인 연구비 투자가 이루어지는 치료법의 종류가 달라질 수 있다.

결론

이 장에서는 연구자들이 자신들의 가치에 따라 연구 주제를 다양한 방식으로 다룰 수 있다는 것을 보았다. 표 3-1에 요약된 것처럼 과학자들은 다른 방법을 사용할 수 있고, 다른 가정을 할 수 있으며, 다른 질문을 할 수 있다. 가치가 미치는 영향에 대한 이 세 가지 계열 사이에는 서로 밀접한 관련이 있다. 예를 들어 특정한 가정이나 질문을 선택하는 것은 과학자들이 채택하는 방법에 영향을 주는 경우가 많다. 그럼에도 불구하고, 이 세 가지 계열이 항상 일치하지는 않기 때문에 구별할 필요가 있다. 또한 연구 질문의 선택(이 장에서 논의했다)과 연구 주제의 선택(2장에서 논의했다)을 구별할 필요가 있다. 이 두 가지는 많은 경우 서로 겹치지만, 조사를 위해 특정 주제를 선택한 뒤에도 여러 방법으로 연구할 수 있다는 점을 인식하는 것은 극히 중요하다. 이 장에서 살펴보았듯이, 한 방향이 아니라 다른 방향의 조사를 추구한다는 결정은 다른 가치가 아니라 특정한 가치를 증진할 수 있다.

표 3-1 연구가 추구하거나 지지하는 가치에 따라 연구 주제를 달리할 수 있는 세 가지 방법

연구 방법 또는 전략의 선택	농작물의 유전적 특성 변형 대 농업생태학적 농업 기술 탐구
가정	독성 화학 물질에 노출된 사람의 행동에 대한 가정 (예: 물고기를 얼마나 많이 먹는지 또는 물고기의 어떤 부분을 먹는지)
특정 질문	신경화학을 변형하는 약물 대 운동이 우울증에 미치는 영향 탐구

의학 연구의 사례를 다시 한번 생각해보자. 미국은 현재 극단적으로 높은 의료비를 감당하기 위해 분투하고 있으며, 의료비는 앞으로도 더 치솟을 것으로 예상된다. 미래의 연구에서 의료 분야가 상대적으로 저렴하고 예방적인 접근법에 집중할지 또는 비싼 특허 약품과 치료법 탐구에 집중할지에 따라 이러한 비용이 악화되거나 완화될 수 있다. 물론 연구자 개인의 가치로 한 분야를 변화시키기에는 한계가 있다. 의학 연구의 방향은 국립보건원 같은 정부 기관의 결정과 제약 회사들에 영향을 주는 시장의 힘에 의해 크게 결정된다. 이것들은 다시 다양한 요인들의 영향을 받는다. 예를 들어 제약 회사가 연구하는 다양한 치료 방법은 특허 정책과 보험금 환급 정책에 큰 영향을 받는다. 2장과 7장은 연구의 방법, 가정, 질문을 결정하는 사회적 맥락과 가치의 계열에 대해 알아본다.

참 고 자 료

황금쌀에 대한 더 많은 정보는 포트리쿠스(Potrykus 2002), 프링글(Pringle 2003), 시바(Shiva 2002), 예 등(Ye et al. 2000)에 나온다. IAASTD 보고서에 대한 자세한 내용은 엘리엇(Elliott 2013b), IAASTD(2009), 스톡스태드(Stokstad 2008)를 참조하라. 유전자 변형 작물의 장점과 단점은 NAS(2016)에서 논의된다. 현대 농업에 대한 질문과 농업생태학 연구 전략에 대해서는 레이시(Lacey 1999), 퍼펙토 등(Perfecto et al. 2009), 시바(Shiva 1988, 1991)를 참조하라. 농업생태학적 전략 및 유기적 전략이 여성에게 주는 이점에 대해서는 라이언 등(Lyon et al. 2010)을 참조하라. 사회과학적 질문보다 기술적인 질문에 집중하는 경향은 댈버그(Dahlberg 1979)와 파텔(Patel 2007)을 참조하라. 파텔은 20세기에 있었던 미국의 대 인도 정책을, 슐레진저와 킨저(Schlesinger and Kinzer 1999)는 미국이 과테말라에서 주도한 쿠데타를 기술한다.

과학적 추론에서 배경 가정의 역할과 이러한 가정을 평가하기 위한 적절한 공론장의 중요성에 대한 고전적인 철학적 연구는 롱기노(Longino 1990, 2002)를 참조하라. 위험 평가에 관련된 가정과 방법론적 선택에 대한 더 많은 논의는 크래너(Cranor 2011), 라펜스퍼거와 티크너(Raffensperger and Tickner 1999), 슈래더-프레셰트(Shrader-Frechett 1991), 윈(Wynne 2005)을 참조하라. 브라운과 미켈슨(Brown and Mikkelsen 1990)은 워번 사건과 대중 역학 개념을 논의했다. MEJO에 대한 자세한 내용은 파월과 파월(Powell and Powell 2011)을 참조하라. 많은 시민 집단과 많은 전문가에 의해 이루어지는 가정과 방법론적 선택의 차이에 대한 자세한 정보는 브라운과 미켈슨(Brown and Mikkelsen 1990), 라펜스퍼거와 티크너(Raffensperger and Tickner 1999), 슈래더-프레셰트(Shrader-Frechett 1991), 윈(Wynne 2005)에서 찾을 수 있다. 연구의 사회적 귀결을 고려하는 과학자의 책임은 더글러스(Douglas 2003, 2009)와 엘리엇(Elliott 2011b)을 참조하라.

이 장에서 언급한 제약 산업에 비판적인 책으로는 앤젤(Angell 2004), 골드에이커(Goldacre 2012), 고체(Gotzsche 2013), 카시러(2005)가 있다. 터너 등(Turner et al. 2008)은 항우울제에 대한 부정적인 연구의 은폐를 보고한다. 브라운(Brown 2002), 골드에이커(Goldacre 2012), 힐리와 카텔(Healy and Catell 2003)은 프로작, 팍실, 졸로프트의 이야기를 들려준다. 생의학 연구에 미치는 제약 회사들의 영향에 대한 개요는 홀먼(Holman 2015)과 시스몬도(Sismondo 2007, 2008)에 나오며, 연구비 출처와 생의학 연구 결과의 상관관계에 대해서는 베켈먼 등(Becelman 2003)에서 논의한다. 우울증의 의학적 연구에 대한 더 많은 논의는 무셍가 등(Muschenga et al. 2010)을 참조하라. 슈래더-프레셰트(Shrader-Frechette 2007)는 암 연구와 예방보다 치료에 집중하는 경향을 논의했다. 프리켈 등(Frickel et al. 2010)은 오대호 지역의 유기염소 화합물 오염 처리 방법에 대한 논쟁을 소개한다.

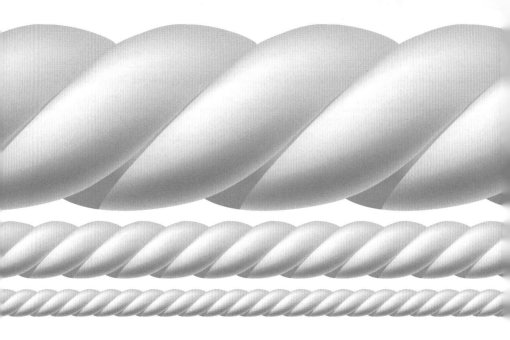

A Tapestry of
Values : An Introduction
to Values in Science

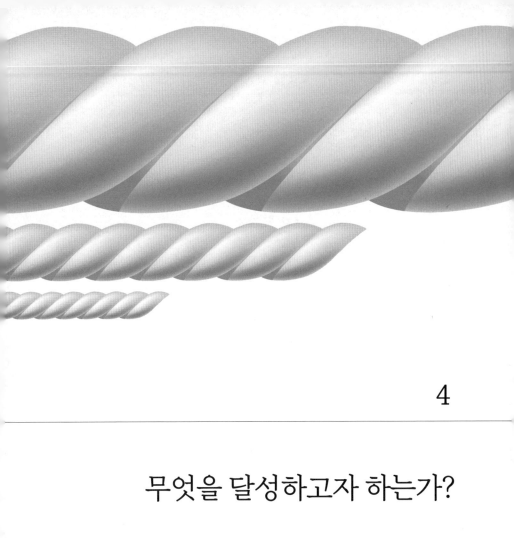

4

무엇을 달성하고자 하는가?

어느 모로 보나, 데이브 로즈겐은 매력적인 인물이다. 아이다호주의 농장에서 자란 그는 미국 산림청의 감독관이 되었다. 그는 벌목과 도로 건설이 근처의 강과 하천을 손상시킨다며 걱정했고, 이를 자세히 연구하기 시작했다. 그는 이 연구를 하면서, 하천에 대한 교란이 하천의 개별적인 물리적 특성에 따라 크게 달라진다는 것을 관찰했다. 이러한 통찰에 이어, 그는 이전에 미국 지질조사국을 이끌었던 캘리포니아대학교 버클리 캠퍼스의 저명한 과학자 루나 레오폴드와 협력하기 시작했다. 로즈겐은 레오폴드의 도움으로 폭, 깊이, 경사와 같은 특징을 바탕으로 강을 몇 개의 범주로 분류하는 체계를 개발했다. 이 연구에서 나온 통찰은 궁극적으로 하천 복원 분야에서 유명해졌다. 그는 강과 하천이 어떻게 피해에 반응하며 어떻게 하면 가장 잘 복원할 수 있는지 예측하기 위한 지침으로 이 분류 체계를 사용할 수 있었다.

불행하게도 로즈겐의 분류 체계에서 인기가 있었던 특성들은 논란에도 기여했다. 특히 로즈겐은 자신의 접근법이 비교적 배우기 쉽고 사용하기에 간편하다는 점을 강조했다. 이 체계를 하천 복원의 지침으로 사용하려고 폭넓은 지질학 교육을 받을 필요는 없다. 그러나 이 체계는 지질학 전문가의 광범위한 분석만큼 신뢰할 수 없다는 문제가 있다. 따라서 이 체계는 잘못 안내되고 제대로 설계되지 못해 결국 실패하는 복원 노력을 낳을 가능성이 있다.

로즈겐의 접근법에 대한 논란이 이 장의 주요 주제를 잘 보여준다.

그것은 특정한 맥락에서 과학적 연구의 목표를 설정할 때 가치가 중요한 역할을 한다는 것이다. 과학의 목표는 처음에는 꽤 명백해 보일 수 있다. 과학자들은 항상 그들이 개발할 수 있는 가장 신뢰할 수 있고 정확한 이론이나 모형을 연구한다고 생각할 수 있다. 그러나 과학의 실행을 좀더 주의 깊게 살펴보면, 과학자들은 다른 맥락에서 다른 목적을 가질 수 있다는 것을 알게 된다. 때때로 과학자들은 진정으로 최대한 정확하게 하려고 노력하지만, 모든 것을 그렇게 상세하게 모형화하기는 어려울 수 있다. 따라서 과학자들은 세계의 어떤 특징들을 특별히 주의해서 모형화하고 싶은지 결정해야 할 수도 있다. 다른 경우에, 특히 규제 당국이나 정책 입안자와 협력할 때, 과학자들은 정확성 외에 다른 목표를 추구해야 할 수도 있다. 이러한 맥락에서, 비교적 빠르고 저렴하게 결과를 생성할 수 있는 방법이나 모형을 개발해야 할 때도 있다. 마찬가지로, 시민단체와 협력할 때는 가장 정확한 과학적 방법으로 매우 복잡한 질문에 답하라는 요구를 받기도 한다. 또는 과학계가 이상적이라고 간주하기에는 미흡하지만 새롭고 학제적이거나 실험적인 방법을 시도해야 할 때도 있다. 어떤 경우에는 아무런 제약 없이 새로운 모형이나 이론의 특징들을 개발하고 조사하는 데 집중할 수도 있다.

이 장에서는 과학자들이 연구 목적을 결정하는 여러 가지 맥락을 설명하기 위해 세 가지 예를 살펴보겠다. 첫째, 규제 기관이나 정책 입안자들과 함께 일하는 과학자들이 단순히 가장 정확한 정보에 도달하는 것 이상의 실용적인 목표(예를 들어 결과를 빠르고 저렴하게 생성하는 모형 개발)를 어떻게 선택할 수 있는지 로즈겐의 연구를 사용해서 설명할 것이다. 둘째, 인류의 진화에 대한 이론을 검토하면서 과학자들이 때때로 과학계가 더 많은 연구에 이용할 수 있는 이론을 개발하거나 탐구하는 것을 목표로 삼을 수 있음을 보여줄 것이다. 셋째, 기후 모형 연구를 살펴봄으로써 어떤 성질의 모형을 갖고자 하는지에 대해 과학자들이 내리는 결정을 알아볼 것이다. 과학자들이 연구 목적을 선택하는 이 세 가지 예(진실이나 신뢰성이 아닌 실용적인 목표의 설정, 어떤 이론 또는 모형이 탐구하기에 가장 중요한지에 대한 결정, 모형이 가져야 할 성질의 결정)에서 가치들이 각각 중요한 역할을 한다.

규제 기관과 그들의 실용적인 목적

로즈겐은 자신이 만든 새로운 하천 분류 체계를 자연수로설계NCD, Natural Channel Design라고 불렀다. 이 체계를 이용하면 복원 프로젝트 수행을 위한 로드맵을 비교적 간단하게 수립할 수 있기 때문에 매우 인기가 있었다. 오래지 않아 로즈겐은 수백 달러에서 수천 달러의 수강료를 받는 강좌를 포함한 훈련과 인증 프로그램을 개발했다. 그의 접근 방식은 곧 미국에서 하천 복원의 지배적인 모형이 되었고, 많은 규제 기관들이 복원 프로젝트를 입찰할 때 로즈겐 체계의 인증을 요구하기 시작했다. 〈사이언스〉의 한 기사에서 언급했듯이, 그의 강좌가 인기를 끈 이유는 부분적으로 그의 독특한 표현 방식 때문이었다. 로즈겐은 자신의 비교적 단순한 접근법을 이용하면 "토할 것 같은 방정식"의 복잡성을 피할 수 있다고 선전했다.[1] 그는 다음과 같은 말을 썼다. "책상머리 샌님이 되지 마라. (…) 강을 읽어라!"[2] 그는 학자 출신이 아니었다. 나중에 그의 분류 체계가 존경 받는 학술지에 발표되고 그도 결국 박사학위를 받았지만, 그의 접근은 학문적인 관점보다는 실용적인 관점에서 나왔다.

이 장의 서두에서 언급했듯이, NCD의 실용성 때문에 이 체계의 타당성이 논란이 되었다. 어떤 학자들은 하천 복원 분야의 고급 교육 과정이 있는데도 로즈겐 체계의 인증을 강제하는 규제 기관의 태도가 잘못이라고 보았다. 이러한 염려가 단지 '신 포도'와 같은 태도라고 보기는 어렵다. 어떤 학자들은 그의 체계가 지나치게 단순해서 복원 프로젝트에 실패할 수 있다고 지적했고, 로즈겐은 세심한 정량 분석을 버리고 주먹구구식의 '지질마법geomagic'을 사용한다는 비난을 받았다.[3] 그러나 그의 접근법이 얼마나 자주 실패하는지 판단하기는 어렵다. 비판자들은 그의 단순화된 분석 때문에 잘못된 결과가 나왔다고 보이는 경우를 지적했지만, 로즈겐은 자신의 방법을 제대로 사용하지 않기 때문에 그런 결과가 나왔을 뿐이라고 주장했다.

마찬가지로, 로즈겐은 제자들 중 일부가 기술의 세밀한 부분을 따르지 않았기 때문에 복원 프로젝트에 성공할 수 없었다고 주장한다. 〈사이언스〉에서 언급했듯이, 때때로 '로즈겐 광신도'라고 불리는 그의 제자들은 너무 쉽게 확신에 빠져들었다. 캘리포니아대학교 버클리 캠퍼스의 과학자 매슈 콘돌프는 이렇게 주장했다. "그것은 속임수처럼 쉽다. 일주일짜리 교육을 받은 사람들이 자신이 실제로 아는 것보다 하천에 대해 더 많이 안다고 착각한다."[4] 복원 컨설턴트 스콧 길릴

린에 따르면, "로즈겐의 수업을 듣고 나면 마치 천막 부흥회에 다녀온 사람처럼 '복음서'를 들고, '나는 믿습니다!'라고 외친다."[5] 이에 대응하여 로즈겐은 학생들을 더 잘 가르치기 위해 더 많은 과정을 개발하려고 노력했지만, 길릴린은 여전히 이렇게 말한다. "그것은 영구 기관처럼 되어가고 있다. 로즈겐은 단일한 접근법에 갇혀 있는 자신만의 광신도를 만들어내고 있다."[6]

서두에서 보았듯이, 하천 복원에 대한 로즈겐의 NCD 접근방식을 둘러싸고 나타난 갈등은 가치가 과학으로 들어오는 또 다른 중요한 경로를 보여준다. 즉 과학자들은 특히 규제 당국이나 정책 입안자들과 함께 일할 때, 실용성에 중점을 두라는 압력을 받는다. 예를 들어 그들이 개발하려는 모형이 지나치게 복잡하지 않고, 결과를 얻는 데 오랜 시간이 걸리지 않고, 한 가지 표준화된 방법으로 여러 규제 기관이 사용할 수 있고, 특정한 정책에 관련된 정보를 예측하기에 유리해야 할 수 있다. 이러한 가치들이 추가되고 확장되면서 최대한 신뢰할 수 있는 정보를 얻는다는 과학의 전형적인 목표와 갈등을 빚기도 한다.

예를 들어 하천 복원의 경우 정부 기관들은 '신속하고, 신뢰할 수 있고, 반복 가능한' 과학적 방법을 원한다.[7] 1장에서, 사람들이 가치와 과학의 관련성을 부인하는 이유가 모형이나 이론이 참인지 또는 정확하게 예측하는지 결정하는 것과 가치가 무관해 보이기 때문임을 알았다. 그러나 지금 보는 것처럼 현실의 상황에서 과학자들은 정확성이나 신뢰성 이상을 달성하라는 요구를 받는다. 이런 것들 외에도 빠르고 반복 가능한 방법을 제공해야 한다. 그러므로 서로 다른 목표의 우선순위를 정하고 균형을 맞추는 방법을 결정할 때 가치가 관련될 수밖에 없다. 로즈겐의 접근법이 매우 인기 있는 이유 중 하나는 사용하기 쉽고, 가르치기 쉽고, 여러 상황에 적용하기 쉽다는 가치를 충족시키기 때문이다. 많은 경우 하천지형학자들은 NCD 접근법보다 더 정확한 결과를 얻을 수 있는, 기술적으로 정교한 모형을 제공할 수 있지만 이런 모형들은 규제 기관이 달성해야 하는 다른 목표에 미달할 수 있다. 따라서 과학자들과 규제 기관들은 이러한 갈등하는 가치들을 어떻게 다룰지 신중히 생각해야 한다.

산업용 화학 물질의 규제

로즈겐과 NCD의 경우와 매우 비슷하게, 철학자 칼 크래너는 과학자들과 규제 기관들이 목표를 구체화하기 위해 가치에 호소해야 하는 또 다른 상황을 제시했다. 크래너의 분석을 보면 규제 기관이 어떤 방식으로 연구 방법이나 모형을 선택해야 하는지 알 수 있다. 그는 규제 기관이 독성 화학 물질의 위험을 평가할 때 사용하는 절차가 매우 느리고 많은 노동이 필요하다고 지적한다. 예를 들어 그는 국제암연구기관IARC, International Agency for Research on Cancer과 국립독성학프로그램NTP, National Toxicology Program 같은 기관들이 발암성으로 보이는 많은 물질을 확인했지만 정부 기관들은 이러한 화학 물질을 상세히 평가할 시간이나 인력이 부족하기 때문에, 극히 일부의 물질만이 실제로 규제되었다고 지적한다. 화학 산업은 매년 수백 개의 새로운 화학 물질을 새롭게 시장에 내놓는데, 이러한 물질 대부분에 대한 독성 관련 정보가 거의 없기 때문에 이것은 지속적이고 매우 심각한 문제다.

크래너는 캘리포니아 환경보호청CEPA, California Environmental Protection Agency이 이 문제를 해결하기 위해 수행한 실험을 설명한다. 실험하기 전 5년 동안, 캘리포니아 환경보호청은 단지 70개의 화학 물질을 평가할 수 있었다. 캘리포니아 환경보호청 관계자들은 잠재적으로 독성이 있는 화학 물질의 위험성을 평가하기 위해 사용할 수 있는 훨씬 더 간단한 방법을 찾아냈다. 이 방법은 훨씬 빠르고 사용하기 쉬웠으며, 원래의 방법보다 정확도가 아주 조금 떨어졌다. 크래너에 따르면, 이 신속한 방법은 (원래의 방법과 비교해서) 전체적으로 독성을 상당히 과대 예측한 경우가 3퍼센트, 독성을 조금 과대 예측한 경우가 12퍼센트, 조금 과소 예측한 경우가 5퍼센트였다. 그러나 캘리포니아 환경보호청이 불과 8개월 만에 화학 물질을 200종이나 분석할 수 있었기 때문에, 이 정도의 부정확성은 불합리할 정도로 큰 희생이 아니다.

비평가들은 여전히 이 검사의 신속성을 원래의 접근법이 가진 정확성보다 중요하게 생각하는 게 과연 타당한지 질문할 수 있다. 원래의 접근 방식과 신속한 접근 방식에 대한 전반적인 사회적 비용을 모형화한 크래너는 사회가 신속한 검사에 더 큰 가치를 두는 것이 실제로 더 의미가 있음을 발견했다. 한편, (규제 기관이 위험을 평가할 시간이 없어서) 독성 물질이 규제되지 않으면 의료·질병·사망의 형태로 사회적 비용이 발생한다. 다른 한편으로, 비교적 무해한 물질들이 과도하게 규제되면 경제 활동이 감소하는 형태로 사회적 비용이 발생한다. 따라서 캘리포니아 환경보호청이 신속한 검사를 도입하면 일부 화학 물질의 독성을 과도하게 예측한 결과로 사회적 비용이 발생하지만, 빠른 절차 덕분에 규제 기관이 독성 화학 물질을 시장에서 더 빨리 퇴출시킬 수 있어 사회적 비용을 절약할 수도 있다.

크래너는 자신의 분석을 강화하기 위해, 경제학자들이 일반적으로 독성 화학 물질을 규제하지 않고 방치할 때 발생하는 비용이 무해한 화학 물질을 규제할 때 발생하는 비용보다 약 10배 더 크다고 생각한다고 지적했다. 그러므로 캘리포니아 환경보호청의 신속한 접근법이 원래의 접근법과 거의 비슷한 정도로 정확해서 규제 기관들이 시장에서 독성 화학 물질을 퇴출시키도록 도울 가능성이 훨씬 크다는 점을 고려하면, 크래너가 신속한 접근이 사회에 더 유리하다는 결론을 얻은 것은 놀라운 일이 아니다. 더 놀라운 점은, 해로운 화학 물질을 규제하지 않을 때 발생하는 비용이 무해한 화학 물질을 규제할 때 발생하는 비용과 같다고 해도 신속한 검사가 사회에 더 유리한 것으로 드러났다는 것이다. 이보다 더 놀라운 점은, 크래너의 발견에 따르면 신속한 검사 방법의 신뢰성이 훨씬 더 나빠서 무해한 화학 물질이 훨씬 더 자주 규제된다고 해도 이 방법이 여전히 사회적으로 유리하다는 것이다. 따라서 크래너의 분석은 사회가 돈을 절약하는 것과 같은 경제적 가치를 강조하면, 과학적 방법과 모형을 평가할 때 정확성보다 빠르고 사용하기 쉬운 것이 사회에 더 유리할 수 있음을 보여준다.

물론 이런 조사 결과가 나왔다고 해서 규제 당국이 자기들이 선호한다는 이유만으로 엉성한 기술을 승인하지는 않는다. 규제 목적으로 방법과 모형을 개발할 때 어떤 가치가 가장 중요한지, 따라서 어떤 실용적 목표가 있는지는 과학자, 규제 기관, 염려하는 시민들이 협력해서 결정할 필요가 있다. 경우에 따라 정책 입안자들이 사회적 가치의 달성에 최적이 아닌 엉성한 기술을 사용하려고 할 수도 있기 때문에, 과학자와 시민의 협력이 중요하다. 예를 들어 규제 기관들은 습지를 평가할 때 신속한 접근법을 채택하려고 노력해왔고, 이 경우에는 너무 지나친 일이 되었다.

습지 규제

미국 역사의 대부분의 기간 동안, 습지는 피해야 하고 없어져야 할 것으로 여겨졌다. 지난 300년 동안 미국에 있는 습지의 절반 이상이 파괴되었다. 2장에서 살펴본 습지와 말라리아의 관계를 고려할 때, 초기 미국 식민지 개척자들이 습지를 확실히 부정적으로 보았다는 것은 놀랄 일이 아니다. 습지는 질병의 근원으로 여겨졌을 뿐만 아니라, 사악하고 영적으로 타락한 곳으로 간주되었다. 《신곡》, 《베오울프》, 《천로역정》과 같은 고전 문학 작품들이 늪, 수렁, 습지대를 사악함과 죄가 모이는 장소로 묘사하면서 이러한 생각이 고착되었다. 아메리카 원주민들이 유럽 식민지 개척자들에게 대항해서 군사 작전을 할 때 늪을 유리하게 이용하기도 했고, 땅의 생산성을 최대한 높이려는 농부들도 습지를 성가시게 여겼다.

그러나 20세기 중엽이 되자 사람들은 습지가 단점도 있지만 가치 있는 특성도 있음을 인식하기 시작했다. 사냥꾼, 조류 애호가, 낚시꾼들은 습지가 조류와 수산물의 개체 수를 유지하는 데 중요하다는 것을 발견했고, 과학자들은 습지가 홍수 조절뿐만 아니라 지하수 정화와 공급에도 중요한 역할을 한다는 것을 발견했다. 사실 6장에서 논의할 것처럼, '습지wetland'라는 용어는 많은 과학자들과 환경론자들이 과거에 중요하지 않은 '늪지swamp'로 폄하했던 이 땅에 대해 공적으로 더 긍정적인 태도를 대중들에게 장려하려고 노력했던 이 시기에 나왔다.

1980년대 후반에 조지 H. W. 부시가 대통령 선거에 출마했을 때 습지가 중요하다는 생각이 널리 퍼졌고, 그는 '순손실 방지' 정책을 홍보했다. 그는 개발로 사라진 습지를 복원하거나 새롭게 조성한 습지로 대체할 수 있다고 생각했기 때문에 이 정책이 적합하다고 보았다. 이 정책은 궁극적으로 법으로 규정하기가 매우 어려운 것으로 판명되었고, 그 뒤의 모든 대통령이 이 정책을 옹호한다고 입으로는 선전했지만, 누구도 실제로 성공하지는 못한 것으로 보인다. 사실 6장에서 논의할 것처럼, 부시 행정부는 심지어 습지의 기술적 정의를 변경함으로써 보존해야 할 땅을 줄였다는 비난을 받았다.

그럼에도 불구하고 '순손실 방지' 정책은 여전히 중요한 원칙이었고, 이 정책을 추진하기 위한 가장 중요한 규제 수단 중 하나는 수질관리법 404조였다. 이 조항에 따르면, 육군 공병대가 환경보호청과 협의하여 사유지에 습지를 준설하거나 메우고자 하는 사람들에게 허가를 내준다. 이 기관들은 대개 허가를 전면 거부하지는 않으며, 대신에 완화 조치를 요구하는 경우가 많다. 완화 조치로 자주 이용되는 것은 파괴된 습지만큼 다른 지역의 습지를 보존하거나 복원하는 것이다. 이 규제 정책의 결과로 '습지 은행wetland banking' 시장이 생겨났다.

습지 은행은 규제 기관들이 특별히 개발자늘에게 직접 습지를 보존하거나 복원하도록 강요하지는 않기 때문에 가능하다. 직접 습지를 보존하는 대신에 보존되거나 복원된 습지의 '은행'을 운영하는 다른 회사들로부터 완화 '크레딧'을 구입하는 것이 더 편리하다. 습지 완화에 매년 수십억 달러가 쓰이고 있고, 수백 개의 은행 사이트가 있다. 하지만 규제 기관들의 과학적인 과제는 파괴된 습지와 보존되거나 복원된 습지를 비교해서 두 습지를 맞바꿔도 좋을 만큼 충분히 유사하다고 확인하는 것이다.

지리학자 모건 로버트슨은 습지 은행의 작업 과정을 분석해서, 이러한 맥락에서 사용되는 과학적 방법은 생태학적으로 가장 정확하게 비교할 때 최상은 아니라고 강조했다. 하천 복원의 경우와 마찬가지로, 규제 기관들이 정확할 뿐만 아니라 비교적 싸고 빠르게 비교하려고 노력하기 때문에 이러한 현상이 일어난다. 로버트슨은 과학자들이 규제 기관들과 협력해서 습지를 평가하기 위해 사용할 수 있는 '신속 평가 방법RAM, rapid assessment methods'을 개발했다고 보고했다. 이 방법은 홍수 조절이나 조류 서식지 제공 등의 기능을 수행하는 습지의 능력에 대략적으로 점수를 매긴다. 그러나 이 점수는 매우 조악한 편이다. 이 방법은 습지의 복잡한 특징들을 숫자 하나로 줄일 뿐만 아니라, 매우 제한된 정보를 이용한다. 예를 들어 이 방법에서는 습지 식물 데이터를 이용하는데, 식물이 비교적 관찰하기 쉽기 때문이다. 그나마 제한된 데이터조차 달성할 수 있는 것보다 정확도가 더 낮다. 예를 들어 규제 지침에 따르면 식물 종은 5월이나 6월에 확인해야 한다고 로버트슨은 지적한다. 불행하게도 이 시기에는 많은 식물이 아직 꽃을 피우지 않아 분류하기에 좋은 때가 아니다.

생태학자들도 이러한 조잡한 기술을 비난한다. 그들은 습지를 비교하는 이러한 방법들이 습지의 기능에 심각한 손실을 초래할 수 있다고 주장한다. 정치인들과 규제 기관들은 개발로 파괴된 습지를 새롭게 복원된 습지로 대체하는 데 성공했다고 환호하지만, 이는 크게 잘못된 판단일 수 있다. 만약 새로운 습지들이 파괴된 습지들이 제공했던 것과 같은 중요한 기능을 제공하지 않는다면, 한 습지를 다른 습지로 바꾸는 의미가 없다. 이 경우에 규제 기관들이 채택한 평가 방법이 부정확하기 때문에 사회적으로 바람직하지 않은 결과가 나올 수 있다. 그러나 생태학자들의 주장이 설득력을 얻으려면 생태학적으로 더 정확한 방법을 사용할 때 사회적으로 어떤 결과로 나오는지 조사해보아야 한다. 만약 그러한 방법이 너무 오래 걸려서 습지 은행에 사용할 수 없고, 평가가 지연되어 습지의 복원이나 보존이 방해를 받는다면 현재 사용되고 있는 조잡한 기술을 그대로 사용하는 것이 더 나을지도 모른다. 하지만 습지를 비교하는 더 정확한 방법을 사용하면서도 습지 은행이나 습지 보존을 위한 어떤 다른 체계를 유지할 수 있다면, 이것이 사실 사회적 가치를 충족시키는 데 가장 좋을 것이다.

이 절에서 논의한 사례를 보면, 과학적 방법과 모형을 평가할 때 속도와 사용 편의성 같은 목표를 우선시하는 것이 적절해 보일 수 있다. 그러면서도 어떨 때는 이것이 문제가 될 수 있다는 것을 알 수 있다. 그 차이를 어떻게 알 수 있을까? 핵심은 이 책 전체에서 알 수 있듯이, 달성하고자 하는 전반적인 목표를 명확하게 하는 것이다. 크래너는 화학적 위험을 평가할 경우 경제적 가치와 공중보건의 가치 모두에서 빠르시만 부정확한 방법이 최선이라고 주장했다. 여기에 비해 몇몇 생태학자들이 보기에 습지를 비교하는 기술은 너무 부정확해서 생태계 보존이라는 환경적 가치에 도움이 되지 않는다. 두 경우 모두에서, 과학자들이 방법과 모형을 선택할 때 어떤 목표를 우선시할지 결정하는 데 가치가 도움이 된다는 것을 알 수 있다.

추구할 이론 선택

과학자들이 자신들의 목표를 선택해야 하는 맥락의 두 번째 예는 어떤 이론이나 모형이 **개발**하거나 **추구**하거나 **탐구**하기에 가장 중요한지에 대한 결정을 포함한다. 과학적인 추론에 대해 생각할 때, 대부분의 사람은 흔히 과학자들이 참이라고 **믿거나 받아들일** 이론을 결정하는 것을 상상한다. 그러나 과학의 수행에서 중심적인 측면은, 어떤 예비 아이디어가 궁극적으로 얼마나 정확하고 신뢰할 만한 것으로 밝혀질지 분명하지 않은 상황에서도 그 아이디어를 추구할 만한지 판단하는 것이다. 이러한 목표를 설정할 때 가치가 때때로 중요한 역할을 한다.

인류학의 예를 살펴보자. 1981년 1월에 C. 오언 러브조이는 〈사이언스〉에 〈인류의 기원The Origin of Man〉이라는 유명한 논문을 발표했다. 이 논문에서 그는 인류의 직립보행이 어떻게 진화했는지 설명하기 위해 '남성 부양 가설male-provisioning hypothesis'을 제시했다. 지난 100년 동안 인류학자들은 포유동물 사이에서 매우 독특한 현상인 인류의 직립보행이 어떻게 발달했는지를 설명하는 다양한 가설을 만들어냈다. 제안된 가설 중 몇 가지를 보자. 한 가지 가설은 직립보행을 함으로써 초기 인류가 주변을 관찰하기 좋아졌다는 것이다. 또 다른 가설은 손을 사용하기 쉬워졌다고 한다. 다른 가설들도 많이 있다. 직립보행으로 무기를 던지기 쉬워졌을 수도 있고, 아기들을 데리고 다니기가 더 쉬워졌을 수도 있고, 손을 뻗어 음식을 얻기가 쉬워진 것과 관련이 있었을 수도 있고, 분쟁을 해결하기 위한 '위협 표시'의 일부였을 수도 있고, 몸에 햇볕을 덜 쬐는 데 도움이 되었을 수도 있고, 얕은 물을 건너는 행동의 결과로 발전했을 수도 있다. 러브조이는 직립보행이 일부일처제의 발전과 관련이 있다고 제안했다. 그는 남녀 한 쌍의 결합이 인간에게 선택적으로 유리하다고 주장했다. 이것은 남성들 사이의 갈등을 줄여주었고, 남성들이 다른 남성의 자손이 아닌 자신의 자손을 부양하는 데 더 많은 노력을 기울일 수 있게 해주었다. 일부일처제로 바뀌면서, 남성들이 똑바로 서서 걸어 다니면서 먹이를 품에 안고 돌아와 번식 성공률이 높아졌을 것이라고 그는 제안했다. 음식을 가지고 돌아오는 남성에 대한 여성의 헌신 역시 증가했을 것이다. 게다가 이러한 남성의 부양 활동으로 여성들이 더 많은 음식을 얻을 수 있고 많이 돌아다닐 필요가 없어져서 여성들이 아기를 더 가깝게 두고 돌볼 수 있었을 것이다.

러브조이의 이론은 호소력이 있었지만, 많은 비판을 받았다. 에이드리엔 질먼은 동료 인류학자들의 연구를 검토한 아주 재미있는 논문에서, 러브조이의 이론이 남성 중심적으로 편향된 인류학 이론의 긴술에 하나를 더 보탰을 뿐이라고 주장했다. 그녀는 1960년대에 여러 인류학자가 남성 조상들의 사냥 활동 때문에 인류의 진화가 가속되었다는 주제에 초점을 맞춘 이론을 개발했다고 지적한다. 예를 들어 두 발로 걸을 수 있게 되면서 자유로워진 손으로 남성들이 사냥 도구를 만들고 사냥을 하고 고기를 나를 수 있게 되었기 때문에 인류가 진화했다고 한다. 또 의사소통 능력과 지능이 좋아져서 남성들이 사냥을 더 성공적으로 계획할 수 있게 해주었기 때문에 진화했다는 가설도 있다. 비슷하게, 러브조이가 제안했듯이 남성과 여성이 고기를 공유하면서 남녀 한 쌍의 유대가 강화되었을 수 있다고도 한다.

질먼은 이렇게 한탄했다. "이러한 이야기들 속에서 선사시대의 여성은 없다. 옛날의 여성들은 얼굴도 없고 형태도 없는 존재였으며, 아무것도 하지 않고 아무 데도 가지 않았다."[8] 그러나 그녀는 1970년대에 여성 인류학자들이 인류 진화의 남성 중심적 측면에 도전한 것도 지적했다. 샐리 슬로컴이 쓴 고전적인 논문은 진화에 대한 '사냥꾼 남성'의 설명을 '채집자 여성'의 설명으로 확대하거나 대체할 수 있다고 제안했다. 예를 들어 성공적인 사냥의 필요 때문에 형성되어야 했던 특징들이 성공적인 채집의 필요에 의해 형성되었을 수 있다. 이러한 특징들은 두 발로 걷는 능력, 음식을 나르는 능력, 도구의 사용과 제작, 의사소통을 하고 환경을 분석하는 지능을 포함한다. 낸시 태너와 함께, 에이드리엔 질먼은 인류의 진화에서 여성의 활동이 중심적인 역할을 하고 사냥은 훨씬 나중의 진화 과정에서 나타났다는 설명을 제안했다. 그들은 분자적 증거, 고고학적 자료, 사회생물학의 개념들이 모두 이 설명을 지지한다고 제안했다. 질먼에 따르면, 그녀의 동료인 태너가 내놓은 인류 진화에 대한 설명은 독자들에게 "전능한 여성이 진화를 주도하고 남성은 뒤에서 따라갔다는" 인상을 주었다.[9]

이러한 배경을 볼 때, 질먼이 왜 러브조이의 남성 부양 가설에 실망했는지 알 수 있다. 그녀가 본 대로, 러브조이는 채집 활동이 인간 진화에 결정적인 역할을 했다는 새로운 증거들을 모두 가져갔지만, 여성들이 한 일을 뒤집어서 남성들이 채집을 했다고 제안했다. 그녀가 말했듯이 "러브조이는 사냥꾼 남성과 그를 돕는 채집자 여성을 단숨에 되살려놓았다. 이번에는 남성이 채집을 하고, 여성은 유전자 수용체가 되어 완전히 수동적인 존재로 밀려났다."[10] 질먼은 '유전자 수용체 여성'의 출처를 남성이 짝을 지을 수 있는 '개별적인 유전자 수용체'를 가질 때 진화적인 이점이 있다고 주장한 러브조이의 동료에게서 찾았다.[11]

질먼의 시각에서 볼 때, 러브조이와 그의 추종자들은 페미니스트 인류학자들이 인류 진화에서 여성이 맡은 역할에 대한 이론적 작업에서 최근에 이룬 모든 진보를 무시하고, 남성 주도적인 그림으로 회귀했다. 게다가 초기 인류의 행동에 대한 그의 시각은 남편이 부양하고 아내가 가정을 지키는 20세기 중반 미국의 우상화된 가족 구조와 의심스러울 정도로 유사했다. 사실, 질먼은 러브조이의 설명에 매료된 남성 과학 저술가들의 "바리톤 음색의 즐거운 환호"에도 불구하고, 그것은 실제로 이용 가능한 증거와 크게 어긋난다고 주장했다.

러브조이가 그린 원시 인류의 여성상(모든 것이 그녀에게 오고 그녀는 아무 데도 가지 않는)은 알려진 모든 영장류 암컷의 이동성·활동성과 전혀 일치하지 않는다. 그들은 임신했거나 아기를 데리고도 (…) 보츠와나의 쿵산족(부시맨)과 같은 채집자들도, 여성들은 임신한 상태에서도 어린 아기를 데리고 하루에 수 마일을 걸어 다니면서, 자신과 짝을 위해 먹을 수 있는 식물을 채집한다.¹²

그렇다고 질면과 태너가 옳다고 말하는 것은 아니다. 사실 이용 가능한 자료가 매우 부족하고 다른 해석의 영향을 받기가 쉽기 때문에 인류 진화에서 결정적인 결론에 도달하기란 대단히 어렵다. 질면 자신도 인정한다. "분명히 남성들과 마찬가지로 여성들은 그들 자신의 삶과 시대의 정치적 풍토 속에서 일어나는 일들에 대처한다. (…) 모형을 만드는 데 관여하는 모든 사람은 자신의 편견을 주입한다."¹³ 그렇다면, 질문은 이러한 불가피한 편견과 가치에 어떻게 대응하는 것이 최선인가 하는 것이다. 최선을 다해 이것들을 억압해야 할까, 아니면 이것들에 대응하는 더 유익한 방법이 있을까?

이론의 추구에 가치가 영향을 주도록 허용하기

철학자 필립 키처는 올바른 조건에서, 개별 과학자들이 개인적인 가치를 바탕으로 이론을 추구하도록 동기를 부여받으면, 실제로 과학계에 유익할 수 있다고 제안했다. 그는 조지프 프리스틀리가 옹호한 오래된 플로지스톤 이론과 앙투안-로랑 라부아지에가 추진한 새로운 산소 이론으로 화학자들이 둘로 나뉘었던 18세기 후반으로 돌아가

보자고 말한다. 키처는 어떤 과학자들은 재빨리 "배를 버리고" 라부아지에의 이론으로 갈아타려고 했고, 반면에 다른 과학자들은 훨씬 더 완고하게 오래된 접근 방식을 옹호하기를 고집했기 때문에, 과학 공동체가 효율적으로 최상의 이론에 도달하기에 더 좋은 기회를 맞았다고 주장했다. 재빨리 배에서 뛰어내린 사람들은 이 이론이 궁극적으로 이전의 이론을 개선할 수 있을지 알아내기 위해 새로운 이론을 개발하고 개선하기 시작했다. 그러나 과학계 전체가 즉각 산소 이론에만 관심을 가진다면, 이 이론이 궁극적으로 실패로 판명될 수도 있다는 점에서 크게 문제가 될 것이다. 그러므로 키처가 볼 때, 어떤 이론이 가장 추구할 가치가 큰지에 대해 과학자들의 의견이 일치하지 않는 편이 더 바람직하다.

이런 점을 염두에 두고, 키처는 과학 **공동체**가 주로 진리를 추구하기 위해 집중한다고 해도, 이 목표는 **개별** 과학자들이 진리가 아닌 다른 고려 사항에서 동기를 부여받을 때 더 잘 달성된다고 주장한다. 이러한 동기에는 경제적·윤리적·정치적 가치도 있겠지만 더 좋은 경력을 쌓으려는 것도 있다. 예를 들어 개별 과학자는 매우 사변적인 새로운 이론이 성공할 가능성은 아주 낮다는 것을 인식할 수 있다. 그럼에도 불구하고, 만약 이 과학자가 그 이론을 더 발전시킨 몇 안 되는 사람 중 한 명이고 그것이 결국 성공한다면, 이 과학자는 엄청난 명성 또는 악명을 얻을 수 있다고 인식할 것이다. 위험 회피 성향이 더 큰 과학자들은 유리한 증거가 더 많은 이론을 연구함으로써 개인적으로 더 좋은 경력을 쌓을 수 있다고 결론을 내릴지도 모른다. 키처에 따르면, 진리를 추구하는 과학계의 목표는 이러한 과학자들이 다양한 가치를 바탕으로 다른 이론들을 추구할 때 더 잘 달성될 수 있을 것이다. 서로 다른 여러 과학자 사이에서 '인지적 노동'의 분업이 이루어진 덕에, 과학계는 현재 이용 가능한 최고의 이론에 많은 관심을 유지하는 동시에 잠재적으로 유망한 이론들도 추구할 수 있다.

불행하게도, 이러한 접근은 전체 과학계가 특정한 편견이나 가치를 가지고 있고 적절하게 균형을 이루지 못할 때는 문제에 부딪힐 수 있다. 예를 들어, 인류의 진화에서 사냥꾼 남성 이론에 대한 질먼의 우려를 생각해보자. 질먼이 지적했듯이, 1960년대에 인류학계 전체가 진화 과정에서 여성이 했을지도 모를 역할에 대해 중요한 질문을 하지 않고 있었다. 철학자 캐슬린 오크룰릭은 개별 과학자들이 의식적으로 가치에 영향을 받지 않아도, 이러한 시나리오는 가치가 과학에 매우 심각한 영향을 초래할 수 있다고 지적한다. 예를 들어, 제안된 모든 이용 가능한 인류학 이론들이 인류 진화에 대한 남성의 기여에만 초점을 맞춘다면, 남성 중심 이론이 완성되지 않았고 완벽하지 않아도 인류학계는 남성 중심 이론을 채택하게 될 가능성이 크다. 이것은 아무도 일부러 이런 방식으로 과학을 조종하려 하지 않는데도 바람직하지 않은 가치가 과학에 영향을 미칠 수 있는 매우 중요한 방식이다. 그러므로, 가치의 무의식적인 영향을 평가하고 이에 대응할 방법을 찾는 것이 중요하다.

키처와 오크룰릭의 통찰을 합치면 과학에서 가치의 또 다른 중요한 역할을 확인할 수 있다. 즉 과학자들이나 이해관계자들이 과학에서 더 잘 드러나야 한다고 생각하는 가치를 위해 특정한 모형이나 이론을 지지할 수 있다는 것이다. 따라서 예를 들어, '채집자 여성' 이론이 특별히 사실일 것 같지는 않더라도, 어쨌든 페미니스트 인류학자가 이 이론을 추구하는 것은 매우 합리적일 수 있다. 대부분의 경쟁 이론들이 진화에 대한 남성들의 기여에만 초점을 맞추고, 그러한 이론들이 여성에 대한 사회적 견해에 부정적인 영향을 준다면, 여성 중심 이론을 모색하는 것이 합리적일 수 있다. 또는 남성 중심 이론의 약점을 최대한 많이 식별하려는 연구에 참여해서 남성 중심 이론이 적절한 정밀 조사를 거치지 않고는 널리 퍼지지 않도록 조치할 수 있다. 그렇다고 해서 남성 중심 이론이 궁극적으로 인류학계에서 거부되거나 페미니스트 이론이 수용될 수 있는 충분한 증거를 얻을 것이라고 말하는 것은 아니지만, 적어도 여성 친화적인 이론이 적절하게 조명을 받을 기회가 있었는지 확인하기 위해 페미니스트들의 노력을 활용하는 것은 좋을 수 있다.

몇 가지 반대

이 제안이 1장에서 보았던 리센코와 바빌로프를 둘러싼 상황과 너무 비슷하게 들려 걱정스러울 수도 있다. 과학자들이 참이기를 원하는 것을 근거로 어떤 이론을 받아들이고 거부할지 선택한다면, 희망적 사고의 문제에 위험할 정도로 가깝지 않은가? 이에 대응하기 위해, 이 책 전체에서 사용한 아이디어로 돌아갈 필요가 있다. 가치는 과학자들이 정당한 목표를 달성하도록 도울 때 과학에서 적절한 역할을 한다. 과학자 집단이 이론이 **참**인지 또는 **신뢰**할 수 있는지 여부를 결정하려고 한다면, 가치는 무관하다. 그러나 과학자들이 어떤 이론을 더 **발전**시키거나 **조사**하거나 **비판**해야 하는지 결정하려고 한다면, 이때는 가치를 검토할 필요가 있다. 키처가 지적한 대로 과학자가 이론을 연구하는 이유가 그것이 가장 옳을 것 같아서라기보다, 현재 지배적인 이론에 대한 궁극적인 경쟁자로서 과학계에 이용 가능하게 하고 싶기 때문이라면, 그러한 이유는 전적으로 합리적일 수 있다.

그러나 과학자들이 자신들의 선택에 관련된 가치를 고려한다면, 동료 과학자나 대중을 혼란에 빠뜨리지 않기 위해서 이러한 영향을 투명하게 공개해야 한다. 예를 들어 그들은 어떤 이론을 **믿거나, 받아들이거나, 추구하거나, 가설로 만들거나, 즐기거나, 더 발전시키거나, 규정을 만들기 위해 사용하거나, 의심하거나, 완전히 거부할 만하다**고 생각하는지를 명확히 할 필요가 있다. 이론에 대해 취할 수 있는 이러한 다양한 관점을 '인지적 태도cognitive attitude'라고 부르기도 한다. 과학자들이 취하는 인지적 태도에 따라 다른 종류의 가치들이 관련된다. 과학자들이 무엇을 **받아들일지** 결정할 때는 가치가 관련되지 않겠지만, 그들이 어떤 이론을 **추구**할지 결정할 때는 가치가 크게 관련될 수 있다. 그러므로 혼란을 막기 위해, 과학자들은 그들이 작업하는 이론에 대한 인지적 태도를 명확하게 하는 좋은 방법을 찾을 필요가 있다. 그렇지 않으면, 다른 과학자들과 일반 대중들이 단지 과학자가 **더 조사할 필요**가 있다고 생각한다는 이유만으로 특정한 이론이 사실일 가능성이 있다는 잘못된 인상을 받을 수 있다.

과학자가 자신이 선호하는 가치를 뒷받침하는 이론을 추구하는 것이 항상 타당한지 여전히 궁금해할 수 있다. 페미니스트 인류학 이론을 추구하는 것은 부분적으로 이전 이론의 불균형을 바로잡는 것으로 보이며, 부분적으로 우리는 모두 전통적으로 불리한 집단을 돕고 싶어 하기 때문에 상대적으로 방어하기 쉽다. 하지만 호소력이 크지 않은 가치들이라면 어떨까? 예를 들어, 기후변화에 대한 회의론을 오랫동안 제기해온 하버드-스미스소니언 천체물리학센터의 저명한 과학자 윌리 순을 생각해보자. 그는 오랫동안 온실가스가 아니라 태양 복사의 변이가 기후변화의 원인이 될 수 있다는 이론을 연구했고, 기후변화를 부정하는 사람들은 그의 견해를 널리 홍보했다. 그가 왜 다른 기후 과학자들에 의해 거의 보편적으로 신뢰를 잃은 이론을 추구하고 있는지는 불분명하지만, 사람들은 그가 최소한 부분적으로는 개인적인 발전에 대한 열망과 아마도 많은 기후 회의론자들처럼 규제에 반대하는 이데올로기를 따르기 때문이라고 상상할 수 있다(이에 관해서는 5장에서 더 자세히 다룬다).

이와 같은 경우 윌리 순의 가치가 그의 과학에 주는 영향은 정당해 보이지 않을 수 있다. 하지만 그의 경우는 어쩌면 가치와 무관한 문제다. 가장 명백한 문제는 페미니스트 인류학자들의 경우와 다르게, 그의 태양 복사 이론이 기후 과학에서 이미 면밀히 검토되어서 신뢰를 잃었다는 것이다. 그러므로 그는 단지 언젠가 성공으로 판명될지도 모르는 새로운 이론을 연구하는 것이 아니라 실패한 이론에 매달리고 있는 것이다. 게다가 또 다른 문제는, 그가 이 연구를 계속할 수 있던 이유는 기후변화에 대해 의심을 뿌리려는 목적을 가진 강력한 기업들과 재단들로부터 기부금 120만 달러를 받았기 때문이라는 것이다. 그러므로 사람들은 윌리 순이 가치의 영향을 받는다는 사실이 아니라 그의 가치가 사회의 극히 일부만을 대표하면서도 지나치게 영향력이 큰 운동의 지지를 받고 있다는 사실을 걱정할 것이다. 마침내 2015년에, 연구비 출처를 공개해야 하는 학술지 논문에서도 그가 모든 출처를 공개하지 않았다는 것이 밝혀졌다. 그러므로 이 책 전체에서 보았듯이, 윌리 순과 같은 문제적 사례들은 과학자들이 자신들이 추구하는 이론에 가치가 영향을 주도록 허락했다는 사실보다는 추가적인 조건(말하자면 투명성, 대표성, 참여)을 충족시키지 못한 탓일 수 있다.

무엇을 모형화할지에 대한 선택

과학자들이 목표를 결정해야 하는 세 번째 예는 모형이 어떤 성질을 가져야 하는지에 대한 선택과 관련된다. 과학적 모형은 특정한 현상을 특정한 방식으로 나타내도록 고안되지만, 이러한 모형은 서로 다른 장단점을 가질 수 있다. 예를 들어 단순한 모형은 현상들의 주요 구성 요소와 그것들 사이의 관계를 나타낼 수 있지만, 시간이 지남에 따라 상황이 어떻게 변해가는지에 대한 정량적 예측을 하기에 충분한 세부 정보를 제공하지 못할 수 있다. 어떤 맥락에서는 이와 같은 단순한 모형이 적절할 수 있지만, 다른 맥락에서는 미래를 예측할 수 있는 더 상세한 모형을 개발하는 것이 중요할 수 있다. 그러나 모형은 언제나 불완전하기 때문에, 과학자들은 여전히 모형으로 세계의 어떤 특징을 포착하려고 하는지 결정해야 한다. 어떤 경우에는 현상의 일부 측면을 설명하도록 모형을 최적화하면 다른 부분을 설명하기가 어려워지는 상황에 직면하기도 한다. 특히 현대의 기후 모형에서 명백하게 나타나듯이, 이러한 목표를 설정하는 데 가치가 역할을 하기도 한다.

예를 들어 2006년에, 영국 정부는 기후변화의 경제에 대한 700페이지나 되는 묵직한 보고서를 발간했다. 작성을 주도한 영향력 있는 경제학자 니컬러스 스턴의 이름을 기리기 위해 이 보고서를 〈스턴 리뷰〉로 부르기도 한다. 이 보고서는 기후변화에 대처하지 못한 대가는 잠재적으로 세계 전체 GDP의 5~20퍼센트에 달해서, 대공황 및 두 차례 세계대전의 영향과 맞먹을 수 있다고 결론을 내렸다. 따라서 보고서는 미래의 비용을 줄이기 위해 지금 상당한 돈을 써서 온실가스 배출을 줄여야 한다고 주장했다. 당시 영국 총리였던 토니 블레어와 같은 정치 지도자들은 이 보고서를 기후변화에 대한 공격적인 대응의 명분으로 삼았다. 그럼에도 불구하고, 〈스턴 리뷰〉는 많은 비판을 받았다.

가장 중요한 비판자 중 한 명인 예일대학교의 경제학자 윌리엄 노드하우스는 이 보고서가 기후변화에 대한 대부분의 기존 경제 분석과 다른 결론에 도달했다고 이의를 제기했다. 이제까지 나와 있던 대부분의 분석은 지금 온실가스 배출량을 조금만 줄이고 미래에 온실가스 배출량을 많이 줄여야 경제적으로 의미가 있다고 보고했다. 특히 주목할 만한 것은, 노드하우스를 비롯한 다른 경제학자들에 따르면, 〈스턴 리뷰〉가 대부분의 다른 분석들과 다른 결과에 도달한 주된 이유 중 하나가 훨씬 낮은 '할인율'을 적용했다는 것이다. 경제학자들은 한 시점의 비용·편익을 다른 시점의 비용·편익과 비교할 때 할인율을 적용한다. 예를 들어 경제학자들은 현재 발생한 100달러의 비용을 지금으로부터 10년 후에 발생한 100달러의 비용과 같은 방식으로 처리하지 않는다. 그 대신, 비용이 발생하기 전에 경과하는 각 연도에 대해 미래 비용의 가치를 특정한 백분율 값으로 '할인'한다. 말하자면, 할인을 한 다음에는 미래의 비용이나 편익이 현재에 비해 훨씬 덜 중요해진다는 것이다.

적절한 할인율을 선택하는 것은 매우 복잡한 문제이며, 다양한 고려 사항을 바탕으로 정당화할 수 있다. 미래의 비용과 편익을 할인해야 하는 가장 분명한 이유는, 지금 투자한 1달러는 미래에 가치가 훨씬 더 커지기 때문이다. 그러므로 지금 1달러를 갖는 것이 예를 들어 20년 뒤에 1달러를 갖는 것보다 훨씬 더 가치가 크다. 그러나 할인에는 여러 가지 이유가 있다. (1) 사람들은 심리적으로 미래보다 지금의 이익을 더 좋아한다. (2) 미래에는 어떤 일이 일어날지 불확실하며, 어쩌면 인류가 계속 존재할지도 알 수 없다. (3) 현재 사람들이 부유하지 않거나 기술적 자원이 적다면, 돈은 미래보다 지금 더 소중하다.

할인 개념은 따분하고 너무 전문적으로 느껴질 수 있지만, 〈스턴 리뷰〉와 같은 정책 문서에는 충격적일 정도로 큰 영향을 미친다. 기후 모형에 관련된 불확실성이나 불일치에 대해 생각할 때, 우리는 대개 기후의 물리적 특징들을 모형화하는 방법에 대한 견해 차이를 상상한다. 예를 들어 과학자들이 서남극의 빙상이 온난화에 얼마나 빨리 반응하면서 녹을지, 얼음의 손실에 의해 지구에 흡수되는 태양 복사가 얼마나 변할지에 대해 의견이 엇갈리는 것을 생각하게 된다. 하지만 할인에 대한 의견이 일치하지 않으면 엄청난 영향을 미칠 수 있다. 하버드대학교의 경제학자인 마틴 웨이츠먼은 〈스턴 리뷰〉를 평가하면서 "어떤 할인율을 적용할지에 대한 견해 차이는 100년 뒤 지구 온난화의 추정 피해 비용에서 **두 자릿수**의 차이에 맞먹는다"라고 말했다.[14] 다시 말해서, 높은 할인율을 적용하면(따라서 현재의 비용에 비해 미래의 비용이 줄어든다면) 낮은 할인율을 적용할 때보다 기후변화의 비용을 100배 더 적게 추정할 수 있다! 따라서, 웨이츠먼에 따르면 "기후변화의 경제에서 가장 큰 불확실성은 어떤 할인율을 적용해야 할지에 대한 불확실성이라고 해도 과언이 아니다."[15]

이 사례는 과학자들이 모형을 선택하고 평가할 때 가치가 얼마나 중요한 역할을 할 수 있는지 잘 보여준다. 대부분의 경제학자들은 기후변화의 경제적 영향을 분석할 때 약 5퍼센트의 할인율을 적용했지만, 스턴은 1퍼센트에 가까운 할인율을 요구했다. 즉 스턴은 현재의 비용에 대해 미래의 비용을 크게 할인하지 않았기 때문에 미래의 비용이 더 커 보이게 된다. 이전까지 대부분의 분석에서는 미래의 비용을 현재의 비용에 비해 크게 할인해서, 현재에 많은 돈을 쓰는 것이 크게 중요하지 않다는 결론을 내렸다.

할인율의 선택이 중요하지만, 어떤 숫자가 적절한지 직접 알려줄 만한 사실은 없다. 할인율의 선택은 사람들이 어떤 정보를 중요시하는지에 따라 달라진다. 과학자들이 기후 완화 계획의 비용을 비교할 때 계산할 수 있는 여러 가지 '진실들'이 있다. 그들은 이 계획의 비용과 편익을 미래 비용의 할인이 연간 1퍼센트, 2퍼센트, 3퍼센트 등일 때에 적용해 계산할 수 있다. 이 진실들 중에서 어떤 것이 가장 중요한지는 미래 세대의 이익을 우리 세대의 이익과 어떻게 비교해야 하는지에 대한 윤리적 가치에 달려 있다. 예를 들어, 경제학자들이 의식적으로 가치에 의해 동기를 부여받지 않는다고 해도, 할인율을 높게 책정한다는 것은 미래의 환경에 관련된 가치보다 현재의 산업 활동의 가치를 더 지지하는 것이다. 반면에 스턴의 접근법은 미래 세대의 이익을 선호했다.

그러므로 할인율을 둘러싼 논란은 과학자들이 모형화의 대상과 방법을 결정할 때 그들의 목표(이것은 다시 그들의 가치에 의해 좌우된다)를 고려해야 한다는 것을 보여준다. 모형이나 이론을 만들고 평가할 때, 과학자들은 무엇을 중요시할지 결정해야 한다. 철학자 엘리자베스 앤더슨이 말했듯이, "이론은 단지 사실에 대한 진술이 아니다. 이론은 사실을 조직화하여 만들어낸 패턴이며, 이 패턴은 특정한 질문에 대해 적절하게 대답하거나, 설명하라는 요구를 만족시킨다."**16** 그러므로 과학자들은 좋은 모형이나 이론을 결정하려면 그것으로 무엇을 달성하려고 하는지 결정해야 한다. 이것은 3장에서 제시한 한 가지 요점과 매우 유사하다. 복잡한 현상을 여러 가지 방법으로 연구할 수 있기 때문에, 어떤 질문을 할지를 가치가 결정할 수 있다는 것이다. 그러나 이 장에서는 **무엇을 묻는지**보다 현상에 대한 여러 모형이나 이론들 사이에서 **무엇을 선택할지** 결정하는 데 더 중점을 둔다.

이 점에 대해 더 설명하기 위해, 기후 모형의 예를 조금 더 살펴보자. 철학자 크리스틴 인테만은 과학자들이 기후 모형을 개발하고 선택하고 사용할 때 내려야 할 여러 결정 사항을 검토했고, 그녀는 이러한 결정을 내릴 때 가치가 자주 관련된다고 강조한다. 예를 들어 대기

대순환모형GCM, General Circulation Model은 지구 평균 기온을 잘 예측하지만, 강수량의 국지적 변화는 잘 예측하지 못한다. 이런 목적으로는 지역기후모형RCM, Regional Climate Model이 훨씬 더 도움이 된다. GCM과 RCM 중 어떤 모형을 사용할 것인지 결정하는 것은 매우 사소해 보인다. 이 결정은 명백히 대답을 얻으려는 질문에 달려 있다. 그러나 새로운 모형의 개발에 가치가 어떻게 영향을 줄 수 있는지를 고려할 때, 가치의 역할은 훨씬 더 흥미로워진다.

예를 들어 인테만은 기후 모형에 포함되는 가정과 변수에는 증거만으로 완전히 결정할 수 없는 것들도 있다고 지적한다. 그러므로 사용 가능한 데이터에 가장 적합하도록 변수와 가정을 조금씩 바꿔가면서 모형을 '조율'해야 한다. 그러나 일부 현상(특정 지역의 강수량 분포 등)을 더 잘 예측하도록 모형을 조율하면 다른 현상(극단적인 기상 사건)을 예측하기 어려워질 수 있다. 모형이 어떤 진실을 정확하게 표현할지 우선순위를 결정할 때는 분명히 가치가 관련된다. 마찬가지로, 우리의 현재 모형들은 지구가 급격하게 더워지기 시작할 때 발생할 수 있는 최악의 시나리오를 예측하기보다 점진적인 기후변화를 더 잘 예측한다. 우리의 가치에 따라, 현재 모형의 강점을 포기하고 '최악의 시나리오'를 더 잘 예측할 수 있도록 바꿀 필요가 있다고 결론을 내릴 수도 있다.

윤리적 가치는 통합평가모형IAM, Integrated Assessment Model의 설계에도 영향을 줄 수 있다. 이 모형들은 지금 기후변화를 줄이는 데 돈을 써야 경제적으로 더 효율적인지, 아니면 나중에 기후변화에 적응하는 데 돈을 써야 더 효율적인지 결정하기 위해 물리학의 예측과 경제학의 분석을 통합한다. 어떤 학자들은 사람들이 경험할 전반적인 미래의 경제적 비용과 편익에 대한 종합적인 정보뿐만 아니라 특정 집단이 어떻게 되어갈지에 대한 개별적 정보들도 제공하도록 모형을 구조화할 윤리적 이유가 있다고 지적한다. 예를 들어 저소득 국가의 가난한 사람들과 같은 소외된 집단을 특히 염려한다면, 미래보다 지금 더 많은 돈을 쓴다는 결정에 따라 그러한 특정 집단이 어떤 영향을 받을지를 예측하는 것이 매우 중요하다고 생각할 수 있다.

철학자 낸시 투아나와 펜실베이니아 주립대학교의 학자들은 이러한 종류의 결정이 과학적 모형화에서 매우 중요하다고 주장했고, 이러한 결정을 내릴 때 생기는 문제들을 설명하는 한 방법으로 '내재적 intrinsic' 또는 '내포적embedded' 윤리라는 용어를 만들어냈다. 연구 윤리 강의는 대개 투아나가 말하는 '절차적 윤리', 즉 데이터를 보호하고 공유하는 방법, 논문 저자로 등재되어야 할 사람을 결정하는 방법, 실험 동물을 적절하게 다루는 방법, 학생들을 성공적으로 지도하는 방법에 초점을 맞춘다. 이러한 문제들도 중요하지만, 투아나는 모형화에서 발생하는 핵심적인 선택을 학생들이 더 잘 음미하고 이러한 판단들을 내릴 때 윤리적 가치가 자주 관련된다는 사실을 이해하도록 가르칠 필요가 있다고 제안한다. 인테만의 사례에서 보았듯이, 과학자들이 모형을 개발할 때 세계의 모든 측면을 똑같이 정확하게 나타낼 수 없기 때문에 모형화에 이러한 윤리적 가치가 관련된다. 과학자들은 그들의 모형이 어떤 것을 가장 잘 나타낼 수 있게 할지 결정하기 위해 그들이 달성하고자 하는 목표를 결정해야 한다. 그렇다고 해서 과학자들이 항상 어떻게 해야 그들의 모형이 다른 모형들보다 특정한 목표들에 더 잘 봉사하게 되는지를 인식하고 있다는 것은 아니다. 투아나가 지적했듯이, 과학자들은 그들이 하고 있는 중요한 선택을 의식하지 못하는 경우도 많다. 그러나 중요한 점은 과학자들이 현실 세계의 요구와 의사 결정자들의 관심사에 유용하도록 의도된 모형을 개발하고 있는 한, 가치가 실제로 이러한 결정과 관련된다는 것이다.

내재적 윤리의 이러한 문제들은 기후변화처럼 중요한 사회 문제에만 국한되지 않는다는 것을 강조할 필요가 있다. 내재적 윤리는 과학적 모형화의 모든 곳에 있다. 최근에 철학자 스벤 디크만과 마틴 피터슨은 기후 모형화에서 일어나는 것과 같은 종류의 선택을 보여주는 다양한 예들을 보여 주었다. 예를 들어 미국은 1990년 인구 조사를 준비하는 과정에서, 데이터를 분석하는 두 가지 통계 모형 중 하나를 선택해야 했다. 두 모형이 모두 소수 민족이 적게 집계되는 문제를 해결하기 위해 설계되었지만, 하나는 데이터 전체에 초점을 맞추고 다른 하나는 지역 데이터에 초점을 맞추었다. 따라서 어떤 종류의 데이터를 가장 중요하게 개선할지 결정하는 데 가치가 개입했다. 비슷하게, 디크만과 피터슨은 지리정보시스템GIS, Geographical Information System 모형에서 오류를 줄이고 전반적인 예측 정확도를 높이기 위해 다양한 가정이 이루어진다는 점을 지적했다. 이러한 가정은 대부분의 경우 GIS 체계가 산출하는 정보를 개선하지만, 습지를 성공적으로 나타내기는 어렵다. 다시 한번, 세계의 어떤 측면을 정확하게 표현할지를 모형 제작자들이 결정해야 하기 때문에 GIS 체계의 평가에도 가치가 관련된다.

이 장에서는 과학적 연구의 목표를 설정할 때 가치의 역할을 강조했다. 이 장의 마지막 절은 기후 모형의 예, 특히 〈스턴 리뷰〉에 대한 논란에서 좋은 모형이 가져야 하는 성질에 대한 잠재적인 의견 불일치에 대해 설명했다. 보고서가 발표된 뒤에, 니컬러스 스턴은 2007년 2월에 의회에 증언하기 위해 미국으로 왔다. 증언을 한 뒤에는 예일대학교로 가서 자신의 보고서를 평가하는 심포지엄에 참석했다. 윌리엄 노드하우스를 포함한 스턴의 가장 중요한 비평가들 중 일부가 예일대학교 교수였기 때문에, 이 대학교에서 심포지엄을 개최하는 것은 특히 적절했다. 데이비드 레온하르트는 〈뉴욕 타임스〉 기사에서 심포지엄의 배경을 아름답게 묘사했다. "200명쯤의 학생과 교수들이 청중석에 있었고, 단상에 있는 성난 제우스와 같은 인물의 조각상 앞에서, 양측은 학자들이 하는 위엄 있고 악랄한 방식으로 토론했다." 노드하우스는 스턴을 저명한 학자라고 칭송하면서도 그가 "영어를 잔인하고 특이하게 처벌했다"라고 비난했고, 또 다른 예일대학교 경제학자인 로버트 O. 멘델슨은 스턴을 오즈의 마법사에 비유했다. 스턴은 노드하우스와 멘델슨이 선호하는 더 높은 할인율의 채택에 대해 "나는 여전히 충실한 윤리적 논증을 보지 못했다"라고 주장하면서 맞섰다.

이 학자들의 비판은 필요 이상으로 극적이었을 수 있지만, 〈스턴 리뷰〉의 배경을 이루는 가치를 주의 깊게 분석한다는 주제는 정확히 이 책의 목표와 같다. 레온하르트가 기사에 쓴 것처럼, 스턴의 비판자들은 보고서의 다른 측면에 대해서도 염려했지만, 근본적인 반대는 낮은 할인율의 채택에 있었다. 이 논쟁은 배경에 숨어 있는 가치에 대한 의견 불일치가 표면화되어 공적으로 논의할 수 있게 되었다는 점에서 특히 유익하다. 많은 경우, 모형 제작자들은 결코 충분히 논의하지 못한 채로 중요한 선택을 하며, 그들은 자신이 만든 모형이 특정한 목적(과 그에 수반되는 가치)을 지원한다는 것을 깨닫지 못한다.

이 장의 처음 두 절에서는 과학자들이 그들의 목표에 대해 생각할 필요가 있는 맥락의 두 가지 다른 예를 살펴보았다. 첫째, 과학자들이 규제 기관, 정책 입안자와 같은 이해관계자들과 협력할 때, 협력자들이 협상 테이블에 가져오는 실용적인 목적(비용 최소화 또는 신속한 결과 생성 등)을 채택해야 할 수 있다. 둘째, 어떤 맥락에서는 과학자들이 과학계가 더 조사할 수 있도록 하기 위해 그들이 개발하는 모형이나 이론의 종류를 결정할 필요가 있다. 이런 경우에 과학자들은 때때로 가치의 역할을 망각할 뿐만 아니라, 심지어 완전히 억압하거나 흔적을 없애려고 할 수도 있다.

칼 크래너가 정확도는 떨어지지만 훨씬 더 빠르고 비용이 적게 드는 위험 평가 방법을 채택하라고 주장한 것을 상기하라. 비용을 최소화하면서 공중보건을 보호하는 사회적 목적에 가장 잘 맞는 방법을 채택하는 것이 이치에 맞지만, 정확도가 떨어지는 방법을 주장하는 학자들은 "나쁜 과학"을 장려한다는 비난을 받기 쉽다. 때때로 시민단체들은 위협의 정도를 결정하는 가장 우수한 방법을 사용할 수 없는 경우에도 공중보건 위협에 대처하기 위한 조치를 요구한다며 비난을 받는다. 과학은 다른 활동과 마찬가지로, 성취하려고 하는 것을 고려하지 않고는 "나쁘다" 또는 "좋다"라는 딱지를 붙일 수 없다는 것을 잊기 쉽다. 이 장 전체에서 보았듯이 정확성은 과학의 가장 중요한 목표지만, 유일한 목표가 아닐 때도 있다. 그러므로 과학자들은 특정한 연구의 맥락에서 어떤 목표가 가장 적절한지 결정할 필요가 있고, 그러한 결정을 내릴 때 가치가 관련되기도 한다. 다음 장은 밀접하게 관련된 문제, 즉 제한된 정보를 바탕으로 결론을 도출하려고 하는 경우 충분한 증거를 수집했을 때가 언제인지 결정하는 방법에 대한 문제로 넘어간다.

참 고 자 료

말라코프(Malakoff 2004)는 데이브 로즈겐의 삶과 업적에 대한 개요를 매혹적으로 설명한다. 레이브(Lave 2009)는 로즈겐과 그의 비판자들 사이의 갈등에 대해 매우 사려 깊은 분석을 제공한다. 크래너(Cranor 1995)는 캘리포니아 환경보호청의 신속한 위험 평가 절차에 대한 분석을 제공하고, 엘리엇과 매코언(Elliott and McKaughan 2014)은 캘리포니아 환경보호청 사례와 습지 은행 사례 모두에 대한 개요를 제공한다. 습지와 습지 은행에 대한 더 많은 정보는 엘리엇(Elliott 2017), 허프와 로버트슨(Hough and Robertson 2009), 로버트슨(Robertson 2006)에서 찾을 수 있다. 특정한 맥락에서 과학의 목표가 어떤 방법이나 모형이 적절한지 결정한다는 개념에 대한 자세한 설명은 엘리엇(Elliott 2013a), 엘리엇과 매코언(Elliott and McKaughan 2014), 인테만(Intemann 2015)을 참조하라. 브라운(Brown 2013)과 포토스닉(Potochnik 2015)도 과학의 다양한 목표와 그 결과로 가치가 관련되는 방식에 대해 논의한다. 오펄론과 핀(O'Fallon and Finn 2015)은 지역사회에서 시작된 연구 노력에서 자주 제기되는 연구 목표와 일반적으로 학술 연구와 관련된 연구 목표 간의 차이를 강조한다.

질먼(Zihlman 1985)은 인류의 진화에 대한 인류학적 연구를 매혹적으로 검토한다. 니미츠(Niemitz 2010)는 직립보행의 발달에 관한 수많은 가설을 요약하고, 러브조이(Lovejoy 1981)는 남성 부양 가설을 소개한다. 페미니스트 인류학과 고고학 연구의 추가적인 전망과 '사냥꾼 남성'과 '채집자 여성'의 개념에 대해서는 롱기노(Longino 1990)와 와일리(Wylie 1996)를 참조하라. 엘리엇과 윌메스(Elliott and Willmes 2013)는 러브조이의 남성 부양 이론과 과학적 이론에 대해 취할 수 있는 다양한 인지적 태도를 논의한다(Eliott 2013a, Elliott and McKaughan 2014, McKaughan and Elliott 2015도 함께 참조하라). 키처(Kitcher 1990)는 개별 과학자들이 진리를 밝히는 데만 집중하지 않을 때도 과학계 전체를 위해서는 바람직할 수 있다는 생각을 발전시켰다. 모든 이론이 가치의 영향을 받더라도 과학자들은 가능한 이론들 중에서 최선의 것을 선택할 것이라는 생각은 오크룰릭(Okruhlik 1994)에 나온다. 기후변화에 대한 윌리 순의 연구는 길리스와 슈워츠(Gillis and Schwartz 2015)에서 논의된다.

할인과 〈스턴 리뷰〉를 둘러싼 논쟁에 대해서는 레온하르트(Leonhardt 2007), 맥클린(MacLean 2009), 노드하우스(Nordhaus 2007), 스턴(Stern 2007), 웨이츠먼(Weitzman 2007)을 참조하라. 과학 이론과 모형을 평가할 때 가치의 역할에 대한 엘리자베스 앤더슨의 견해는 앤더슨(Anderson 1995)에서 찾을 수 있다. 기후 모형에서 가치에 대한 인테만의 설명은 인테만(Intemann 2015)에서 찾을 수 있으며, 투아나의 내재적 윤리에 대한 요구의 예는 슈인케(Schienke 2011)에서 찾을 수 있다. 디크만과 피터슨(Diekmann and Peterson 2013)과 포토스닉(Potochnik 2015)은 모형화에서 가치의 역할에 대한 또 다른 예를 제공한다. 웬디 파커는 기후 모형화에 관한 많은 중요한 연구를 발표했고, 모형들이 특정한 목적에 적합한지 여부를 결정하는 것에 대한 그녀의 견해는 파커(Parker 2009)에서 찾을 수 있다.

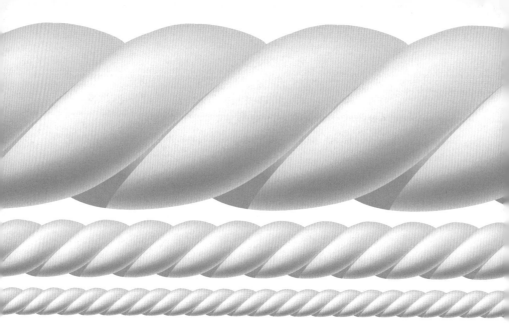

A Tapestry of Values

: An Introduction
to Values in Science

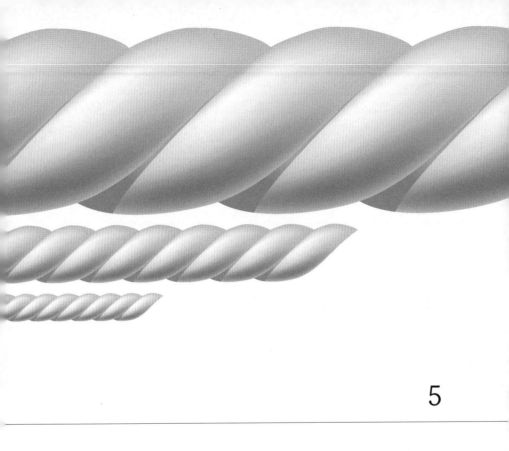

5

불확실할 때는 어떻게 하는가?

1988년 6월에 열린 미국 의회 청문회에서, 기후학자 제임스 한센은 여러 동료 과학자들보다 더 강경한 태도를 보였다. 그는 이용 가능한 증거에 대한 자신의 분석을 바탕으로, 지구는 온실효과로 인해 따뜻해지고 있다고 확신을 가지고 선언했다. 그는 이렇게 단언했다. "지구 온난화는 온실효과와 관찰된 온난화가 원인과 결과의 관계임을 고도의 확신으로 설명할 수 있는 수준에 도달했다. (…) 지구 온난화는 지금 일어나고 있다."[1] 수십 년 동안, 과학자들은 화석 연료의 연소로 인해 일어나는 대기 중의 온실가스 농도 증가가 지구 기후를 변화시킬 가능성을 연구해왔다. 기초 물리학의 원리에 따르면, 사람들이 대기에 일으키는 변화는 분명히 지구를 따뜻하게 할 것이다. 그러나 1980년대 후반까지만 해도 많은 기후 과학자는 대기 중의 온실가스 농도 증가가 지구 온난화를 일으키는 것이 확실하다고 주장할 충분한 증거가 없다고 느꼈다.

이 장은 한센과 같은 과학자들이 불확실성을 다룰 때 직면하는 난점들을 검토한다. 첫 번째 절은 한센의 상황을 통해 과학자들이 대중에게 불확실한 과학적 발견을 얼마나 대담하게 전달해야 할지 결정할 때 가치가 관련된다는 것을 보여준다. 여기에는 직접적인 결론을 도출할 것인지, 단서와 불확실성으로 결론이 틀릴 가능성을 얼마나 크게 언급할지, 더 광범위한 사회적 문제와 관련하여 어떤 프레임으로 이 결론을 보여줄지에 대한 어려운 결정이 포함된다. 두 번째 절은 이러한 문제 중 하나에 더 크게 집중하며, 결론을 도출하기 위해 과학자들이 얼마나 많은 증거를 요구해야 하는지 결정할 때 가치가 관련됨을 보여준다.

이 장의 처음 두 절은 불확실성을 주어진 것으로 받아들이고, 그것에 대응할 때 가치가 관련된다고 주장한다. 세 번째 절은 이 관계를 뒤집어서 가치가 실제로 불확실성을 일으키거나 기여할 수 있다고 주장한다. 과학 연구가 사람들의 깊은 가치와 충돌할 때, 가치는 가능한 모든 방법으로 과학에 도전하도록 동기를 부여한다. 이런 일이 기후변화, 유전자 변형 식품, 진화론, 백신 연구와 같은 최근의 여러 사례에서 일어나고 있다. 이 장의 세 번째 절은 가치가 불확실성에 어떻게 기여할 수 있는지 탐구하고, 이것이 언제 적절하고 언제 적절하지 않은지 결정하는 방법을 살펴본다.

불확실한 발견에 대한 커뮤니케이션

한센이 의회에서 증언했을 때, 그는 미국 항공우주국NASA의 고다드우주연구소Goddard Institute of Space Studies 소장이었다. 그는 또한 모형화 연구팀을 이끌고 있었는데, 기후변화가 일어나고 있고 그것이 폭염과 가뭄 같은 극단적인 기상 현상을 일으킬 수 있다는 확신이 점점 더 강해지고 있었다. 한센은 팀의 발견에 대해 확신을 가지고 말할 사회적 책임이 있다고 판단했다. 이때의 상황에 대한 그의 설명에 따르면, 그는 "잘못될 때의 비용과 말하지 않았을 때의 비용을 비교했다."2 그리고 그는 기후변화의 존재와 그것의 가능한 영향에 대해 대중에게 알리는 것이 최선이라고 결론을 내렸다. 이것은 정확히 우리가 이 절에서 탐구하려고 하는 종류의 가치적재적 결정이다. 공적으로 중요한 문제를 연구하는 과학자에게 불완전한 과학적 정보가 있을 때, 그들은 발견을 얼마나 강력하게 제시할지 결정해야 한다. 한편으로 과학자들은 매우 조심스러운 자세를 유지할 수 있고, 오해를 불러일으킬 수 있는 말을 할 여지를 최소화하기 위해 겸손한 방식으로 데이터를 제시할 수 있다. 다른 한편으로, 그들은 공공 자문관이나 심지어 옹호자처럼 행동하면서 대중을 위해 자신들의 발견과 잠재적 추이를 강조할 수 있다. 각각의 접근법에는 장단점이 있을 뿐만 아니라, 두 접근법 사이에 넓은 범위의 선택 가능한 방안이 있다. 특정한 맥락에서 어떤 접근 방식이 최선인지 판단하려면 이러한 장점과 단점을 따져봐야 하며, 이를 위해서는 가치판단이 필요하다.

한센은 앞서 1986년과 1987년에도 의회에서 증언했지만, 언론은 그에게 거의 관심을 기울이지 않았다. 1988년에는 여름에 증언을 했는데, 부분적으로는 의회 직원들이 연중 그 시기에 기후변화에 관한 법률을 도입하는 것이 더 설득력이 있을 것이라고 생각했기 때문이다. 그는 증언을 하면서 지구가 점점 더워지고 있고, 이러한 기온 상승이 온실효과와 관련될 수 있으며, 그 결과로 그의 모형이 가뭄의 빈도가 증가한다고 예측했다는 자신의 확신을 제시했다. 그해 여름 미국에 기록적인 더위와 가뭄이 찾아왔기에, 한센의 증언은 폭넓은 관심을 끌었다. 그의 발언은 텔레비전과 라디오뿐만 아니라 신문의 1면 기사에도 실렸다.

그는 언론의 관심 외에도, 많은 동료 과학자들의 비판을 받았다. 1989년에, 리처드 커는 〈사이언스〉에 한센의 증언과 그에 대한 후속 반응을 보도하는 뉴스 기사를 썼다. 커에 따르면, "그 분야의 거의 모든 사람이 한센을 싫어했다."[3] 오리건 주립대학교의 모형 연구자 마이클 슐레진저는 이렇게 불평했다. "그의 진술은 사람들에게 온실효과가 확실히 감지되었다는 느낌을 주었다. 현재까지 우리가 이해하는 바는 그것을 뒷받침하지 않는다. 온실효과의 발견에 대한 확신은 이제 거의 0에 가까워졌다."[4] 스크립스해양학연구소Scripps Institution of Oceanography의 과학자 팀 바넷은 이렇게 주장했다. "10년 단위의 기후 변이는 엄청나게 크다. 우리가 온실효과의 신호를 보았다고 말하는 것은 우스꽝스러운 일이다. 그것은 어려운 문제가 될 것이다."[5] 메릴랜드대학교의 앨런 로복은 이렇게 말했다. "우리들 중 많은 사람이 괴로운 이유는 우리가 스스로 말하기를 꺼리는 것을 의회에 말하는 과학자가 있기 때문이다."[6] 한센의 동료들은 그가 그렇게 큰 공론의 장에서 지나치게 확신에 찬 주장을 함으로써 기후 과학자들의 신뢰를 위험에 빠뜨렸다고 걱정했다. 이 상황에 대해 토론토대학교의 대니 하비는 이렇게 요약했다. "짐 한센은 위태로운 일을 자처했다. 앞으로 10년간 계속되는 온난화는 일어나지 않을 것이다. 온난화가 일어나지 않는다면, 정책 결정은 빗나가게 될 것이다."[7]

한센은 연구에 가치가 의심스러운 방식으로 영향을 주도록 허용했고, 그를 비판하는 전문가들은 연구에 가치를 포함하기를 삼간 올바른 행동을 한 것이라고 이 상황을 설명하고 싶을 것이다. 그러나 한센의 행동에 동의하지 않는다고 해도, 한센만이 의사 결정에 가치를 포함시킨 유일한 과학자였다고 주상하는 것은 오해의 소지가 있다. 앞서 인용한 대니 하비의 말에서 다른 기후 과학자들도 사회적으로 유익한 방식으로 정보를 전달하려고 노력했음을 알 수 있다. 하비는 정보 전달에 관한 한센의 확신에 찬 접근이 기후 과학자들에 대한 대중의 신뢰를 떨어뜨릴 수 있고, 따라서 미래의 미흡한 정책 결정으로 이어질 수 있다고 주장함으로써 한센에게 이의를 제기했다. 그러므로, 하비를 비롯한 다른 기후 과학자들도 그들의 연구에서 가치를 배제한 것이 아니라 다른 가치들을 우선시하고 있었던 것이다. 그들은 실제로 일어나지 않을 수도 있는 극단적인 기후변화를 강조하는 것보다 과학 공동체가 신뢰를 유지하는 것이 훨씬 더 중요하다고 생각했다. 1989년에 리처드 커가 보고한 것처럼, 당시 대부분의 기후학자는 온실가스 배출이 지구 온난화에 기여하고 있다는 한센의 의견에 동의했다. 그들은 단지 데이터가 불확실한 상황에서 과학자들이 과감한 주장을 하면 나중에 의회에 영향을 주기가 더 힘들어지므로 이런 행동은 사회적으로 무책임하다고 생각했다. 반면에 한센이 장점과 단점을 따져본 결과는 조금 달랐고, 사회적으로 가장 책임 있는 접근은 대중에게 그들이 직면할 수 있는 극단적인 기후변화를 경고하는 것이라고 결론을 내렸다. 그는 증언한 뒤에 기자들에게 "우물쭈물하지 않고, 온실효과가 일어나고 있다는 증거가 매우 강력하다고 말하는" 것이 중요하다고 말했다.[8]

다른 사례들: 콜본과 캉가스

이런 식의 결정이 다른 맥락에서 어떻게 작용했는지 살펴보면 도움이
될 것이다. 1장에서 짧게 논의했듯이, 테오 콜본은 제임스 한센과 그
의 동료들이 직면한 것과 비슷한 상황에 직면했다. 그녀가 여러 가지
화학 물질이 호르몬 체계를 방해하는 독성 효과를 일으킨다는 것을
인식하는 데 앞장섰음을 상기하자. 결과적으로, 이러한 화학 물질들
은 놀랄 만큼 적은 양으로도 다양한 건강 문제를 일으킬 수 있다. 그
럼에도 그녀와 동료들이 1990년대 중반에 《도둑맞은 미래》라는 책을
썼을 때, 내분비 교란 화학 물질이 인체에 해롭다는 증거는 동물에 대
한 증거에 비해 추측에 더 가까웠다. 그래도 콜본은 사람의 건강에 미
치는 영향이 실제로 그럴 수 있다는 사실을 대중에게 알릴 필요가 있
다고 결론지었다. 한센의 사례처럼, 다른 과학자들은 그녀가 너무 멀
리 갔다고 생각했다. 권위 있는 학술지인 〈환경 건강 전망Environmental
Health Perspectives〉의 한 논설은 이렇게 주장했다. "독자들은 《도둑맞은
미래》가 (…) 내분비 교란 화학 물질에 노출됨으로써 인간의 질병이
상당히 증가한다는 과학적 증거에 대해 균형도 없고 객관적인 제시도
아님을 (…) 인식하고 알아야 한다."[9]

 과학자들이 비슷한 질문에 직면했던 한 가지 사례를 더 살펴보자.
1980년대에는 특히 열대 지방의 삼림 벌채가 생물의 멸종을 초래할
지도 모른다는 논쟁이 벌어졌다. 1986년 제4차 생태학국제회의
International Congress of Ecology에서 생태학자 패트릭 캉가스가 삼림 파괴
로 인한 멸종률이 연구자들이 이전에 생각했던 것보다 낮을 수 있다

고 발표했다. 그의 주장은 그 후 2년 동안 〈미국 생태학회보Bulletin of the Ecological Society of America〉 지면에서 격렬한 논쟁을 불러일으켰다.

영향력 있는 생태학자 리드 노스는 캉가스가 이끌어낸 의심스러운 결과가 사회에 해를 끼칠 수 있다고 비판했다. 개발자들이 삼림 벌채를 추진하는 근거로 사용할 수 있기 때문이라는 것이었다. 다른 생태학자들은 노스가 캉가스를 검열하려고 하는 것은 부적절하다고 주장했다. 그들은 노스가 생태학자들의 결론이 "생태학적으로 중요한 문제를 '바르게' 처리하는지 확실히 하려고 노력하고 있다면서 염려했다."[10] 이 생태학자들은 이러한 결과를 알리면 보존 노력을 해칠 수 있다는 노스의 두려움이 객관성에 대한 과학의 평판을 해칠 수 있다고 걱정했다. 캉가스는 삼림 벌채를 지지하지 않는다고 주장했고, 노스는 단지 과학 정보를 전달할 때 책임감이 중요하다는 것을 강조하기 위해 노력했을 뿐이라고 주장했다.

캉가스 사례를 한센과 콜본 사례와 함께 놓으면, 이 문제들이 얼마나 어려운지 알 수 있다. 세 사례 모두에서, 자신들의 결론을 크게 외친 과학자들은 그 발언에 대해 비판을 받았다. 하지만 노스에게 반대한 사람들이 강조했듯이, 과학은 과학자들이 너무 공격적으로 말할 때뿐만 아니라 침묵할 때도 약해질 수 있다. 과학자들이 이용 가능한 증거가 특정한 결론을 뒷받침한다고 진정으로 믿을 때, 그들이 공개적으로 발언하도록 허용할 만한 가치가 부여된다. 객관성은 과학자들이 지나치게 확신에 찬 결론을 제시할 때뿐만 아니라 판단을 유보하도록 강요당할 때도 위협받을 수 있다. 또한 캉가스의 사례는 과학자들이 처한 상황에 따라 그들의 책임이 어떻게 달라지는지를 고려해야 한다는 것을 보여준다. 한센이 그랬던 것처럼 캉가스가 의회에서 연구 결과를 발표했다면 노스의 비판은 훨씬 더 강렬했을 것이다.

사례에 대한 추론

이러한 종류의 사례(불확실성이 크면서도 대중들에게 중요한)에서 우리는 정보를 책임감 있게 전달하려는 과학자들은 가치들 사이의 갈등에 직면하게 됨을 보았다. 한편으로 이용 가능한 데이터를 매우 신중하게 일말의 의심도 없도록 해석하려고 한다면, 사회의 중대한 위협을 경고하지 못할 수 있다. 또한 정책 입안자들을 혼란스럽게 해서 정보에 입각한 결정을 내릴 수 없게 할 수도 있다. 반면에, 만약 과학자들이 더 자유롭게 데이터를 해석하고 결론을 도출한다면, 개인적인 가치에 영향을 받아 객관성을 잃고 잘못된 결론을 이끌어낼 위험이 있다. 과학자들이 사회의 이익과 객관성 모두를 목표로 한다는 점을 고려하면, 이 갈등을 헤쳐나가기는 쉽지 않다. 과학자들이 사회에 이익을 주는 가장 좋은 방법은 가능한 한 객관적인 자세를 유지하는 것이라고 주장함으로써 이 문제를 해결하려고 시도할 수 있다. 불행하게도, 갈등을 피하려는 이러한 시도는 너무 단순하다. 객관성이 과학자들에게 궁극적인 가치가 되어야 한다고 결론을 내린다고 해도, 다른 모든 가치보다 객관성을 우선시함으로써 여전히 사회에 피해를 줄 수 있다. 사회는 과학계가 신중하고 객관적이라고 믿음으로써 이익을 얻을 수 있지만, 위협이 출현했을 때 과학자들로부터 솔직하고 쉽게 이해되는 경고를 받을 기회를 잃을 수도 있다.

사회 봉사와 객관성 증진이라는 가치 사이의 이러한 명백한 충돌 앞에서, 많은 과학자는 이용 가능한 정보를 조심스럽게 해석하고 논란이 되는 해석을 피하는 쪽으로 기울 것이다. 철학자 칼 크래너는 이 전략을 '깨끗한 손 과학, 더러운 손 공공 정책' 접근법이라고 부른다. 이는 과학계가 전통적으로 객관성을 우선시하는 경향을 반영한다. '과학자들은 신뢰할 수 있는 정보를 제공한다'는 평판을 유지할 수 있게 해준다는 것이 이 전략의 분명한 강점이다. 이용 가능한 증거에 대해 논란이 되는 해석을 피함으로써, 그들은 모두가 동의할 수 있는 주장을 고수할 수 있다. 그러나 이 접근법에는 약점도 있다. 아마도 가장 분명한 어려움은 크래너 자신이 지적했듯이, 의사 결정자들을 혼란스럽게 하고 정보에 입각한 선택을 할 수 없게 만들 수 있다는 것이다. 과학적 증거에 해석이 거의 주어지지 않으면 정책 입안자들, 판사들, 일반 시민들이 이해하기가 매우 어려울 때가 많다. 예를 들어, 콜본이 내분비계 교란 물질 관련 연구를 단순히 기술하기만 하고 인간의 건강에 미치는 잠재적인 영향에 대해 자세히 설명하지 않았다면, 대중들은 '점들을 연결'하지 못했을 수도 있다. 그들은 이 연구들이 무엇을 의미하는지 어리둥절해할 것이다.

이 상황을 자동차 변속기에 대해 고객에게 복잡하게 설명해야 하는 정비공의 상황과 비교해보자. 고객이 정비공에게 모든 혼란스러운 설명을 생략하고 앞으로 몇 달 안에 변속기가 고장날지 알려달라고 요청한다고 상상해보자. '깨끗한 손 과학'의 방식을 채택한 정비공은 고객을 위해 그렇게 간명하게 결론을 내리려 하지 않을 것이다. 이 예는 이 접근법의 약점을 명확하게 보여준다. 이런 방식은 자동차 정비공이나 과학자의 객관성을 촉진하는 반면에, 의사 결정자들을 심각하게 방해한다.

'깨끗한 손 과학'의 약점을 감안할 때, 연구자들은 어떤 경우 이용 가능한 증거에 의해 최선의 지지를 받는 결론을 도출해서 그 결론을 최대한 명료하고 과감하게 전달해야 한다고 결론지을 수 있다. 이것이 기후변화에서 한센이 채택한 접근법이며, 우리는 이미 다른 과학자들이 이 접근법에 제기한 염려를 보았다. '깨끗한 손 과학' 전략과 대비되는 이 전략을 '옹호advocacy' 접근법이라고 부를 수 있다. 물론 현실에서 과학자들은 일반적으로 '깨끗한 손 과학'이나 '옹호' 접근법에 완벽하게 맞는 방식으로 행동하지 않는다. 그들의 의사소통 전략은 일반적으로 두 극단 사이의 연속체 위에 있다.

철학자 크리스틴 슈래더-프레세트는 사회의 이익과 객관성 촉진 사이의 갈등을 줄이기 위한 잠재적인 접근을 제안한다. 그녀는 우리가 객관성의 개념이 현실 세계에서 도움이 되기를 원한다면, 그 의미를 조금 확장할 필요가 있다고 주장한다. 과학자들의 발표를 사람들이 완전히 잘못 이해하거나 오용한다면, 과학자가 대중에게 편견 없는 정보를 제공하기를 기대하는 것은 그리 좋지 않다. 따라서 슈래더-프레세트는 객관성이란 편견 없는 방식으로 정보를 제공하려는 노력뿐만 아니라 그 정보에 대한 오해를 막기 위한 노력도 포함한다고 주장한다. 슈래더-프레세트의 제안은 과학자들이 자신의 해석을 적절한 주의사항 및 한계와 함께 명확하게 전달하는 한, 객관성을 유지하면서도 그들의 발견에 대한 추가적인 해석의 여지를 남겨준다는 점에서 중요하다.

슈래더-프레셰트의 객관성에 대한 폭넓은 개념이 캉가스 사건에 어떻게 적용되는지 생각해보자. 캉가스에 대한 노스의 비판은 캉가스가 삼림을 벌채하려는 이익 단체들이 그의 발표를 오용할 수 있다는 점을 제대로 고려하지 않았다는 불평으로 간주할 수 있다. 이 관점에서는, 노스가 사회적 가치를 증진하기 위해 캉가스에게 객관성을 희생하라고 요구한 것이 아니다. 그는 캉가스가 자신의 발표에 적절한 조건과 주의사항을 추가해서 좀더 객관성을 유지하기를 요구한 것이다. 예를 들어 캉가스는 그의 분석의 한계를 알리고, 다른 해석이 가능하다는 것을 명확히 하고, 그의 결과가 삼림 벌채를 해도 된다는 허가로 받아들여져서는 안 된다고 경고하는 추가적인 조치를 취할 수 있었다.

슈래더-프레셰트는 한센과 콜본이 직면한 명백한 가치 충돌도 처음에 보이는 것만큼 심각하지 않다고 제안하는 것으로 보인다. 객관성에 대한 그녀의 확장된 개념을 채택함으로써, 한센과 콜본은 그들이 이용 가능한 증거의 한계를 함께 알리는 한 편안하게 그들이 염려한 문제들을 대중에게 알릴 수 있었다. 사실, 이것은 정확히 한센의 동료 과학자들이 그가 하기를 원했던 것으로 보인다. 리처드 커가 〈사이언스〉 기사에서 언급했듯이, "그들(한센의 동료 과학자들)이 진정으로 싫어한 것은 한센이 명백히 틀렸다고 생각했기 때문이 아니라 그가 기후 모형의 과학이 부정확할 수도 있는 가능성까지 적절히 언급하여 결론이 틀릴 수도 있다는 점을 분명히 하지 않았기 때문이다."[11] 결론의 오류 가능성까지 대비하는 접근법은 크래너가 논의한 '깨끗한 손 과학' 접근법의 개선된 형태로 볼 수 있다. 과학자들은 결론을 도출하기를 피하기보다 결론과 관련된 불확실성과 한계를 주의 깊게 알리면서 결론을 도출할 수 있을 것이다.

콜본과 그녀의 공동 저자들은 사실상 《도둑맞은 미래》에 대한 그들의 중요한 주장 중 일부에 담긴 오류 가능성을 알리려고 노력했다. 예를 들어, 내분비 교란 화학 물질이 유방암을 일으킬 수 있다는 증거에 대한 그들의 주의를 생각해보자. "유방암의 원인에 대한 우리의 불충분한 이해와 화학 물질 노출에 대한 상당한 불확실성 때문에, 그 가설을 만족스럽게 시험하고 합성 화학 물질이 유방암 발병률을 높이는지 여부를 확인하는 데는 시간이 걸릴 수 있다."[12] 내분비 교란 물질의 증거에 대한 그들의 전반적인 요약도 상당한 불확실성을 강조한다. "현재로서는, 도발적인 질문들이 많고 결정적인 대답은 거의 없지만, 개인과 사회에 대한 잠재적 교란이 매우 심각하므로 이러한 질문들을 탐구해야 한다."[13]

논의를 여기서 멈추고 객관성 촉진이라는 가치와 사회 봉사라는 가치 사이의 명백한 충돌은 불확실성을 알리고 오류 가능성에 적절하게 대비함으로써 해결할 수 있다고 결론지을 수 있다면 멋질 것이다. 불행하게도, 해결책은 그처럼 단순하지 않다. 기후변화 사례에 대한 커의 관찰을 생각해보자.

전문가들은 10년 동안 문제가 얼마나 심각한지 애매하게 말했지만 거의 아무도 귀 기울이지 않았다. 그러다 한센이 등장했다. 이제 온실효과를 연구하는 과학자들은 대중의 관심을 받고 있지만,

그들이 피하려 했던 방식으로 관심을 받게 되었다.[14]

다시 말해 커의 관찰에 따르면, 과학자들이 신중하게 발언할 때 대중은 관심을 기울이지 않았다. 그러므로 한센은 대중의 적절한 관심을 끌기 위해 과감하고 간결한 주장을 할 필요도 있으며, 이것이 때로는 사회적으로 더 책임 있는 행위라고 판단했다.

또 다른 어려움은 과학자들이 결론을 설명할 때 그에 따른 주의사항과 불확실성을 함께 설명해도, 언론을 통해 대중에게 전달될 때 이러한 명확성이 쉽게 무시된다는 것이다. 예를 들어, 위험 인식 전문가들은 '가용성 폭포availability cascades' 현상을 강조했는데, 이 현상은 사회에서 정보가 이동함에 따라 위험의 심각성을 사람들이 점점 더 확신하게 되는 연쇄 반응을 포함한다. 예를 들어 1989년 2월에, 텔레비전 프로그램 〈60분〉에서 천연자원보호협회NRDC, Natural Resources Defense Council가 사과와 다른 식품에 사용하는 성장 억제제 알라Alar가 발암 물질로 보인다는 증거를 제시했다. 이 방송 이후 몇 달 동안 사과 주스와 사과 소스의 판매량이 급감했고, 수천만 달러의 손실을 입은 사과 농가는 이 프로그램 제작진을 고소했다. 이 방송 이후에 천연자원보호협회 보고의 과학적 타당성에 대해 많은 논란이 있었다. 돌이켜볼 때 알라가 암을 유발하는 것으로 보이지만, 대중의 반응은 위험의 심각성에 비례하지 않았다. 백신에 대한 대중의 의심과 같은 경우에는, 사람들이 과학적 정보의 예비적인 부분(또는 잘못된 정보)을 가져다가 과도하게 키워서 공중보건에 심각한 해를 끼칠 수 있다.

이 논의에 담긴 중요한 교훈은 과학자들이 그들의 발견을 책임 있게 전달하려는 목표를 달성하려면 가치에 대해 신중하게 추론하는 것이 매우 중요하다는 것이다. 그들이 인간의 건강이나 환경에 대한 잠재적 위협을 지지하는 증거를 수집할 때(또는 널리 알려진 위협이 실제로는 덜 심각하다는 증거를 발견했을 때), 무엇을 해야 하는지 알려주는 쉬운 답은 없다(표 5-1 참조). 한편, 만약 그들이 판단을 보류하거나 많은 양의 복잡한 증거를 단순히 제시하기만 한다면('깨끗한 손 과학' 접근법에 따라), 그들은 사회에 해를 끼칠 위험이 있다. 다른 한편, 그들이 간결하고 이해하기 쉬운 결론을 도출한다면('옹호' 접근법에 따라), 그들은 객관성을 희생하거나 그 자체로 의도하지 않은 결과를 부를 수 있는 엄청난 공포를 초래할 위험이 있다. 과학자들은 발견의 불확실성을 알림으로써 부분적으로 이러한 염려를 해결할 수 있지만(개선된 형태의 깨끗한 손 과학 접근법에 따라), 이것은 그들의 메시지의 효과를 희석시킬 수 있고,

표 5-1 불확실성에 대한 의사소통에서 매우 신중함과 매우 과감함 사이에 놓여 있는 주요 접근법들

접근법	봉사하는 기본 가치	구별되는 특징	염려 또는 단점
깨끗한 손 과학	객관성	해석 또는 결론을 피함, 데이터에 집중함	의사 결정자의 혼란
개선된 깨끗한 손 과학	확장된 객관성 개념	결론의 오류 가능성에 대비하고 불확실성을 명료하게 하면서 증거를 해석함	명료함이 오해되거나, 무시되거나, 혼란을 일으킬 수 있음
옹호	사회에 봉사함	명확하고 이해하기 쉬운 결론에 도달하도록 증거를 해석함	과학의 신뢰성과 객관성을 손상시킬 수 있음

그들의 연구에 대한 후속 토론에서 이러한 주의사항들이 쉽게 사라질 수 있다.

이러한 문제에 대한 쉽고 보편적인 해결책은 없는 것 같다. 과학자들은 그들이 처한 특정한 상황에 따라 과감한 결론을 도출하고 대중에게 전달하는 것이 더 유익할지, 아니면 당분간 판단을 보류하는 것이 나을지 고려할 필요가 있다. 그들은 또한 사람들이 잘못 해석할 가능성을 최소화하면서 연구 결과를 알리기 위해 취할 수 있는 타협책이 있는지도 고려해야 한다. 이를 위해서는 그들이 연구하고 있는 위협의 심각성, 사람들이 결론을 잘못 해석할 가능성, 그러한 오해를 막는 것의 실현 가능성을 따져봐야 한다. 또한 다음 절에서 볼 수 있듯이 결론을 도출하기 전에 얼마나 많은 증거가 필요한지도 고려해야 한다.

증거의 기준 선택

불확실한 과학 정보를 얼마나 확신을 갖고 제시할 것인가를 두고 벌어지는 이러한 논쟁에는 과학자들이 사회적인 주제에 대한 결론을 내리려면 얼마나 많은 증거가 필요한가에 관한 문제가 있다.

이 문제를 상세하게 탐구한 철학자 헤더 더글러스는 다이옥신에 대한 과학적 연구를 두드러진 예로 들었다. 다이옥신은 발암성이 워낙 강해서 "인간에게 알려진 것 중 가장 독성이 강한 물질 중 하나"로 유명해졌다.[15] 다이옥신은 또한 테오 콜본이 확인한 내분비 교란 물질이기도 하다. 독성 외에도 환경에 오래 잔류하고 동물 조직에도 축적되기 때문에 특히 우려스럽다. 다이옥신은 몇 가지 화학 재난과 관련이 있다. 특히 악명 높은 한 가지 사례에서, 수십만 명의 미군과 베트남인이 다이옥신에 노출되었는데, 고엽제(에이전트 오렌지)는 베트남 전쟁 동안 농작물을 죽이고 밀림을 제거하기 위해 널리 사용된 제초제다. 1976년 이탈리아 세베소에 있는 화학 공장에서 우연히 수천 명이 다이옥신 증기에 노출되었으며, 또 다른 사례인 미주리주 타임스비치 마을은 다이옥신 오염으로 인해 1980년대 초에 버려졌다. 이렇게 심각한 사건을 제외하고도, 다이옥신은 제조 공정의 부산물과 폐기물 소각에 의해 주기적으로 환경에 방출된다.

　3장에서 보았듯이, 어떤 단체들은 다이옥신을 비롯한 다른 염소화 유기 화합물의 독성에 대한 우려 때문에 화학 회사들이 제조 공정에서 염소를 단계적으로 없애려고 노력해야 한다고 제안했다. 염소 산업은 이 제안들에 맞서 격렬하게 싸웠다. 홍보와 로비에 수천만 달러를 쏟아부은 그들은 정부의 최고위층에 영향을 주었다. 고엽제 공포 이후 미국 질병통제센터CDC, Centers for Disease Control and Prevention가 다이옥신이 건강에 미치는 영향에 대한 연구를 시작했지만 결국 포기했다. 나중에 의회 청문회에서 이 연구에 "결함이 있었고, 어쩌면 이 연구는 실패하도록 설계되었는데" 이는 국방부와 화학 산업의 압력 때문일 수 있음이 밝혀졌다.[16] 염소 산업은 환경보호청에 특히 효과적으로 영향을 주었다. 환경보호청의 청장이었던 앤 고서치 버퍼드는 1983년에 미국의 다이옥신 오염 지역을 의심스럽게 처리했기 때문

에 사임했고, 후임자인 존 허낸데즈도 다이옥신에 관한 환경보호청의
보고서에 대해 기업들이 부적절한 영향을 주었기 때문에 사임했다.

화학 산업은 다이옥신의 독성에 대한 과학에도 영향을 미치기 위
해 노력했다. 학자 샤론 베더에 따르면, 몬산토와 바스프BASF 같은 화
학 회사들은 해로운 영향의 발견을 최소화하도록 고안된 의심스러운
방법론을 사용해서 많은 연구를 수행했다. 〈사이언티픽 아메리칸〉,
〈사이언스〉, 〈미국의학협회저널〉과 같은 학술지에 게재된 몇몇 특별
히 영향력 있는 논문들은 훗날 법정 소송을 통해 명백히 위조되었음
이 밝혀졌다. 저명한 환경 운동가가 이러한 발견들을 알리려고 하자,
산업 과학자들은 그를 명예훼손으로 고소했다. 이 산업은 다이옥신에
대해 자신들의 입맛에 맞는 견해를 전파하기 위해 과학 회의를 조직
했고, 더 유리한 결과를 얻기 위해 이전의 연구들을 재분석했다.

더글러스의 귀납적 위험으로부터의 논증

기업들이 펼치는 이러한 활동들 중 일부는 연구 결과의 완전한 위조
를 포함하는 한 분명히 문제가 있는 것으로 보인다. 그러나 다른 경우
에는, 해당하는 가정이 충분히 투명하고 적절히 비판적인 조사가 가
능한 한, 기업들이 적절한 방식으로 가치적재적인 가정을 채택했을
수도 있다. 다이옥신 사례에서 가치의 적절한 영향과 부적절한 영향
사이의 차이에 대해 더 신중하게 생각하기 위해, 더글러스는 가치가
과학적 추론에 영향을 주는 '직접적인' 방식과 '간접적인' 방식을 구

분한다. 가치가 마치 증거의 한 형태처럼 취급된다면, 가치는 과학자들에게 직접적으로 영향을 준다. 예를 들어 환경을 중시하는 과학자들이, 증거가 그들의 입장을 지지하든 그렇지 않든 다이옥신이 해롭다는 결론을 채택하기로 결정했다면, 그들은 분명히 가치의 영향을 직접 받는 것이다. 비슷하게, 몬산토와 바스프를 위해 연구한 과학자들이 다이옥신이 이용 가능한 증거와 무관하게 해로운 영향이 없다는 결론을 이끌어내도록 고용주에게 암묵적으로나 명백하게 압력을 받았다면, 그들 또한 직접적으로 작용하는 가치에 의해 영향을 받은 것이다. 이것은 1장에서 논의했던 희망적 사고 문제의 한 형태다.

반면에 과학자들이 결론을 도출하기 위해 그들이 요구하는 증거의 양을 조정할 때는 가치에 의해 간접적인 영향을 받는 것이다. 예를 들어 어떤 화학 물질이 치명적이라고 의심된다면, 과학자들은 그 화학 물질이 단지 피부에 문제를 일으킨다고 의심될 때보다 더 적은 증거만으로 대중에게 유해성을 경고하기로 결정할 수 있다. 더글러스는 가치가 과학자들에게 직접적으로 영향을 미치는 것은 부적절하다고 주장하지만, 가치의 간접적인 역할은 과학자들이 중대하게 고려해야한다고 생각한다. 이것을 **귀납적 위험**inductive risk이라고 부르기도 하는데, 과학자들이 잘못된 결론을 도출할 위험에 직면했을 때, 그들이 얼마나 많은 증거를 요구해야 하는지를 선택하는 데 가치가 역할을 한다는 것을 의미한다.

더글러스에 따르면, 과학자들은 다른 모든 사람과 마찬가지로 부주의하거나 무모한 방식으로 다른 사람들에게 해를 끼치지 않을 책임이 있다. 우리 모두는 누군가가 번잡한 시내를 운전하면서 끊임없이 문자를 보내는 행위가 윤리적으로 용납될 수 없다고 생각할 것이다. 우리는 사람들이 자기 행동의 잠재적 결과를 예측하고, 그 해로움이 다른 이익보다 크지 않는 한, 그러한 해를 끼치지 않도록 합리적인 조치를 취하기를 기대한다. 더글러스는 과학자들도 똑같은 책임이 있지만, 그들만의 특별한 방식으로 책임을 진다고 주장한다. 과학자들이 사회를 위해 수행하는 확연히 구별되는 활동 중 하나는 의사 결정자들을 안내할 수 있는 권위 있는 주장을 하는 것이다. 불행하게도, 과학자들은 항상 잘못된 결론을 내릴 위험에 직면한다. 따라서 더글러스는 과학자들이 결론을 내리기 위해 얼마나 많은 증거를 요구해야 하는지 결정할 때, 결론이 틀릴 경우의 잠재적 결과마저 고려할 윤리적 책임이 있다고 주장한다.

과학자들은 통계적인 검증을 수행할 때 항상 이런 종류의 결정에 직면한다. 예를 들어, 다이옥신과 같은 화학 물질이 암을 유발하는지 여부를 결정하기 위해, 과학자들은 두 집단의 쥐에게 미치는 영향을 비교한다. 한 집단은 화학 물질에 노출시키고 다른 집단은 노출시키지 않는다. 그런 다음에 노출된 집단과 '통제' 집단에서 종양이 발생한 개체 수를 비교한다. 노출된 집단에서 종양이 있는 쥐가 더 많이 나온다면, 과학자들은 노출된 집단에서 순전히 우연히 쥐에 종양이 생길 가능성을 결정하기 위해 통계적인 기법을 사용할 수 있다. 이런 방식의 분석은 실험용 화학 물질에 노출된 쥐의 집단이 그 화학 물질 때문이 아니라 단순히 무작위적인 변이 때문에 통제 집단보다 종양에 더 많이 걸릴 수도 있기 때문에 매우 중요하다. 통계 분석에서 노출된 집단이 통제된 집단보다 더 많은 종양을 무작위로 얻을 가능성이 충분히 낮다고 가정할 때(예를 들어 5퍼센트), 과학자들은 다이옥신이 종양을 유발했다고 결론짓는다. 과학자들이 우연히 결과를 얻을 가능성이 5퍼센트 미만일 때만 가설을 받아들이기로 결정했다면, 그들은 "95퍼센트의 통계적 유의 수준"을 채택했다고 말한다.

더글러스를 비롯한 다른 사람들은 95퍼센트를 통계적 유의 수준으로 선택하는 것은 매우 중요한 가치판단이라고 지적했다. 과학자들이 90퍼센트와 같은 더 관대한 기준이나 99퍼센트와 같은 더 제한적인 기준을 선택하지 못할 이유는 없다. 예를 들어 99퍼센트의 통계적 유의 수준을 선택한다는 것은 어떤 실험 결과가 우연히 일어날 가능성이 1퍼센트만 넘어도 과학자들은 그 가설을 버린다는 것을 의미한다. 과학의 일부 분야에서는 99퍼센트 이상의 통계적 유의 수준을 선택하는 것이 실제로 일반적이다.

과학자들이 여러 연구에서 나온 증거들을 저울질해서 어떤 결론을 합리적으로 도출할 수 있는지 결정할 때도 비슷한 상황이 발생한다. 예를 들어 여러 동물 연구에서 다이옥신이 유해하다는 결과가 나올 수도 있고 그렇지 않다는 결과가 나올 수도 있다. 그들은 또한 배양된 인간 세포에 다이옥신이 미치는 영향에 대한 약간의 정보와 인간 집단에 미치는 다이옥신의 영향에 대한 제한적인 역학 데이터를 가지고 있을 수 있다. 많은 경우, 이러한 증거들의 조합은 어느 정도 애매한 결과를 낳는다. 다이옥신과 같은 화학 물질의 유해성에 대해서, 그들이 얼마나 많은 증거를 요구하는지에 따라 다른 결론이 나오기도 한다. 그러나 과학자들이 증거의 기준을 명백하게 드러내지 않을 때도 있으며, 자신들의 가치와 성향에 의해 무의식적으로 영향을 받을 수 있다.

더글러스는 통계적 유의 수준을 선택하고 증거를 측정하는 방법을 결정하는 과학자에게는 틀렸을 때의 귀결까지 고려할 윤리적 책임이 있다고 주장한다. 예를 들어 지금 다루는 것과 같은 사례에서 과학자들이 **거짓 양성 결과**(다이옥신이 해롭다는 잘못된 판단)를 선택하는 오류를 범하면, 화학 물질 제조 업체에 대한 규제 비용이 발생할 수 있다. 반대로 과학자들이 **거짓 음성 결과**(다이옥신이 해롭지 않다는 잘못된 판단)를 선택하는 오류를 범하면, 잠재적으로 사람들을 해로운 수준의 다이옥신에 노출시켜 인간의 고통과 건강 관리 비용을 초래할 것이다. 전통적으로 과학자들은 거짓 양성 결과를 피하려는 목적으로 통계적 유의 수준을 결정해왔는데, 거짓으로 판명될 새로운 과학적 주장을 하고 싶지 않기 때문이다. 그러나 이러한 접근 방식을 조금 바꿀 수는 있다. 예를 들어 화학 산업의 경제적 성공을 촉진하기를 더 원한다면, 통계적 유의 수준을 95퍼센트보다 더 높여서 다이옥신이 유해하다고 선언하기를 더 어렵게 할 수 있다. 또한 다이옥신이 동물뿐만 아니라 사람을 포함한 여러 연구에서 해롭다고 밝혀질 것을 요구할 수 있다. 반대로, 공중보건이 특히 높게 평가되어야 한다고 생각한다면 개별 연구에 대한 통계적 유의 수준을 낮추어야 한다고 요구할 수도 있고, 유해성의 증거를 제공하는 것으로 보이는 한두 가지 연구만으로 다이옥신이 유해하다고 결론을 내릴 수도 있다.

과학자들이 증거의 기준을 선택해야 하는 다른 상황들을 고려하면 더글러스의 주장은 더욱 흥미로워진다. 예를 들어 더글러스는 1970년대에 쥐를 대상으로 매우 중요한 연구가 수행되었고, 독성학자들이 평가할 수 있도록 쥐에서 채취한 조직이 슬라이드로 만들어졌다고 지적한다. 1978년에 다우케미컬컴퍼니의 과학자 집단이 양성 또는 악성 종양을 가진 것으로 보이는 쥐의 수를 파악한 이 슬라이드를 평가해 발표했다. 1980년에 환경보호청이 이 슬라이드를 재분석했고, 1990년에는 업계가 고용한 독립 회사가 이 슬라이드를 다시 조사했다. 어떤 슬라이드가 종양의 증거를 보여주는지 말하기 어려운 경우가 많았던 탓에, 이 세 가지 분석에 참여한 과학자들은 얼마나 많은 슬라이드에 종양이 있는지, 어떤 슬라이드가 양성 또는 악성인지에 대해 서로 다른 결론을 내렸다. 애매한 정보를 해석하는 방법에 대한 결정을 내려야 하는 과학자들은 특정한 해석을 이끌어내는데 얼마나 많은 증거가 필요한지 결정해야 한다고 더글러스는 제안한다.

예를 들어 과학자들이 특히 공중보건에 대해 걱정하고 거짓 음성 결과(다이옥신이 무해하다고 틀리게 판정하는 것)를 피하려고 한다면, 애매한 슬라이드는 종양이 있는 것으로 분류해야 한다고 결정할 수 있다. 다시 말해서, 그들은 제한된 증거를 바탕으로 종양이 있다고 결론을 내릴 것이다. 반면에 과학자들이 산업용 화학 물질을 만들거나 사용하는 사람들의 경제적 이익을 보호하고 싶어서 거짓 양성 결과(다이옥신이 유해하다고 틀리게 판정하는 것)를 피하고자 한다면, 애매한 슬라이드에 종양이 없는 것으로 분류해야 한다고 결정할 수 있다. 다시 말해서 그들은 종양이 있다고 결론짓기 위해 훨씬 더 많은 증거를 요구할 것이다.

비슷한 방식으로, 이 책에서 논의한 다른 여러 가지 선택을 할 때 과학자들이 증거의 기준을 어떻게 선택해야 했는지 고려할 수 있다.

표 5-2 증거의 기준 설정에서 가치의 역할

과학자들이 채택하는 증거의 기준에 가치가 영향을 줄 수 있는 상황의 예	다이옥신 사례에서 가치가 주는 영향에 대한 설명
(1) 통계적 유의 수준 설정 또는 다른 통계적 선택	(1) 쥐의 종양 연구에서 해석의 유의 수준 선택
(2) 증거를 저울질하는 방법 결정	(2) 다이옥신이 유해하다고 결론을 내리기 위해 동물 연구가 적절한지 여부 결정
(3) 데이터 해석	(3) 쥐의 조직 슬라이드에 양성 또는 악성 종양의 증거가 나타나는지 판단
(4) 가정	(4) 고농도 효과에서 저농도의 효과를 추정하는 방법 선택

예를 들어 3장에서 보았듯이, 과학자들은 비교적 높은 농도의 독성 물질에 노출된 동물에서 관찰된 효과로부터 훨씬 낮은 농도에 노출될 때 발생할 수 있는 효과를 추정하는 방법을 가정해야 한다. 이러한 가정을 하는 데 도움을 줄 수 있는 증거가 제한적일 때, 과학자들은 특정한 가정을 받아들이기 위해 얼마나 많은 증거를 요구할지 결정해야 한다. 더글러스에 따르면, 이것은 과학자들이 채택하는 증거의 기준에 가치가 타당하게 영향을 줄 수 있는 또 다른 상황이다. 과학자들은 가정이 실현되었을 때의 결과가 얼마나 엄중한지에 맞춰서 그 가정을 받아들이는 데 필요한 증거의 양을 바꿀 수 있다. 표 5-2는 이 장에서 논의한, 과학자들이 요구하는 증거의 기준에 가치가 영향을 줄 수 있는 상황들 중 일부의 개요이다.

더글러스의 주장에 대한 논란

과학자들이 요구하는 증거의 기준에 가치가 타당하게 영향을 미칠 수 있다는 더글러스의 제안을 모든 사람이 완전히 편안하게 느끼지는 않는다. 앞에서 논의한 '깨끗한 손 과학'의 접근법을 떠올려보자. 어떤 사람들은 과학자들이 증거의 기준을 세우는 데 필요한 결론을 도출하는 것을 피하려고 노력해야 한다고 주장할 수도 있다. 이 접근법의 지지자들은, 과학자들은 정책 결정자들에게 이용 가능한 증거를 단순히 제시하기만 해야 하며, 증거로부터 결론을 이끌어내는 데 필요한 증거의 표준은 정책 결정자들이 직접 선택하도록 해야 한다고 제안할 것이다. 물론 이 접근법의 단점 중 하나는 정책 결정자들이 모든 증거에 의해 혼란스러워져서 그것을 해석할 때 잘못된 결정을 내리게 될 수도 있다는 것을 우리는 이미 알고 있다. 또 다른 문제는 증거 자체가 이미 가치적재적 결정에 의해 영향을 받을 수 있다는 것이다. 예를 들어 더글러스는 쥐의 간 슬라이드의 예는 단순명료한 증거라고 생각했던 것(예를 들어 종양을 가진 슬라이드 수에 대한 데이터)이 실제로는 가치적재적 선택(즉, 애매한 슬라이드를 어떻게 해석하는지)의 결과임을 보여준다.

더글러스의 접근법에 대한 논란을 명확히 하기 위해, 이것을 구현하는 방법을 몇 가지로 더 구별하면 도움이 된다. 첫째, 개별 과학자들이 증거의 기준에 대한 결정을 내리는 경우와 더 큰 과학자 집단(팀, 네트워크, 단체 등)이 이러한 결정을 함께 내리는 경우를 구별하고 싶을 수 있다. 일반적으로, 과학자 집단이 이러한 가치적재적 결정을 내리는 것이 개별 과학자들이 그렇게 하는 것보다 정당화하기가 더 쉬워 보인다. 예를 들어 과학 공동체들은 일반적으로 95퍼센트의 통계적 유의 수준과 같은 증거의 기준을 중심으로 발전된 관례적인 기준을 가지고 있다. 물론 이러한 공동체의 기준도 가치에서 자유롭지는 않다. 예를 들어 독성학 연구의 경우, 유의 수준을 낮추면 과학자들이 공중보건을 더 잘 보호할 수 있고, 유의 수준을 높이면 화학 산업을 도울 수 있다. 그럼에도 불구하고, 개별 독성학자들이 사례마다 다른 유의 수준을 채택한다면 득보다 실이 더 많다고 결론을 내릴 수 있다. 아마도 최선의 행동 방침은 과학 공동체들이 그들의 전형적인 통계적 접근법이 가치적재적임을 인정하고, 그것들이 거짓 양성 결과와 거짓 음성 결과 사이에서 적절한 균형을 이루는지를 주기적으로 논의하는 것이라고 여겨진다.

마찬가지로, 개별 독성학자들이 종양 여부를 판단하기 위해 사용하는 최선의 증거의 기준에 대한 개인의 견해에 따라 쥐 슬라이드를 다르게 해석하도록 하는 것을 불편하게 여길 수 있다. 이러한 주관성은 증거의 기준을 변경할 과학자들의 자유를 줄임으로써 완화시킬 수 있다. 이렇게 하기 위한 한 가지 전략은 애매한 슬라이드의 해석에 대한 공동체의 명시적인 지침을 만드는 것이다. 그러나 다시 한번, 이러한 지침도 가치판단의 역할을 없애는 것이 아님을 알아야 한다. 다만 가치판단의 주체가 개별 과학자로부터 지침을 만드는 공동체로 옮겨갈 뿐이다. 지침을 설정하는 그들의 결정은 여전히 사회에 상당한 영향을 미칠 것이고, 따라서 종양이 있다고 판정하는 증거의 기준을 더 높이거나 낮추도록 설정했을 때 미칠 사회적 영향을 고려하는 것이 최선이라고 할 수 있을 것이다.

과학 공동체가 통계적 유의 수준을 설정하기 위한 표준과 증거 해석 지침을 개발하는 것은 현대 과학의 중요한 주제를 예시한다. 연구자들이 과학적인 팀과 네트워크의 일부로 일할 때의 이점뿐만 아니라 이러한 팀과 네트워크가 자료를 공유할 수 있도록 데이터 수집과 기준의 공개 저장소를 만드는 것이 점점 중요해지고 있다. 집단으로 일함으로써 과학자들은 더 복잡하고 중요한 사회 문제들을 다룰 수 있다. 게다가, 다양한 과학자 집단이 가치판단을 더 잘 다룰 수 있다(7장에서 다시 논의한다). 개별 과학자에게 불확실한 정보를 해석하는 방법에 대한 결정을 의존하기보다 과학자 집단이 가치판단을 내리는 방법에 대해 숙의하는 것이 더 나을 수 있다. 예를 들어 한센(그리고 그의 연구팀)과 같은 저명한 과학자들의 개별적인 판단이 어떤 경우에는 도움이 될 수 있지만, 정부는 미국 국립과학원 등 과학 기관의 보고서에 의존하는 것이 더 좋다. 기후변화의 사례에서 IPCC도 이런 이유로 설립되었다. 이 기구는 지식의 현 상황을 확실하게 하기 위해 전 세계 기후 과학자들의 전문 지식과 관점을 종합한다.

  더글러스 접근법의 타당성을 생각할 때 도움이 될 수 있는 또 다른 구별은 과학의 특정 부분이 주로 과학자들을 위해 생산되는지 아니면 다른 사회 집단을 위해 생산되는지 고려하는 것이다. 과학이 주로 다른 과학자들을 위해 생산된다면, 증거의 기준을 세울 때 사회적 가치에 호소하는 것은 조금 의심스러워 보일 수 있다. 반면에 철학자 칼 크래너는 과학자들이 법적인 상황에서 증언을 할 때와 같이 주로 다른 집단에 초점을 맞출 때는, 그러한 집단들이 기대하는 증거의 기준을 잘 이해해야 한다고 지적했다. 예를 들어 미국의 한 시민이 독성 화학 물질에 노출되어 상해를 입었다고 화학 회사를 고소한다면, 그 시민은 소송에서 승리하기 위해 "우세한 증거"만 제시하면 된다. 미국의 사법 체계에서 증거가 우세하다는 것은 그 시민이 옳을 가능성이 적어도 50퍼센트 이상임을 의미한다. 따라서 화학 물질의 유해성을 입증하기 위해 과학자들 사이에서 서로에게 전형적으로 기대하는 증거의 표준은 소송에서 화학 물질의 유해성을 입증하는 데 필요한 증거의 표준보다 훨씬 더 높다. 크래너는 과학자들이 사법 체계와 같은 맥락에서 기대되는 증거의 기준을 이해하지 못하면 큰 피해를 입게 된다고 주장했다.

비슷하게 3장에서 본 것처럼 시민들이 잠재적으로 위험한 물질의 노출을 염려하는 경우, 그들은 과학자들 사이에서 서로에게 전형적으로 기대하는 것보다 적은 증거를 요구할 가능성이 크다. 예를 들어 시민들은 피해를 일으킬 수 있다는 예비 증거만을 근거로 화학 물질 노출을 최소화하는 조치를 기꺼이 취할 수 있다. 이것을 염두에 두고서, 이러한 사회적 맥락에서 일하는 과학자들은 동료 과학자들과 일할 때보다 덜 까다로운 증거의 기준을 선택하면 그들의 결론이 어떻게 달라질 수 있는지 고려해야 한다.

과학자들이 증거의 기준 설정에 대한 결정에 가치를 포함시키는 것이 타당한지 확인할 때는, 이 책의 첫 번째 장에서 논의한 추가적 조건을 충족하는지도 고려해야 한다. 예를 들어 과학자들이 요구하는 증거의 기준과 그 이유를 매우 투명하게 밝힌다면 (개별 과학자들이 스스로 결정을 내릴 때조차) 이러한 결정에 가치를 포함시키는 것이 훨씬 더 정당해 보인다. 비슷하게, 과학자들이 규제 정책이나 법적 절차와 같은 응용의 맥락에서 사용될 정보를 생성할 때, 요구되는 적절한 증거의 표준에 대해 다른 이해관계자들과 상의하는 것이 특히 중요하다. 그러므로 많은 맥락에서 중요한 질문은 과학자들이 증거의 기준에 가치의 영향을 허용해야 하는가가 아니다. 과학자들이 의식적으로 가치가 증거의 기준에 영향을 주도록 허용하든 말든, 증거의 기준들이 다른 가치가 아닌 특정한 가치에 더 유리하게 작용한다는 의미에서, 증거의 기준에 가치가 적재되는 것을 사실상 피할 수 없다. 요약하자면, 과학자들이 증거의 기준과 그것을 특정한 방식으로 정하는 이유를 좀 더 명확하게 드러내는 방법을 배우는 것이 최선이다.

불확실성 만들기

이 장을 시작하면서, 제임스 한센이 1980년대 후반의 기후 과학에 대한 자신의 결론을 너무 성급하게 발표했다고 생각하는 사람들에게 널리 비판받았다는 것을 보았다. 이러한 비판의 일부는 과학적 객관성의 증진과 공익에 대한 봉사 같은 가치들을 어떻게 저울질하는가에 대한 존경받는 기후 과학자들 사이의 타당한 의견 차이에서 비롯되었다. 그러나 비판의 상당 부분은 1980년대 후반에 시작되어 기후변화를 지지하는 증거가 훨씬 더 설득력을 얻은 뒤에도 지속된 조직적인 기후변화 부정 운동에서 비롯되었다. 나오미 오레스케스, 에릭 콘웨이 같은 역사학자들과 아론 매크라이트, 로버트 브룰 같은 사회학자

들은 강력한 이익 단체들이 기후 과학에 대한 불확실성을 어떻게 '제
조했는지' 연구했다. 이러한 제조된 불확실성은 과학자들이 논문에서
말하는 불확실성 같은 것이 아니라, 기후변화에 대처하기 위한 정책
적 조치를 막는 데 도움이 되는 불확실성 또는 대중적 논란인 경우가
많았다.

 오레스케스와 콘웨이는 그들의 책《의혹을 팝니다》에서 20세기 후
반 몇십 년 동안 환경과 공중보건상의 위협에 대한 의심을 키우려고
노력했던 한 과학자 집단의 이야기를 추적했다. 이 이야기의 중심에
는 1980년대 후반에 조지 H. W. 부시 행정부가 기후변화에 대한 대
응을 막는 데 주도적인 역할을 한 우파 싱크탱크인 마셜연구소Marshall
Institute의 설립을 도운 유명한 물리학자들이 있다. 이 과학자들 중 대
표적인 사람이 프레더릭 사이츠다. 그는 록펠러대학교 총장과 미국
국립과학원 원장을 역임했고, 미국의 국가과학메달National Medal of
Science을 포함해 많은 상을 받았다. 그는 또한 담배 회사 R. J. 레이놀
즈에 고용되어 이 회사의 주요 연구비 프로그램을 운영했다. 게다가
그는 담배 연기, 살충제, 패스트푸드, 기타 공중보건을 위협하는 해악
을 부인하려는 노력으로 또 다른 담배 회사 필립모리스Philip Morris를
대표하여 만들어진 단체인 건전과학진흥연합TASSC, The Advancement of
Sound Science Coalition의 고문으로 일했다.

 사이츠와 보수적인 물리학자들은 1980년대에 좌파 과학자들과 단
체들이 로널드 레이건의 스타워즈 국가방위계획에 영향력을 행사하
고 있다는 비판에 크게 우려했다. 이에 대응하여 그들은 마셜연구소
를 설립했다. 이 연구소와 연계된 또 다른 물리학자 프레드 싱어는 이

전에 산성비와 오존 구멍에 이의를 제기하는 캠페인을 벌였고, 또한 산업계를 위해 건전과학진흥연합과 함께 일했으며, 다른 대중 홍보 활동에도 참여했다. 이 연구소의 또 다른 지도자 빌 니렌버그는 레이건의 백악관을 대표하여 산성비의 심각성을 최소화하는 위원회의 지도자였다.

마셜연구소는 처음에 전략방위구상Strategic Defense Initiative(일명 스타워즈 계획)을 지지하기 위해 설립되었지만, 기후변화에 대한 새로운 증거에 도전하는 쪽으로 빠르게 방향을 바꿨다. 의회에서 한센이 증언한 뒤에, 빌 니렌버그는 이 주제에 대한 영향력 있는 보고서의 작성을 주관했다. 마셜연구소의 또 다른 지도자인 로버트 재스트로에 따르면, "과학계에서는 마셜 보고서가 [조지 H. W. 부시] 정부의 탄소세 반대와 화석연료 소비 제한에 대한 책임이 있는 것으로 일반적으로 간주하고 있다."[17] 저명한 기후과학자인 스티븐 슈나이더는 대통령 비서실장 존 수누누가 기후변화에 대한 염려를 담은 이 보고서를 "뱀파이어에게 십자가처럼" 들이대면서 대응한다고 한탄했다.[18]

마셜연구소 회원들은 또한 기후 과학계의 떠오르는 젊은 별이었던 벤저민 샌터를 공격했다. IPCC는 기후변화에 대한 최신 정보를 종합하는 국제 기구로 만들어졌다. 1994년에 샌터는 다음 IPCC 보고서의 한 장을 저술하는 주요 저자로 선정되었다. 그는 나중에 맥아더 "천재" 상을 비롯한 많은 상을 받았다. 그럼에도 1996년에 보고서가 나오자, 마셜연구소의 과학자들은 그가 저술에 참여한 장을 마지막에 부적절하게 변경했다고 공격했다. (이는 실제로 IPCC 규정에 따라 동료 평가자의 최종 의견을 바탕으로 이루어졌다.) 프레더릭 사이츠는 〈월스트리트 저널)의 반박 기사에서 샌터를 사기꾼이라고 비난했고, 다른 비평가들은 샌터를 에너지부에서 쫓아내려고 했다. 이러한 공격들은 너무 부적절해서 미국 기상학회는 〈월스트리트 저널〉에 게재된 비난으로부터 벤저민 샌터를 옹호하는 '벤저민 샌터에게 보내는 공개 편지'를 발표하기도 했다.

이런 이야기를 접하게 되면, 어떻게 이 유명한 과학자들이 이토록 의심스러운 활동을 하게 되었는지 궁금해하는 것이 당연하다. 오레스케스와 콘웨이에 따르면, 그들은 세계 최고의 기후 과학자들이 내린 결론을 약화시키기 위해 이용 가능한 증거를 상당히 조잡한 방식으로 왜곡하는 데 관여했다. 불행하게도, 마셜연구소의 과학자들은 영향력 있는 기업들의 이익에 도전하는 과학에 의문을 제기하는 것을 전문으로 하는 싱크탱크, 전위 집단, 제품 방어 기업, 홍보 회사들로 이루어진 성장하는 공동체의 발자취를 따라가고 있었다. 20세기 중반에 대형 담배 회사들은 과학(특히 그들의 이익과 충돌하는)에 대한 의심을 키우는 여러 전략을 완성했다. 담배 산업의 어떤 내부 문건은 심지어 "의심은 우리의 제품이다"라고 선언했다. 담배 회사들이 채택한 전략들 중 일부는 담배의 해로운 효과로부터 주의를 분산시키기 위해 고안된 연구 프로젝트에 선별적으로 자금을 지원하고, 염려스러운 연구 결과는 발표하지 않고, 해롭다는 결과가 나온 연구에 이의를 제기하고, 재분석하고, 반대하는 과학자들을 공격하고, 그들이 선호하는 메시지를 퍼뜨리기 위해 홍보와 로비 캠페인을 전개했다.

거대한 담배 회사들만 이러한 전략을 사용하는 것은 아니다. 우리는 이미 이 장에서 염소 산업이 유사한 노력을 하고 있다는 것을 보았다. 20세기 초에는 납과 석면 산업들도 반갑지 않은 정보를 억제하기 위해 노력했다. 정부의 과학자였던 데이비드 마이클스는 책《청부과학》에서, 대기업과 정부 기관들이 어떻게 베릴륨, 크롬, 염화비닐, 벤젠, 과염소산염과 같은 물질의 유해성에 대한 과학적 증거를 조작하고 숨기려 했는지를 이야기한다. 그리고 우리는 이미 3장에서 저명한 의학 학술지 편집자들을 포함한 많은 비평가가 제약 회사들이 자신들의 약을 위해서 과학적 증거를 조작하려는 노력을 강조한 것을 보았다.

화석 연료, 화학 물질, 담배, 제약 회사에 걸려 있는 엄청난 돈을 생각하면, 자신들의 제품을 위협하는 과학 정보를 막기 위해 그들이 가진 힘으로 무슨 짓을 해도 놀랍지 않다. 정치적 압력뿐만 아니라, 마찬가지로 돈이 걸려 있다고 생각하면 국방부와 같은 강력한 정부 기관들이 그들의 활동이 환경을 훼손하거나 인간의 건강을 해친다는 것을 왜 더디게 인정하는지 설명할 수 있다. 그러나 이것으로 세이츠, 니렌버그, 싱어, 재스트로와 같은 뛰어난 물리학자들이 상대적으로 조잡한 과학 조작에 관여하는 집단들과 행동을 같이하도록 동기를 부여하는 이유를 여전히 설명하지는 못한다. 오레스케스와 콘웨이는《의혹을 팝니다》에서 이러한 과학자들에게 중요한 요소는 자유시장 자본주의에 대한 열정이라는 가설을 제시했다. 그들은 냉전과 공산주의에 대한 증오에 깊은 영향을 받았다. 이 물리학자들이 쓴 책을 검토한 오레스케스와 콘웨이에 따르면, 그들은 환경 규제를 이전의 공산주의의 위협과 견줄 만한 자본주의에 대한 새로운 위협으로 간주한다. 따라서 그들은 정부 규제를 촉진하는 것으로 보이는 과학적 증거에 도전하기 위해 가능한 모든 것을 할 각오가 충만하다. 그 결과로 그들은 담배와 같은 제품의 규제를 지지하는 연구뿐만 아니라 산성비, 오존 구멍, 기후변화에 대한 증거에 맞서 싸웠다.

사회과학자들에 따르면, 우리는 대부분 적어도 어느 정도는 이 물리학자들과 같은 성향을 드러낸다. 예를 들어 우리는 모두 확증 편향을 나타내는데, 이것은 우리가 기존의 신념과 사회적 집단의 일부로서 우리의 정체성을 지지하는 방식으로 정보를 해석하는 경향이 있음을 의미한다. 이 효과는 특히 낙태, 총기 규제, 유전자 변형 식품, 진화론, 기후변화, 백신, 원자력, 수압 파쇄법처럼 의견이 둘로 확연하게 갈리는 감정적이거나 정치적인 문제들을 다룰 때 강하게 나타난다. 사실 사회과학자들은 적어도 일부 사례에서는 사람들에게 과학적 정보를 더 많이 제공할수록 사람들의 견해 차이가 더 커진다는 증거를 발견했다. 다시 말해서 사람들은 새로운 정보로 기존의 견해를 바꾸기보다, 이미 가지고 있는 견해를 방어하는 더 정교한 방법을 개발할 수 있도록 그 정보를 걸러낸다. 그러므로 사람들이 자신의 가치와 충돌하는 과학적 증거를 무력화하기 위해 (의식적으로나 무의식적으로) 매우 열심히 일할 것이므로, 깊이 뿌리박힌 가치는 실제로 과학적 불확실성을 촉진할 수 있다.

가치가 만드는 불확실성의 완화

이러한 발견을 바탕으로, 로저 필키 주니어와 대니얼 새러위츠 같은 과학 정책 전문가들은 과학 정보를 사용해서 고도로 정치화된 논쟁을 해결하기는 매우 어렵다고 주장한다. 과학자들은 기후변화, 진화론, 백신과 같은 논쟁에서 갈등을 해결하기 위해 과학적 증거를 들이대려는 유혹에 매우 쉽게 빠진다. 그러나 필키와 새러위츠는 이런 전술이 효과가 있을 것 같지 않다고 말한다. 새러위츠는 논란이 격렬한 경우에는 대개 과학적으로 충분히 복잡해서 반대하는 이익 집단이 그들의 입장을 조금이라도 뒷받침할 만한 증거를 얼마든지 찾을 수 있다고 강조한다. 그리고 마셜연구소의 기후변화 보고서처럼 논쟁의 한쪽에 대한 증거가 오해의 소지가 있거나 수준이 의심스러운 경우에도, 이익 집단은 충분한 재정적·정치적 자원만 있다면 증거에 대한 자신들의 해석을 널리 퍼뜨릴 수 있다.

필키는 과학이 논란을 잘 해결하지 못하는 또 다른 이유를 강조한다. 즉 논란이 과학의 좁은 범위 안에 있는 것처럼 보이지만 가치의 타당성 문제와 얽혀 있기 때문이다. 사실, 사람들은 의식적으로나 무의식적으로 과학에 대한 의견 불일치를 가치에 대한 의견 불일치로 손쉽게 바꿔서 생각한다. 예를 들어 기후변화 사례에서 보았듯이, 사이츠와 싱어 같은 물리학자들이 기후변화에 대한 새로운 의견 일치를 약화시키려는 동기는 정부의 규제를 줄이려는 열망에 있는 것 같다. 기후변화에 대한 효과적이고 정책적인 조치가 그들이 소중히 여기는 자유 시장 자본주의 체제를 파괴하지 않을 수 있다고 확신했다면, 그들은 기후변화의 증거를 반대하지 않았을 것이다. 비슷하게, 역사학자 마크 라전트는 백신이 자폐증과 연관이 있다는 수많은 의심스러운 과학적 주장들 역시 그렇게 짧은 기간 동안 아기들에게 여러 가지 백신을 접종해야 할 때의 일반적인 불안감이 다르게 표현된 것이라고 지적했다. 그리고 유전자 변형 작물의 경우, 반대 단체들이 기존의 과학적 증거에 잘 맞지 않는 등의 안전 문제를 자주 거론하지만, 그들이 반대하는 근본적인 이유는 거대 농업 기업들의 힘과 현대적 농업의 여러 방법들이 환경에 미칠 수 있는 부정적인 영향을 염려하기 때문일 수 있다.

과학을 놓고 벌어지는 현대 사회의 많은 논쟁의 근원은 사람들 사이에 깊이 뿌리박힌 가치라는 이 깨달음을 우리는 어떻게 받아들여야 할까? 이 발견은 이러한 논란을 해결하려는 과학자들과 정책 입안자들에게 매우 귀중한 깨달음일 수 있다. 연구 결과를 더 설득력 있는 방법으로 전달하려는 과학자들의 노력은 의심할 여지없이 매우 바람직하다. 그러나 많은 논쟁의 배후에 있는 진정한 원동력이 가치라면, 갈등을 해결하기 위해서는 더 설득력 있는 과학을 생성하거나 전달하기보다 가치의 불일치를 해결하는 데 더 집중해야 할 것이다. 예를 들어 기후변화를 반대하는 의견이 대부분 자유 시장 자본주의의 미래를 염려하는 사람들로부터 나온다면, 이에 대한 최선의 방법은 기업들이 저탄소 기술을 향해 나아가면서 돈을 벌 수 있는 방법을 찾는 것일지도 모른다. 기후변화가 자유 시장의 기술을 통해 해결될 수 있다면, 기후 과학에 대한 대부분의 반대는 아마도 사라질 것이다.

물론 이 제안에 대한 분명한 걱정은, 그것이 비현실적으로 보인다는 것이다. 기후 과학이 훌륭하고 설득력 있는 증거를 제시하지 않으면 기후변화에 대처하는 고통스러운 일을 누가 흔쾌히 나서서 하겠냐고 기후 과학자가 대답하는 것을 상상할 수 있다. 우리가 직면하고 있는 위협의 심각성을 납득시키기 위해 좋은 과학적 증거를 사용하지 않는다면, 사람들은 매력적이지 않지만 반드시 시행해야 하는 정책을 받아들이지 않을 것이다. 이 접근법은 이론상으로는 합리적이지만, 현실에서 항상 잘 작동하지는 않는다. 예를 들어 더 설득력 있는 과학 정보를 생산하고 전달해도 기후변화, 진화론, 백신, GMO와 관련된 갈등을 해결하는 데 도움이 되지 않았다.

이 어려움에 대해 쉬운 해결책은 없지만, 적어도 두 가지 접근법을 더 살펴볼 필요가 있다. 두 해결책 모두 사람들의 뿌리 깊은 가치에 초점을 맞추고 있다. 첫째, 필키가 기후변화에 대한 연구에서 강조했듯이, 과학적 논쟁의 배후에 있는 가치가 일으키는 갈등을 완화하는 것이다. 예를 들어 필키는 정책 입안자들이 맨해튼 프로젝트와 아폴로 프로젝트에서 핵과 우주 기술에 막대한 투자를 했던 것처럼 새로운 재생 에너지 기술을 개발하는 데 막대한 돈을 투자해야 한다고 제안한다. 재생 에너지 기술이 기후변화에 효과적으로 대처하려면 더 값이 싸지고 더 발전해야 하므로 이러한 기술들을 개선하기 위해 극적인 조치를 취할 수 있다. 게다가 에너지 자립, 대기 오염 감소, 새로운 일자리 창출, 더 균형 잡힌 에너지 포트폴리오 개발을 포함한 다양한 이유로 재생 에너지를 추구하는 것이 중요하다. 필키는 우리가 사람들의 반대되는 가치들 사이에서 공통점을 찾고 심지어 창조하기 위해 신중한 조치를 취할 수 있다는 것을 보여준다.

두 번째 제안은 첫 번째 제안과도 어울리는 것으로, 존경받는 사상적 지도자들이 나서서 다른 가치를 공유하는 사람들 중에서 그 집단에게 혐오감을 주는 것으로 보이는 과학적 결론이 왜 실제로는 그렇지 않은지 설명해주는 것이다. 여러 가지 과학적 논란을 탐구한 법학자 댄 카한은, 사람들이 자신들의 가치와 충돌한다는 증거를 받아들이기 싫어하는 이유 중 하나는 사회 공동체의 일원으로서의 정체성을 위협하기 때문이라고 주장한다. 예를 들어 강경한 정치적 보수주의자들이 기후변화가 인류의 활동 때문임을 받아들이려고 하지 않는 이유는 동료 보수주의자들과의 공동체 의식 때문일 수도 있다. 이 발견에 대한 대응으로, 카한은 정치나 사회 공동체의 신뢰할 수 있는 구성원이 논란이 되는 과학 정보를 기꺼이 받아들인다면, 그 집단의 다른 구성원들도 똑같은 영향을 받을 수 있다고 제안한다. 예를 들어 신뢰할 수 있는 종교 지도자가 신도들에게 그들의 신앙 전통이 진화론과 충돌하지 않는다고 설명한다면, 불가지론을 견지하는 과학자가 과학적 증거에 대해 말하는 것보다 진화론을 의심하는 사람들에게 훨씬 더 설득력이 있을 것이다.

문제가 되는 가치의 식별

배후에서 과학적 논란을 일으키는 가치에 집중함으로써 이를 완화시키는 방법을 이해하기 위해 해야 할 일은 분명히 매우 많다. 하지만 이 장의 마지막 절에서는, 조금 다른 질문을 간략하게 살펴보자. 이 책의 핵심은 과학 활동의 여러 측면에서 가치가 타당한 역할을 한다고 주장하는 것이다. 그러나 여기에서 고려하는 사회적 논란 중의 일부에서는 가치가 적절한 역할을 하고 있는지 의심스럽다. 예를 들어 담배가 암을 유발한다는 증거를 억제하려는 담배 업계의 노력과 기후 변화의 증거를 거부하려는 화석 연료 업계의 노력은 전혀 받아들일 수 없는 것으로 보인다. 이러한 사례들은 정치적·경제적 가치를 과학에서 배제해야 한다는 것을 보여주지 않는가?

이러한 사례들에서 가치의 영향은 진정으로 받아들일 수 없는 것으로 보이지만, 그렇다고 과학에서 가치를 항상 배제해야 한다고 할 수는 없다. 또한 이것이 기업의 가치가 본질적으로 문제라는 의미도 아니다. 1장에서 보았듯이, 타당한 가치와 그렇지 않은 가치를 구별할 방법에 대해 계속 생각해보아야 한다. 이 장의 사례들은 책 전체에서 식별한 두 가지 조건을 한층 더 강화한다. 첫째, 중요한 방법론적 선택과 가정을 투명하고 정직하게 알려서 다른 사람들이 그러한 선택이 함의하는 가치에 동의하는지 결정할 수 있게 해야 한다. 이것이 마셜연구소의 과학자들과 제임스 한센을 비판한 기후 과학자들 사이의 결정적인 차이인 것 같다. 기후 과학자들은 그 증거가 한센이 끌어내려 했던 비교적 확고한 결론을 정당화할 만큼 충분히 견고하지 않을 수도 있다는 타당한 우려를 제기했다. 반면에 마셜연구소의 과학자들은 근거 없는 비난으로 벤저민 샌터의 명예를 훼손하려 했다. 비슷하게, 담배 산업은 20세기 내내 그들의 연구를 고의적으로 왜곡했다. 최고경영자들은 흡연이 해롭고 중독성이 있다는 것을 알았지만, 대중이 이러한 결론에 도달하는 것을 방해하기 위해 전략적인 연구 프로젝트에 자금을 지원했다. 이익 집단이 증거를 잘못 전달하고 숨기거나 그러한 염려가 이미 과학계에 의해 해결되었다는 것을 인정하지 않고 계속 이의를 제기할 때, 그들은 희망적 사고의 먹이가 된다. 이런 현상은 이익 집단의 정치적·이념적 근거가 무엇이든, 그 이익 집단이 기업이나 정부 기관이나 비정부 기구와 연계되어 있든 그렇지 않든, 문제가 있다.

두 번째 조건은 연구의 실행에 영향을 주는 가치는 근본적인 윤리적 원칙을 적절하게 대표해야 한다는 것이며, 이 조건이 충족되지 않으면 대표적이지 않은 가치가 연구에 영향을 줄 것이다. 예를 들어 2장의 끝에서 현대 생의학 연구에 대한 중요한 염려는 (주로 세계에서 가장 부유한 국가를 괴롭히는 질병에 대해 특허 가능한 치료제 개발에만 몰두하고 있는) 현재의 연구 노력이 우리가 지지하는 모든 가치에 부합하지 않을 수 있음을 보았다. 비슷하게 납, 석면, 다이옥신, 벤젠, 베릴륨, 크롬, 염화비닐과 같은 물질에 대해 대부분의 사람들이 제조 업체들만큼이나 그 물질이 무해하다고 말하고 싶어 한다면 의심할 필요가 있다. 이러한 물질들의 유해성을 기업들이 입증하려고 할 때는, 유해하다고 판정하는 증거의 기준이 일반 사람들이 요구하는 기준보다 훨씬 더 높아질 수 있다. 물론 그렇다고 기업이 추구하는 가치가 본질적으로 문제라는 뜻은 아니다. 많은 경우 기업이 추구하는 가치와 일반 대중의 가치는 상당히 잘 일치한다. 그러나 제품의 공중보건 또는 환경적 영향을 시험하는 과정에서 막대한 비용이 발생한다면, 기업의 가치는 일반 대중의 이익을 덜 대표할 가능성이 높다.

기후변화 연구에서도 비슷한 상황이 있는 것으로 보인다. 사회학자 로버트 브룰은 화석 연료 회사들이 기후변화를 부정하는 연구자들과 싱크탱크들에게 엄청난 돈을 쏟아부었음을 보여주었다. 경제가 재생 에너지 중심으로 전환한다면 화석 연료 산업은 다른 기업들보다 잃을 것이 더 많기 때문에, 그들의 가치가 미국 인구 전체의 가치를 적절히 나타내는지는 의문이다. 결과적으로, 이러한 기업들이 증거를 잘못 전달하지 않을 때도, 그들은 인간의 행동이 기후변화에 기여하고 있다는 것을 받아들이기 위해 예외적으로 높은 수준의 증거를 요구한다. 따라서 막강한 싱크탱크와 홍보 기업의 능력 때문에 이들의 결론이 부적절한 관심을 받는 것이 아닌지 걱정스럽다.

결론

이 장에서는 가치가 과학적 불확실성을 생성할 수 있는 방식과 불확실성의 해결과 관련되는 방식 모두에 초점을 맞추었다. 마지막 절에서는 가치가 불확실성의 타당하지 않은 '제조'에 기여할 수 있는 여러 가지 염려스러운 방식들을 살펴보았다. 예를 들어 브룰은 기후변화를 부인하는 단체들의 자금 공급원에 대한 연구에서, 인류에 의한 기후변화에 대한 의심을 부추겨온 주요 단체 91개를 확인했다. 그는 매년 평균 9억 달러 이상이 이 단체들에 기부되며, 여기에는 카토연구소Cato Institute, 미국기업연구소American Enterprise Institute, 헤리티지재단Heritage Foundation과 같은 매우 영향력 있는 싱크탱크가 포함된다는 것을 발견했다. 오레스케스와 콘웨이에 따르면, 1990년대에 출판된 "환경에 대해 회의적인" 책 56권 중에서 92퍼센트가 이러한 종류의 우익 재단과 관련이 있었고, 1980년대에 출판된 회의적인 책 13권

중에서 100퍼센트가 이들과 관련이 있었다. 이 장의 마지막 절에서는 이러한 단체들이 부추긴 잘못된 과학적 주장에 대한 반박 외에도, 그들의 회의론 배후에 있는 가치들을 다루는 것 역시 중요하다고 지적했다. GMO, 백신, 기후변화, 진화론 등 양극단으로 치닫는 여러 가지 과학 정책 문제에서, 가치는 논란의 배후에 있는 원동력으로 보인다. 양쪽 모두에게 유리한 해결책을 제시하고 가치 충돌을 진정시킬 신뢰할 수 있는 개인들을 찾을 수 있다면, 과학적 반대 의견의 많은 부분이 해소될 것이다.

이 장의 마지막 부분에서는 깊이 간직된 가치가 과학적 불확실성과 논란을 키울 수 있다고 말하지만, 첫 두 절에서는 반대로 가치가 불확실성에 대처하는 과학자들을 안내하는 중요한 역할을 할 수 있다고 말한다. 첫 번째 절에서 제임스 한센, 테오 콜본, 패트릭 캉가스 같은 연구자들이 그들의 연구 결과를 얼마나 확신에 차 전달할지를 놓고 어려운 선택을 한 것을 보았다. 이러한 논란에 관련된 과학자들 중 대부분은, 과학자들이 자신들의 결과를 사회적으로 책임 있는 방식으로 전달하기 위해 노력해야 한다고 생각하는 한, 가치가 관련이 있다고 동의하는 것으로 보였다. 그러나 그들은 어떤 접근 방식이 사회적으로 가장 책임이 있는지에 대해서는 의견이 달랐다. 이상적으로, 그들은 최대한 객관적인 자세를 유지하는 한편으로 대중들이 새롭게 떠오르는 아이디어에 관심을 갖도록 하는 것을 목표로 했다. 그러나 이 두 목표 사이에서 적절한 균형을 이루는 방법을 결정하려면 언론과 일반 대중이 과학 정보를 받아들이는 방식에 대해 민감하고 세심하게 숙의해야 한다는 것을 알았다.

불확실한 정보를 전달할 때 가치가 하는 역할에 대한 이러한 논의를 바탕으로, 이 장의 두 번째 절은 결론을 도출하기 위한 증거의 기준을 설정할 때 가치가 하는 역할에 특히 초점을 맞추었다. 이 절에서는 과학자들이 얼마나 많은 증거를 요구할지 선택해야 하는 상황에 자주 직면한다는 헤더 더글러스의 주장을 검토했다. 더글러스에 따르면, 얼마나 많은 증거가 적절한지 결정하는 과학자들은 그들이 도출하는 결론의 사회적 귀결을 고려해야 한다. 그럼에도 불구하고, 우리는 가치의 이러한 역할이 완전히 논란의 여지가 없지는 않다는 것을 보았다. 과학자들은 과학 공동체가 전형적으로 사용하는 증거의 기준을 선택하거나 상대적으로 논란의 여지가 없는 증거들을 제시하고, 정보를 수용하는 쪽에서 어떤 결론을 내릴지 결정하게 함으로써, 힘든 결정을 어느 정도 회피하려고 할 수 있다. 그러나 이러한 회피 전략에는 그 자체의 전형적인 단점 또는 한계가 있다. 따라서 불확실성에 대처해서 가치가 어떤 역할을 해야 하는지 결정하는 것은 이 책에서 논의된 것들 중에서 가장 어려운 문제 중 하나이며, 훨씬 더 많이 성찰할 필요가 있는 문제다.

참 고 자 료

제임스 한센의 증언은 커(Kerr 1989), 케슬러(Kessler 2015), 샤베코프 (Shabecoff 1988), 위트(Weart 2014)에서 논의된다. 테오 콜본에 대한 자세한 정보는 엘리엇(Elliott 2011b)과 스미스(Smith 2014)에서 찾아볼 수 있다. 칼 크래너(Carl Cranor 1990)는 '깨끗한 손 과학', '더러운 손 공공 정책' 접근법을 논의한다. 캉가스와 노스의 논란은 슈래더-프레셰트(Shrader-Frechette 1996)에서 논의된다.

베더(Beder 2000)와 슈래더-프레셰트(Shrader-Frechette 2007)는 다이옥신 규제를 줄이기 위한 업계의 노력을 논의한다. 귀납적 위험(증거의 기준을 설정하는 데 가치가 역할을 해야 한다는 개념)에서 생기는 논증의 강점과 약점에 대해서는 드 멜로-마틴과 인테만(de Melo-Martin and Intemann 2016), 더글러스(Douglas 2000, 2009), 엘리엇(Elliott 2011a, 2013a), 존(John 2015), 스틸(Steel 2010)에서 논한다. 윌홀트(Wilholt 2009, 2013)는 과학 공동체들이 관례적인 증거의 기준을 개발하는 방식에 대해 논한다. 엘리엇과 레스닉(Elliott and Resnik 2014)은 이러한 가치판단이 무의식적일 가능성과 가치판단을 더 투명하게 하는 것의 중요성을 논의한다. 더글러스(Douglas 2003)는 자신의 선택에 따르는 사회적 귀결을 고려해야 하는 과학자의 책임을 논하고, 더글러스(Douglas 2007)는 복수의 이해관계자가 증거의 기준에 대한 결정을 도울 가능성을 검토한다.

기후변화의 사례에서 불확실성을 촉진하기 위한 이익 집단의 노력에 대한 정보는 브룰(Brulle 2014), 매크라이트와 던랩(McCright and Dunlap 2010), 오레스케스와 콘웨이(Oreskes and Conway 2010)에서 찾아볼 수 있다. 다른 여러 사례에서 불확실성을 만들고 증거를 조작하려는 노력에 대한 추가 정보는 엘리엇(Elliott 2016b), 골드에이커(Goldacre 2012), 마이클스(Michaels 2008), 프록터(Proctor 2012)에서 확인할 수 있다. 필키(Pielke 2007)와 새러위츠 (Sarewitz 2004)는 공공 정책에 관련된 복잡한 논란을 해결하기 위해 과학 정보를 사용하는 것의 어려움에 대해 논의한다. 필키(Pielke 2010)는 기후변화에 대응하기 위한 전략을 논의한다. 라전트(Largent 2012)는 백신에 대한 광범위한 우려에 대한 대체물로 사람들이 과학에 어떻게 호소하는지 논한다. 댄 카한(Dan Kahan 2010)은 과학에 관한 것으로 보이는 많은 논쟁이 실제로는 사회 집단에 대한 사람들의 헌신에 바탕을 두고 있다고 주장하며, 이 장의 마지막에 제안된 것과 비슷한 해결책을 제시한다. 비들과 루슈너(Biddle and Leuschner 2015)는 적절한 과학적 반대와 부적절한 반대를 구별하는 방법에 대해 다른 관점을 제시한다.

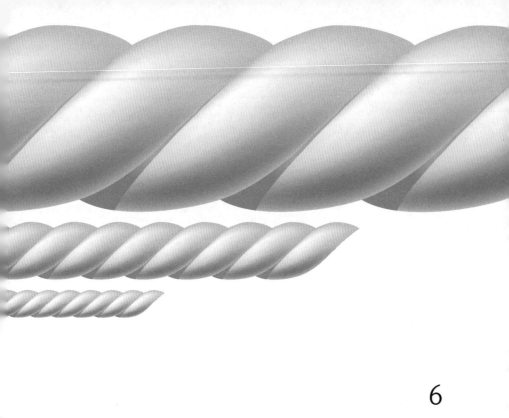

6

가치에 대해
어떻게 이야기해야 하는가?

해마다 밸런타인데이가 다가오면, 들쥐vole들의 사랑 이야기와 들쥐가 인간관계에 대해 가르쳐줄 수 있는 교훈에 관한 뉴스가 종종 등장한다. 들쥐는 생쥐mouse와 햄스터를 닮은 작은 설치류다. 밸런타인데이와 관련된 들쥐의 명성은 조지아주 애틀랜타에 있는 여키스국립영장류연구센터Yerkes National Primate Research Center의 연구원 래리 영의 연구실에서 수행된 흥미로운 일련의 실험들 때문에 생겨났다. 미국 국립정신건강연구소NIMH, National Institute of Mental Health의 소장인 토머스 인젤이 지적했듯이, 들쥐는 '과학의 특별한 선물'이다.[1] 대부분의 포유류와 달리, 들쥐 중 어떤 종은 짝짓기가 끝난 뒤에도 전형적으로 오래 유대가 지속된다는 점에서 일부일처제이기 때문이다. 하지만 들쥐가 특히 놀라운 실험 동물인 이유는 어떤 들쥐 종들은 일부일처제가 아니기 때문이다. 따라서, 짝짓기 행동에서 차이가 나는 이유를 설명하는 가설을 개발하기 위해 이 종들 간의 차이를 연구할 수 있다.

들쥐에 대한 연구는 또한 과학자들이 책임 있게 정보를 전달하는 방법을 결정할 때 자주 직면하는 도전을 훌륭하게 소개한다. 이 장에서 보게 될 것처럼, 과학자들은 자신들의 연구를 가장 잘 설명하기 위해서 프레임을 어떻게 설정할지, 어떤 용어나 범주가 가장 적절한지 결정해야 할 때가 많다. 1장에 제시한 두 가지 정당화는 과학적 결과를 전달하는 최선의 방법에 대한 이러한 선택에 가치를 포함시켜야 한다는 결론을 뒷받침한다. 첫째, 많은 경우 완벽하게 '중립적'이고 가치가 개입되지 않은 정보 제공 방법은 없다. 그러므로 과학자들은 어쩔 수 없이 어떤 가치들을 다른 가치들보다 더 크게 지지하게 된다. 그들이 할 수 있는 최선은 어떤 가치를 지지하는 것이 가장 적절한지 성찰하는 것이다. 이러한 선택에 가치를 포함시키는 두 번째 이유는 사회적 책임이 있는 과학 정보의 전달은 정확성뿐만 아니라 더 많은 목표를 추구해야 하기 때문이다. 상황에 따라 다음과 같은 것들을 포함시켜야 한다. (1) 새로운 연구 결과가 이전의 발견과 과학의 다른 분야와 어떻게 관련되는지 설명하기, (2) 과학적 결과가 궁극적으로 사회에 어떤 영향을 미칠지 명확히 하기, (3) 결과의 본질에 대한 오해를 방지하기, (4) 사람들의 목표, 가치, 어젠다, 세계관에 미칠 잠재적 영향을 명확히 하기.

이러한 목표들은 단순 과학적 정확성을 넘어서 사회적 고려들까지 포함하기 때문에, 이 목표들을 달성하는 방법과 우선순위의 결정에 가치가 관련된다. 널리 인정되듯이, 모든 과학적 의사소통에 이러한 목표들이 관련되지는 않지만, 많은 경우 그것들이 존재하고 서로 갈등을 일으킬 수 있다. 과학자들이 정확성을 제외한 모든 목표를 포기해야 한다고 결정한다면 과학 정보를 전달할 때 가치의 역할을 줄일 수 있을 것이다. 그렇게 할 수 있다고 해도, 과학 정보의 전달에 가치를 포함시켜야 한다는 첫 번째 정당성은 여전히 남아 있을 것이다. 과학적 발견을 설명하고 프레임을 구성하여 보여줄 때 가치를 완전히 배제하는 방법이 없을 수도 있다는 것이다. 다시 말해서 과학적인 발견이나 문제를 비교적 정확하게 이야기할 수 있는 여러 방법이 있을 수 있는데, 각각의 접근법은 어떤 가치를 다른 가치에 비해 미묘하게 더 우대하거나 지지한다.

이 장은 이러한 종류의 가치적재적 선택을 만들어내는 과학 정보 전달의 세 가지 측면을 탐구한다. 그것은 **프레임, 용어와 은유, 범주** 다. 첫째, 들쥐 사례를 통해 연구자들이 메시지를 가장 잘 구성할 수 있는 방법에 대해 내려야 하는 결정을 탐구할 것이다. 둘째, 다양한 사례에서 용어와 은유를 선택할 때 가치적재적 선택을 피하기 어렵다는 것을 보게 될 것이다. 많은 경우, 연구자들이 어떤 용어를 사용하기로 선택하든 결국 한 가지 또는 다른 사회적 관점을 우대하게 될 것이고, 따라서 그들은 어떤 관점이 가장 적합한지 결정해야 한다. 셋째, **범주 또는 분류 체계**를 선택할 때 가치가 어떻게 관련될 수 있는지 조사할 것이다. 인종 분류의 역사는 범주를 선택할 때 생기는 문제에 관한 특별히 생생한 예를 제공하며, 이러한 문제들이 다른 경우에도 발생한다는 것을 알게 될 것이다.

프레임

과학적 정보의 프레임을 짜는 방법을 결정할 때 발생하는 문제들을 더 잘 이해하기 위해 들쥐 이야기로 돌아가보자. 일부일처제를 따르는 종의 하나인 프레리들쥐의 수컷에게는 뇌의 특정 부위에 바소프레신vasopressin이라는 화학 물질을 수용하는 수용체가 특히 많다고 알려져 있다. 바소프레신은 혈관의 수축과 수분 유지를 조절하는 호르몬이지만 동물의 사회적·성적 행동에도 영향을 주는 것으로 보인다. 이것은 옥시토신이라고 불리는 또 다른 호르몬과 구조가 매우 유사하며, 이 호르몬은 사람들의 사회적 관계, 신뢰, 친밀감, 모성 행동에 영향을 주는 것으로 보이기 때문에 '결합 호르몬bonding hormone'이라고도 부른다. 래리 영과 그의 동료들은 프레리들쥐의 바소프레신 수용체를 늘리는 유전자의 형태를 확인했고, 그 유전자의 사본을 초원과 산지의 들쥐에게 삽입하는 방법을 발견했다. 그들이 이후 발견한 놀라운 사실은, 보통은 문란한 이 들쥐들이 프레리들쥐에서 전형적으로 발견되는 한 쌍 사이의 유대 행동을 보였다는 것이다. 과학자들은 또한 들쥐에게 반대의 영향을 줄 수도 있었다. 그들은 들쥐의 뇌에서 바소프레신이나 옥시토신 수용체를 차단함으로써 들쥐들 사이에서 암수의 유대가 형성되는 것을 억제했다.

이 연구를 계기로, 인간 행동의 차이가 바소프레신이나 옥시토신과 같은 호르몬에서 기원한다고 할 수 있는지 알아보는 흥미로운 연구 프로젝트가 시작되었다. 하세 월럼이라는 신경과학자가 실험을 수행했는데, 영의 연구실에서 연구한 동일한 유전자의 변이가 인간과 그 반려자 사이의 친밀도에도 어느 정도 관련이 있다는 것을 발견했다. 또 다른 과학자 폴 잭은 옥시토신을 코로 흡입한 뒤에 사람들이 더 신뢰할 만한 행동을 한다는 것을 발견했다. (이 호르몬은 코로 투여되어 혈액과 뇌 사이의 장벽을 통과하게 된다.) 다양한 실험에 의해 이러한 호르몬이나 호르몬 수용체들이 신뢰, 관대함, 기억력 같은 인간의 사회적 행동의 발현과 관련된다는 것을 발견했다.

누구나 상상할 수 있듯이, 언론들은 이 연구를 집중적으로 다루었다. 놀라운 주장이 헤드라인을 장식했다. "사람에게서 발견되는 일부일처제 유전자", "남자는 왜 바람을 피우는가: 문란한 행동이 단 하나의 유전자 변이 때문이라는 연구", "인간이 된다는 것: 사랑-신경과학이 모든 것을 드러낸다", "사랑-쥐의 유전자: 왜 어떤 사람들은 태생적으로 말썽과 분쟁을 일으키는가". 〈NBC 이브닝 뉴스〉에서 브라이언 윌리엄스는 다음과 같이 보도했다.

역사를 통틀어 사람들은 나쁜 행동에 대해 온갖 종류의 변명을 해왔다. 이제 새로운 변명이 나왔다. 그것은 분명히, 유전자 때문인 듯하다. 이것은 들쥐에서 시작된 연구에서 나왔고, 지금은 인간에게 적용되고 있다.[2]

이 메시지들은 분명 대중적 반향을 일으켰다. 예를 들어, 〈투데이 쇼〉에 나온 어느 여성은 들쥐 연구에 대해 이렇게 말했다. "나는 결혼하기 전에 제 짝을 시험해보고 싶어요. 나는 미혼이고 그 시험이 나의 결혼을 안전하게 지켜주겠지요."[3] 비슷하게, 〈타이라 쇼〉에서 한 남자는 바람기가 자신의 '핏속'에 있는 것 같다고 말했다.[4]

이런 종류의 주장들은 뉴스 매체에만 있지 않다. 몇몇 과학자들과 의사들도 이 연구에 대한 반응으로 비슷한 주장을 했다. 경제와 신경과학 분야를 연결하는 폴 잭 교수는 《도덕적 분자: 사랑과 번영의 원천The Moral Molecule: The Source of Love and Prosperity》이라는 책에서 다음과 같이 주장했다.

인간이 이성적인 동시에 비이성적이고, 무자비하게 타락한 동시에 엄청나게 친절하고, 수치스러울 정도로 이기적인 동시에 완전히 이타적일 수 있다는 것을 고려하면, 우리 본성의 어떤 측면이 언제 나타나는지를 결정하는 것은 구체적으로 무엇인가? 우리는 언제 믿음직하고 언제 교활한가? 우리는 언제 우리 자신을 던지고 언제 미루는가? 답은 옥시토신에 있다.[5]

비슷하게, 캘리포니아대학교 로스앤젤레스 캠퍼스UCLA 정신의학 및 가정의학 교수인 쉬라 볼머는 이렇게 썼다.

이 연구는 약물에 의한 불륜 치료의 문을 연다. 우리가 바소프레신의 보상을 개선한다면, 우리는 충실한 결혼의 가능성을 증가시킬 것이다. 이것은 정절의 가치도 변화시킨다. 불륜이 유전적인 변이라면, 의사들이 불륜을 고혈압이나 당뇨병처럼 다루어야 하는가? 반면에, 아마도 불륜 유전자는 카리스마 유전자와 밀접하게 연결되어 있고, 따라서 이것은 유혹 패키지의 일부일 것이다.[6]

모든 사람이 쉽게 이해할 수 있는 방식으로 최첨단 신경과학의 잠재적인 의미를 제시하면 학자들에게 도움이 된다. 다른 한편으로, 이 학자들은 엄청난 혼란을 일으킬 수 있는 방식으로 자료를 제시하고 있다. 그들은 특정한 유전자와 사람들의 행동 사이에 꽤 직접적인 관계가 있다는 인상을 주고 있지만, 이러한 주장들은 너무 성급하다. 들쥐에서도, 어미의 양육과 같은 비유전적인 요소들이 신경계와 행동에 매우 중요한 영향을 미칠 수 있다. 인간의 경우, 우리의 사회적 행동에 영향을 주는 수많은 비유전적 요인들이 분명히 존재하며, 따라서 윌럼이 유전자 염기서열과 반려자와의 유대 사이에서 관찰한 상관관계가 작다는 것은 놀랄 일이 아니다. 게다가, 들쥐에 대한 더 많은 연구를 통해 유전자와 행동 사이의 관계가 맥락에 따라 크게 달라진다는 것이 밝혀졌다. 예를 들어, 산지들쥐와 초원들쥐에게 주입했을 때 그러한 차이를 만드는 것처럼 보이는 '일부일처제 유전자'는 일부일처제를 나타내지 않는 많은 들쥐 종에 이미 존재한다. 더 많은 연구 결과, 영이 연구실에서 관찰한 유전자와 행동 사이의 관계가 야생의 프레리들쥐에서는 같은 방식으로 나타나지 않을 수 있다는 것도 알려졌다.

프레임의 적정성 논란

들쥐 이야기에 대해 할 수 있는 한 가지 대응은 과학자들과 언론이 그저 도취되어 증거에 의해 뒷받침되지 않는 엉성한 주장을 했다고 말하는 것이다. 이 관점을 채택한다면, 과학자들은 이 경우 적절하게 정보를 전달하는 방법에 대해 어려운 결정을 내릴 필요가 없어 보일 수 있다. 그들은 단지 데이터에만 집중하고, 과장하지 않으면 된다. 과학자들이 그들의 주장을 과장하지 않는 것은 의심할 여지 없이 현명한 행동이지만, 들쥐의 경우 이것은 아마도 너무 단순한 해결책일 것이다. 비록 약간의 추측이 필요할지라도 과학자들이 대중에게 연구의 잠재적인 결과를 알리는 것은 진정으로 가치 있는 것으로 보인다. 예를 들어, 래리 영을 비롯한 다른 과학자들은 옥시토신이 결국 군사나 정치 공작에서 사람들이 서로에 대한 신뢰 수준을 조작하기 위해 사용할 수 있는 '신뢰 스프레이'에 통합될 수 있다고 걱정해왔다. 사실, 신경과학자 안토니오 다마지오는 전통적인 마케팅 기법이 사람들의 뇌에 옥시토신의 자연 방출을 부분적으로 조작하는 방법을 이미 사용하고 있을지도 모른다고 주장한다. 영은 윤리학자들에게 이러한 문제들을 적극적으로 생각하기 시작하라고 요청했다.

연구를 오용하거나 악용하는 방법에 관해 사람들에게 경고하는 것뿐만 아니라, 연구자들이 자신들의 연구가 우리의 자아 개념과 세계관에 어떻게 영향을 미칠 수 있는지를 명확히 하는 것도 필요해 보인다. 〈네이처〉에 기고한 글에서, 영은 "생물학자들이 곧 사랑과 관련된 특정한 정신 상태를 생화학적인 일련의 사건들과 관련된 것으로 환원시킬 수 있을 것"이라고 제안했다.7 이 주장이 너무 강할 수 있지만, 영이 그의 연구가 인간 본성에 대한 이해에 영향을 줄 수 있는 방식을 상세히 설명하는 것은 도움이 되는 것으로 보인다. 심지어 연구자가 납세자의 돈 수백만 달러를 지원받고 그의 연구가 광범위한 인간의 이익과 관심사에 대해 생각하는 데 도움이 될 방법을 자세히 설명하지 않는다면 무책임하다고 볼 수도 있다. 실제로 저명한 철학자 퍼트리샤 처칠랜드는 인간의 행동에 영향을 주는 분자적 과정을 규명한다면, 이 연구가 인간의 도덕성과 자유의지에 대한 의문을 탐구하는 데 도움을 줄 수 있다고 주장했다. 과학자들이 지나친 억측을 내놓을 위험은 항상 있지만, 그들이 연구의 잠재적인 결과를 지적하지 못하게 한다면, 그것도 사회를 빈곤하게 할 것이다.

따라서 우리는 5장에서 논의한 '깨끗한 손 과학'과 '옹호' 접근법 사이의 갈등과 비슷한, 중요한 도전에 직면하게 된다. 5장에서는 제한된 증거로 과감한 결론을 도출하는 것이 적절한지에 초점을 맞추었다면, 이 장에서는 과학 정보의 프레임을 어떻게 구성할 것인가를 결정하는 일에 초점을 맞춘다. 한편으로, 과학자들이 단순히 '데이터에만 집중하고' 발견의 의미에 대해 성찰하기를 거부한다면, 대중들로부터 소중한 정보를 빼앗을 위험이 있다. 반면에, 그들이 의도적으로 연구 결과를 더 넓은 대중의 관심사와 연결시키는 방법으로 프레임을 짜려고 한다면, 연구를 개인적인 가치와 세계관으로 채색하는 위험에 빠지게 된다.

프레임은 메시지, 문제, 판단의 상황을 규정하는 방식이다. 학자들은 여러 종류의 프레임을 사용해왔다. 어떤 프레임은 동일한 상황을 다른 방식으로 묘사한다. 예를 들어, 새로운 치료법의 생존율이 90퍼센트라고 말할 때와 사망률이 10퍼센트라고 말할 때 이것은 동일한 상황이다. 한 가지 프레임은 과학적 발견과 관련된 특정한 세부사항이나 고려 사항만을 강조하고 다른 세부사항이나 고려 사항은 강조하지 않거나 무시한다. 예를 들어 들쥐와 바소프레신에 대한 연구를 설명할 때 인간의 연애 관계와의 관련성을 강조하거나, 군사적 목적과의 관련성을 강조하거나, 과학이 인간의 모든 경험을 화학과 생물학적 현상으로 '환원'시킬 가능성을 강조하도록 프레임을 짤 수 있다.

최근에 〈사이언스〉에서 펼쳐진 토론에서는 과학적 프레임에 얽힌 쟁점들을 조명하고 있다. 매슈 니스벳과 크리스 무니는 의견 기사에서, 과학자들이 이러한 주제들에 대해 전략적으로 프레임을 짜려고 한다면 기후변화, 진화, 배아 줄기세포 연구와 같은 쟁점들에 대해 대중들과 더 잘 소통할 수 있을 것이라고 주장했다. 그들은 대부분의 사람들이 과학적 문제와 관련된 사실과 주장을 구체적으로 검토할 시간이나 동기를 가지고 있지 않다고 지적한다. 따라서 사람들은 프레임의 도움을 받아서 과학적 정보를 신속하게 종합하고 자신의 필요, 관심사, 가치와 어떻게 연결될 수 있는지 판단한다. 예를 들어 니스벳과 무니는 보수적인 정치 단체들이 기후변화를 "과학적 불확실성"과 "불공정한 경제적 부담"의 프레임에 넣어서 과학에 대한 대중의 신뢰를 떨어뜨리고 있다고 지적한다. 그러나 그들은 기독교 복음주의 지도자들이 기후변화에 대해 종교적 도덕의 프레임을 적용해서 이러한 회의론에 부분적으로 대항한다고 지적한다. 그들은 또한 기후 과학에 대한 정치적 간섭을 강조하려는 부시 행정부의 노력이 '공공 책임' 프레임을 만들어서 불확실성 프레임에 대항하는 데 도움이 된다고 지적한다.

진화와 줄기세포 연구의 사례에서, 니스벳과 무니는 프레임에 대한 같은 종류의 관심이 대중들이 이 문제를 더 잘 받아들이는 데 도움이 될 수 있다고 주장한다. 그들은 회의론자들이 진화론에 도전하기 위해 '과학적 불확실성' 프레임과 '논란 가르치기' 프레임을 사용했다고 지적한다. 과학자들은 진화론을 비판하는 사람들에게 과학적으로 자세히 설명하면서 대응하려고 노력했지만, 이러한 노력은 거의 실패했다. 니스벳과 무니는 이것이 사람들이 과학적인 세부사항들을 끝까지 따라갈 시간이나 에너지가 없는 고전적인 경우라고 제안한다. 과학적으로 설득하기보다, 의료 발전의 기본 요소로 진화를 알아야 한다는 '사회적 진보'와 같은 대응 프레임을 제공하는 것이 훨씬 더 효과적일 것이다. 그들은 똑같이 '사회적 진보' 프레임과 '경제적 경쟁력' 프레임이 배아 줄기세포 연구에 대한 대중의 지지를 얻기 쉽다고 주장한다.

그러나 니스벳과 무니의 의견에 모든 사람이 동의하는 것은 아니다. 그 뒤에 〈사이언스〉에 접수된 편지들이 과학 정보에 대해 프레임을 전략적으로 활용하려는 그들의 열정에 이의를 제기했다. 예를 들어, 오하이오 주립대학교에서 오랫동안 과학 커뮤니케이션 전문가로 활동한 얼 홀랜드는 니스벳과 무니의 제안이 "어느 정도 정직하지 않아" 보인다고 주장했고, 그는 과학자들에게 "어떤 문제에 대해 어떤 '편법'이 더 잘 통할지 따지기보다 데이터에 충실해야 한다"고 요구했다.[8] 또 다른 편지에서, 로버트 거스트는 "과학은 중립적이고, 입장을 취하거나 특정한 프레임을 채택하지 않는다고 사람들이 믿기 때문에 공공의 신뢰를 얻고 있다"고 주장했다.[9] 따라서, 과학에 프레임을 적용하려는 노력은 과학의 공신력과 대중의 신뢰를 무너뜨릴 것이라고 경고했다. 심지어 니스벳과 무니도 자신들의 제안이 특정한 과학 분야에 대한 사람들의 생각을 조작하려는 방식 때문에 '오웰적'으로 보일 수도 있음을 인정한다.

이 논쟁을 어떻게 봐야 할까? 첫째, 과학자들이 어떤 프레임도 채택하지 않고 대중과 효과적으로 소통할 수 있다고 생각하는 것은 비현실적이다. 과학자들이 언어가 프레임에서 자유롭다고 생각한다면, 그들은 프레임을 인식하지 못하고 있는 것이다. 생의학 문제를 연구하는 과학자들이 궁극적으로 어떻게 그들의 연구가 인간의 질병을 치료하거나 완화하는 데 도움이 될 수 있는지에 대해 자주 말하는 것을 생각해보자. 또는 자신들의 연구가 우주에 대한 근본적인 호기심을 어떻게 충족시킬 수 있는지, 어떻게 새로운 기술을 만들어낼 수 있는지를 강조하는 물리학자들을 생각해보자. 비교적 순수하긴 하지만 이것들은 모두 프레임이다. 빠듯한 예산과 정부 지출에 대한 대중의 의심을 고려할 때, 과학의 중요성을 강조하는 방식으로 프레임을 적용하지 않고 과학계가 연구를 위한 정부 기금을 계속 지원받을 수 있을지는 의문이다. 따라서, 프레임을 완전히 피하려고 하기보다는 과학이 어떻게 적절하게 프레임을 활용할 수 있는지에 대한 질문을 탐구하는 것이 더 현실적이다.

거스트가 제안했듯이, 특정 프레임을 채택할 때 중요한 문제 중 하나는 그것들이 특정한 가치 지향이나 세계관을 지지하는 경향이 있고, 따라서 과학의 중립성을 위협할 수 있다는 것이다. 예를 들어 배아 줄기세포 연구나 진화론에 사회적 진보 프레임을 적용하면 이러한 분야의 과학에 대한 긍정적인 태도가 유도되는 경향이 있다. 그러므로 과학자들이 타당하지 않은 방식으로 자신들의 가치를 과학적 정보의 표현에 집어넣을지도 모른다. 이러한 프레임을 지지하는 사람들은 그 이론이나 연구 영역이 실제로 사회적 진보를 일으킬 수 있다면, 이것은 전적으로 적절하다고 주장할 수 있다. 그러나 이 과학 분야들에서 사회적 진보가 확실히 일어난다고 가정하더라도, 과학의 이러한 긍정적인 특징들에 사람들의 관심을 집중시키기 위해 과학의 다른 특징들을 배제하는 것에는 여전히 가치판단이 따른다.

정보에 프레임을 책임 있게 적용하기 위한 전략

과학 정보에 프레임이 적용되는 것을 피하기는 매우 어려우며, 따라서 과학 정보의 전달 과정에서 가치가 영향을 줄 가능성이 매우 높다는 것을 알았다. 그럼에도 불구하고, 과학자들은 이러한 가치의 영향을 책임 있는 방식으로 포함시키기 위한 조치를 취할 수 있다. 어떤 경우에는, 과학 정보에 적용하는 프레임에 대한 선택이 매우 중요해서 어떤 프레임이 사회적 관심사와 우선순위를 가장 잘 대변하는지 결정하기 위해 사회과학자 또는 공동체 집단이 함께 참여해야 할 것이다. 이것이 어떻게 동작하는지에 대해서는 다음 장에서 논의하겠다. 철학자 대니얼 매코언과 나는 과학자들이 추가적으로 취할 수 있는 두 가지 단계를 제안했다. (1) 과학자들이 그들의 연구 분야에서 공통적인 주요 프레임에 대해 성찰할 수 있고, (2) 그들이 선택한 프레임이 중요한 가치나 가정이나 약점을 포함할 때, 그것들을 인정하려고 노력할 수 있다. 이러한 조치들은 이 책 전체에 걸쳐서 가치판단을 더 투명하게 해서 면밀히 조사하고 숙의할 수 있게 해야 한다고 강조하는 것과 일치한다.

우리는 선택한 프레임과 관련된 가치판단이나 염려를 인정하는 과정을 설명하기 위해 '역추적'이라는 용어를 사용해서, 듣는 사람이 대안적 해석을 탐구할 수 있도록 했다. '역추적'은 과학자들이 정보에 대해 단 한 가지 방식으로 프레임을 적용해서 사람들을 특정한 해석의 '경로'로 이끌더라도, 그러한 경로의 한계 및 다른 해석의 경로나 프레임을 취할 가능성을 인식하도록 도울 수 있다는 생각을 표현하기 위해 고안된 은유다. 여러 가지 활동이나 전략이 잠재적으로 역추적에 기여할 수 있다. 다른 주장 또는 프레임에 유리한 증거의 수준을 명확히 하고, 특정한 프레임과 관련된 잠재적인 오해를 방지하는 조치를 취하며, 복잡한 아이디어를 전달할 때 여러 가지 프레임을 사용하고, 선택한 프레임의 주요 약점을 명시하고, 일반적으로 논란의 여지가 없다고 간주되는 프레임을 사용할 수 있다. 물론 역추적을 위한 전략들 중 일부에는 커다란 제한이 있다. 어떤 경우에는 과학자들이 특정한 프레임을 채택하면 "이미 피해가 발생했다." 그 정보를 접한 사람들은 언제나 그 해석에 찬성하는 편향된 태도를 어느 정도 유지할 것이다. 게다가, 언론이 과학자들의 연구에 특정한 프레임을 적용한다 해도 과학자들이 거의 통제하지 못할 때도 있다. 그럼에도 불구하고, 과학자들은 여전히 그들의 연구가 표현되는 방식을 어느 정도 통제할 수 있고, 정보를 설명할 때 했던 중요한 가정이나 한계를 알리려는 작은 노력도 받아들이는 사람들에게 큰 도움이 될 수 있다.

들쥐 사례를 통해 이것이 어떻게 작동하는지 살펴보자. 매코언과 나는 특별히 공통적인 다섯 가지 프레임을 발견했다. 첫째, 일부 과학자들과 언론의 발표는 '유전자 결정론' 프레임을 강조하는데, 여기에 따르면 특정한 유전자나 분자가 일부일처제와 같은 사회적 행동의 원인이다. 둘째는 '인간은 들쥐와 같다'는 프레임인데, 이것은 들쥐의 연구 결과가 인간의 행동을 이해하는 데 교훈을 준다는 것을 암시한다. 셋째는 '환원주의의 승리' 프레임으로, 이 연구를 사랑과 같은 인간의 경험을 물리적·화학적 과정으로 설명하는 방법에 대한 하나의 예로 취급한다. 넷째, '관계 구원하기' 프레임은 이 연구를 인간관계

개선을 위한 교훈의 잠재적인 원천으로 본다. 다섯째, '사회적 조작의 위험' 프레임은 이 연구가 어떻게 사회에 해악을 끼칠 수 있는지를 강조한다.

연구에 프레임이 적용되는 공통적인 방식을 알게 됨에 따라, 들쥐 사례를 연구하는 과학자들은 간단한 방법으로 다양하게 역추적을 할 수 있었다. 어떤 과학자가 뉴스 쇼와 인터뷰를 하면서 들쥐 연구가 유전자와 행동의 연관성을 확인하는 데 어떻게 도움이 되는지를 이야기해서 '유전자 결정론' 프레임을 장려하게 되었다고 가정하자. 과학자들은 인간에게 추정되는 '일부일처제 유전자'는 사람들의 행동에 영향을 미치는 여러 요소 중 하나일 뿐이고, 심지어 들쥐 중에도 그 유전자가 있지만 일부일처제로 작용하지는 않는 종들이 있다는 것을 언급하기 위해 애를 쓸 수 있다. 이와 같은 작은 해명을 통해 시청자에게 유전자 결정론 프레임에 더 탐구해야 할 한계가 있음을 깨닫도록 도움을 줄 수 있다. 비슷하게, 어떤 과학자가 생각하기에 언론 인터뷰가 '관계 구원하기' 프레임에 크게 초점을 맞추고 있다면, 이 과학자는 들쥐 연구가 자폐증 또는 사회적 행동과 관련된 다른 장애의 본질에 대한 통찰력을 얻는 데도 도움이 될 수 있다고 언급할 수 있을 것이다. 다시 한번, 이것은 듣는 사람들에게 연구에 대해 다르게 생각할 가능성을 일깨워줄 것이다.

물론, 이러한 종류의 해명이 항상 실현 가능하거나 적절한 것은 아니다. 예를 들어, 진화론의 의학적 중요성을 강조하기 위해 '사회적 진보' 프레임을 사용하는 과학자나 백신 접종의 중요성을 강조하기 위해 '공중보건' 프레임을 사용하는 과학자를 생각해보자. 이 과학자들이 역추적을 해서 지적설계 이론에 대한 '논란 가르치기' 프레임이나 '백신이 자폐증의 원인'이라는 프레임으로 돌아가서 논의할 필요가 있을까? 일반적으로 대답은 '아니오'다. 지적설계 이론가들은 그들의 이론을 바탕으로 생산적인 과학 연구 프로그램을 시작하는 데 성공하지 못했다. 물론 지적설계의 개념은 여전히 중요한 신학적·철학적 주제로 탐구할 수 있겠지만, 지금까지 진화론에 대한 유망한 대안을 만들어내지는 못했다. 마찬가지로, 이용 가능한 증거는 백신이 자폐증을 일으키지 않는다는 것을 보여준다. 책임 있는 역추적은 독자나 청취자에게 이용 가능한 증거가 다른 프레임을 얼마나 잘 지원하는지에 대한 감각을 줄 수 있다. 따라서, 잘 받아들여지지 않는 프레임을 강조해서 잘 받아들여지는 프레임으로부터 사람들이 멀어지게 하는 것은 무책임한 일일 것이다. 그럼에도 불구하고, 들쥐 연구처럼 그럴듯한 프레임이 여러 가지가 있고 모두 약점을 가지고 있는 사례도 있다는 것을 보았다. 이러한 사례들에서, 과학자들이 프레임의 중요성과 그것이 어떤 가치나 세계관을 다른 것에 비해 뒷받침할 수 있는 잠재력이 있는지 인식하는 것이 특히 중요하다.

어떤 프레임을 강조하지 말아야 한다는 것은 그 프레임의 배후에 있는 가치를 과학에서 완전히 배제해야 한다는 뜻이 아니라는 것도 알아두어야 한다. 이 책의 중심 주제는 적절한 조건이 충족된다면 모든 종류의 가치들(확고한 윤리적 원칙을 어기는 경우를 제외하고)이 과학에서 타당한 역할을 할 수 있다는 것이다. 지적설계 이론의 배후에 있는 종교적 가치를 생각해보자. 4장에서는 과학자들이 개발하거나 탐구하기로 결정한 이론에 가치가 영향을 주는 것이 적절할 수 있다는 것을 보았다. 또한 이론을 탐구하는 것과 그것이 참이라고 생각하는 것 사이의 차이를 투명하게 하는 것이 매우 중요하다는 것도 알았다. 따라서 다른 곳에 더 잘 사용될 자원을 낭비하지 않으면서 지적설계 이론의 잠재성을 조사하는 것은, 이용 가능한 증거에 의해 이미 잘 뒷받침되고 있다는 잘못된 인상을 주지 않는다면 문제가 되지 않을 수 있다.

용어와 은유

용어에 대한 선택은 과학 정보의 전달과 관련된 두 번째 가치적재적 주제를 구성한다. 이 문제를 더 잘 이해하기 위해서, 1990년대에 시카고 지역에서 생물 다양성과 생태계 복원을 촉진하기 위해 일하는 여러 그룹이 연합해서 결성한 시카고와일더니스Chicago Wilderness라는 조직에 관련된 논쟁을 생각해보자. 이 조직은 기후변화에 대응하기 위한 노력, 어린이와 자연을 연결하는 전략, 녹색 기반시설 추진 계획 등 여러 가지 사업을 추진하고 있다. 이 조직의 중심 활동 중 하나는 위스콘신 남부, 일리노이 북동부, 인디애나 북서부의 수십만 에이커에 달하는 땅의 역사적 생태계를 보존하고 복원하는 것이었다. 예를 들어, 과거에는 대초원이 이 땅의 대부분을 덮고 있었기 때문에 시카고와일더니스의 자원봉사자들은 그 잃어버린 대초원 생태계를 복원하려 했다.

놀랍게도, 이 활동이 상당한 논란을 일으켰다. 지역사회의 일부 구성원들은 이전 세기에 존재했던 생태계를 복원하려고 노력하는 과정에서 파괴적인 활동을 했다고 이 조직에 이의를 제기했다. 미국 산림청의 사회과학자인 폴 고브스터는 반대하는 몇몇 사람들의 반응을 다음과 같이 설명했다.

> 사람들은 건강한 나무를 베고 껍질을 벗기고 제초제를 뿌리고 태워서 죽인다고 비난했다. 그들은 많은 나무가 제거되어 탁 트인 '황량한' 풍경이 된 곳을 언급했다. 어떤 사람들은 나무를 제거하는 것이 산림 보호의 목적과 '복원'이라는 전체적인 생각과 상충된다고 느꼈다.[10]

복원을 반대하는 사람들은 새와 사슴의 개체군이 피해를 입고 있고, 사랑 받는 휴양지가 바뀌고 있다고 걱정했다. 다시 말해서, 반대하는 많은 사람이 시카고와일더니스가 시민들이 소중히 여기는 자연의 일부를 파괴하고 있다고 불평했다. 이에 대응하여, 이 프로젝트의 지지자들은 과거에 존재했던 대초원과 같은 생태계를 재현하기 위해 원래 이 지역에 없었던 종들을 제거할 필요가 있다고 주장했다.

생태계 복원을 둘러싼 갈등에 관여한 사람들 중 일부는 과학 용어에 적재된 가치가 논쟁을 복잡하게 만들 수 있다고 주장하고, 따라서 과학자들은 용어의 선택에 대해 신중하게 생각할 필요가 있다. 예를 들어, 환경 과학자들은 새로운 생태계로 이동하는 종들을 '외계종' 또는 '외래종'이라고 부르기도 한다. 그들이 퍼져서 '토종'에게 해를 끼칠 가능성이 있으면 이러한 외래종들을 '침입종'이라고 부르기도 한다. 환경 과학자인 브렌던 라슨은 '침입종'과 같은 용어는 필연적으로 군사적 침략이라는 의미의 매우 부정적인 가치를 동반한다고 염려한다. 라슨은 이런 언어가 사람들에게 침입종에 대한 '전쟁'을 하도록 부추긴다고 주장한다. 시카고와일더니스에 반대하는 사람들이 이런 종류의 언어가 원래 그곳에 살지 않았던 종들에 대해 매우 공격적인 조치를 정당화할 수 있다고 염려한 것을 알 수 있다.

라슨은 이러한 용어들이 인간 사회에서 나온 은유와 관련된 여러 환경 과학 용어들 중 일부일 뿐이라고 말한다. 이러한 은유들은 과학에 가치를 부여하기 때문에 중요하다. 은유는 어떤 것을 다른 어떤 것의 관점으로 묘사하므로, 이 두 가지를 암묵적으로 비교하게 된다. 예를 들어 밤하늘에 다이아몬드가 박혀 있다고 말하면, 우리는 별과 다이아몬드를 은유적으로 비교하는 것이다. 라슨은 책《환경 지속가능성에 대한 은유Metaphors for Environmental Sustainability》에서, 환경 과학이 은유에 완전히 젖어 있다고 주장했다. 그가 제시한 거의 100개의 은유적 용어 중 일부를 살펴보자. 공동체, 경쟁, 먹이사슬, 안정성, 생물다양성, 분쟁 지역, 생물학적 관성, 생태계 건강성, 자연 자본, 적합성, 핵심종, 유전적 부동, 돌연변이. 이 중 일부는 과학에서 완전히 표준이 되어서 은유적인 지위가 거의 드러나지 않게 되었다.

라슨에 따르면, 이 용어 중 많은 것이 새로운 과학적 맥락에서 정확한 정의가 주어졌지만, 여전히 원래의 사회적 맥락과 관련된 가치를 지니고 있다. 앞에서 말했듯이 '침입' 또는 '외래' 같은 용어가 이러한 문제를 잘 보여준다. 라슨은 이러한 용어에 달라붙어 있는 가치가 어떤 경우에는 유익한 환경 활동을 촉진할 수 있지만, 군사적이고 공격적인 은유가 장기적인 지속가능성을 촉진하는 데 이상적이지 않다고 염려한다. 이 용어들은 대중들에게 두려움을 불러일으키고, 인간과 자연의 구별을 선명하게 하며, 외래종과 토종 사이의 생태학적 차이를 과장한다. 게다가 '토종'과 그렇지 않은 종에 대한 언급은 인간 사회의 이민 관련 논쟁과 비교하게 하므로 완전히 다른 걱정스러운 의미를 끌어들인다.

이처럼 대단히 가치적재적인 은유에 대응하여, 라슨은 환경 문제에 대해 이야기할 때 순수하게 가치중립적인 용어를 개발하려고 노력할 수 있다고 인정한다. 그러나 그는 이 제안이 가치적재적인 과학적 프레임을 제거하려고 할 때와 같은 어려움을 겪는다고 강조한다. 첫째, 순수하게 가치중립적인 용어를 사용할 수 있는지 의심스러울 때가 많다. 둘째, 순수하게 가치중립적인 용어는 환경 문제를 대중에게 전달하는 데 훨씬 덜 효과적일 수 있다. 따라서, 라슨은 우리의 사회적 목표에 더 잘 맞는 용어와 은유를 탐구할 것을 과학자들에게 요구한다. 예를 들어, 그는 우리가 '침입' 종 대신 '과잉' 종이나 '해로운' 종에 대해 말하는 것으로 바꿀 수 있다고 제안한다. 이 용어들은 일부 종들이 너무 많아져서 문제를 일으킨다는 사실을 강조하면서도 군사적인 느낌을 피할 수 있을 것이다. 게다가 어떤 경우에는 토종이 해로울 수 있으므로, 이 용어들은 토종들과 새로 도입된 종들을 그렇게 날카롭게 구별하지 않을 수 있다.

과학자들에게 그들이 사용하는 언어가 사회에 주는 영향을 성찰하라는 라슨의 요구는 환경 과학 전반에 적용할 수 있다. 예를 들어 철학자 스티븐 가디너는 기후변화를 논할 때 중요해지는 몇몇 언어 문제에 대해 논의했다. 1980년대에는 많은 사람이 '온실효과'라는 은유를 사용했지만, 일부 학자들은 이 효과의 결과를 좀더 직접적으로 전달하는 언어를 사용하는 것이 더 좋다고 생각하기 시작했다. 그래서 그들은 '지구 온난화'라는 용어로 바꾸었다. 그러나 이 용어도 대중에게 그릇된 인상을 줄 수 있기 때문에 인기가 떨어지기 시작했다. 예를 들어 가디너는 사람들이 지구가 따뜻하다는 말을 좋아할 수 있고, 기온뿐만 아니라 강수 패턴도 급격하게 변해서 자연계와 인류 문명 모두에 파괴적인 영향을 미칠 수 있다는 것을 깨닫지 못할 수도 있다고 지적한다. '기후변화'라는 용어를 사용하는 것이 이 변화의 문제를 더 잘 포착할 수 있다. 그러나 과학 정책 전문가 로저 필키 주니어는 공화당도 어떤 경우에는 '기후변화'라는 용어를 정치적 목적으로 사용하도록 권장하고 있다고 지적했다. 일부 유권자들에게는 이 용어가 '지구 온난화'보다 조금 덜 염려스러운 느낌이 들기 때문이다. 그러므로, 이 분야에서 일하는 책임 있는 과학자들은 부정확한 해석을 방지하고 정치 전략가들의 손에 무비판적으로 놀아나지 않는다는 목표와 함께 정확성과 이해 가능성 같은 것들을 고려해야 한다.

심각한 기후변화를 막을 수 있는 우리의 능력이 점점 더 의심스러워짐에 따라, 일부 과학자들은 기후 지구공학 연구에 더 많은 노력을 기울여야 한다고 제안했다. 이 연구 분야는 대기에서 이산화탄소를 제거하거나 지구의 태양광 반사율을 증가시킴으로써 지구 기후를 냉각시키는 전략을 탐구한다. 예를 들어, 화산 분출 이후에 엄청난 양의 황 입자들이 대기로 분출되어 태양 복사를 차단하면 지구가 일시적으로 식는 것으로 알려져 있다. 따라서, 어떤 과학자들은 지구가 더워지는 것을 막기 위한 노력으로 일부러 같은 종류의 입자들을 장기간에 걸쳐 대기 중으로 쏘아 올릴 수 있다고 제안했다. 물론, 이러한 전략들은 그 자체로 많은 잠재적인 문제점이 있다.

현재 추진되는 지구공학 연구의 적합성과 지혜를 둘러싸고 커다란 국제적인 논쟁이 있고, 이러한 논쟁 중 많은 부분이 지구공학을 언급하는 데 사용할 가장 좋은 용어에 대한 의견 불일치로 시작한다는 것은 주목할 만하다. 미국 국립과학원의 2015년 보고서는 '공학'이라는 단어가 부분적으로 예측 가능성과 통제(현재 제안된 지구공학 계획에는 없는)라는 인상을 주기 때문에 지구공학보다는 '기후 개입climate intervention'이라는 용어를 선택했다. 하지만 문제는 여기서 그치지 않는다. 지구의 태양광 반사율 증가에 초점을 맞추는 기후 지구공학 기술은 '태양복사관리SRM, solar radiation management' 기술이라고 부르기도 한다. 다시 한번, 반대하는 사람들은 '관리'라는 용어가 SRM을 실제보다 더 정밀하고 쉽게 제어할 수 있다는 인상을 준다고 염려했다. 따라서, 다른 과학자들은 이러한 느낌을 피하기 위해 '햇빛반사방법sunlight reflection method' 또는 '태양광반사율변경albedo modification'과 같은 용어를 제안했다. 국립과학원 보고서의 저자들 중 한 사람인 레이먼드 피어험버트는 심지어 별도의 논평에서 '태양광반사율해킹albedo hacking'과 같은 용어가 지구공학 기술의 실험적이고 위험한 특징들을 더 잘 나타낼 것이라고 제안했다. 이 장 전체에서 논의한 많은 사례처럼, 어떤 가치도 암시하지 않는 완전히 중립적인 용어는 없는 것으로 보인다. 그러므로 책임감 있는 과학자들은 어떤 용어가 균형이라는 목표를 가장 잘 이루는지 고려해야 한다.

생물학과 사회과학의 용어

가치가 얼마나 광범위하게 용어에 영향을 줄 수 있는지 보여주기 위해, 이 장의 나머지 부분에서는 광범위한 여러 과학 분야를 다루겠다. 생물학의 한 예로, 이 장의 처음에 나온 들쥐 사례를 생각해보자. 과학자들은 프레리들쥐와 유전자 변형 초원들쥐에게 '일부일처제'라는 이름을 붙였고, 이 용어는 분명히 이 연구를 둘러싼 논의에서 대중들에게 큰 영향을 미쳤다. 긍정적인 면에서, 이 용어는 들쥐들이 보여주는 행동을 쉽게 이해할 수 있게 해주기 때문에 유용하다. 하지만 부정적인 면에서는, 들쥐에게서 나타나는 일부일처제 행동들은 인간의 일부일처제 관련 행동들과 다르기 때문에 혼란을 조장할 수도 있다. 생물학자들이 들쥐의 행동을 일부일처제라고 묘사할 때, 이것은 들쥐들이 특정한 파트너와 장기간의 유대 관계를 형성하고 새끼들을 자주 만나고 함께 돌본다는 것을 의미한다. 하지만 이 '일부일처제' 들쥐들은 여전히 파트너가 아닌 다른 개체들과 가끔 교미를 하는데, 이것은 우리가 일반적으로 인간들 사이에서 일부일처제를 생각하는 방식이 아니다. 그러므로 일부 언론의 논의가 암시하듯이, 들쥐들 사이에서 '일부일처제'를 촉진하는 유전적 요인들을 인간이 바람을 피우는 것을 막기 위해 신뢰성 있게 사용할 수 있다고 가정하는 것은 오해의 소지가 매우 크다.

들쥐 사례는 생물학자와 사회과학자들이 대중들이 이해하기 쉬운 용어와 혼란을 최소화할 수 있는 용어 사이에서 선택할 때 직면하는 어려움을 보여준다. 철학자 존 듀프레는 '일부일처제'라는 용어와 함

께 발생하는 것과 같은 종류의 문제들이 '강간rape'과 같은 용어에서
도 발생한다고 지적했다. 인간 사회에서 강간이라는 개념은 단지 다
른 사람에게 자신을 강요하는 것보다 훨씬 더 많은 것들을 의미한다.
그것은 다른 사람의 권리를 침해하거나 적절한 동의를 얻지 못하는
것을 포함한다. 이것 때문에 어른과 아이 사이의 합의된 성관계를 강
간이라고 부르는 것이고, 또한 과거 대부분의 사회가 남편이 아내를
강간했다는 말을 개념적으로 일관성이 없다고 본 이유를 설명해준다.
결과적으로 듀프레는 동물의 행동에 대해서 '강간'이라는 말을 쓰면,
심각한 혼란에 빠질 수 있다고 주장한다. 동물들은 도덕적인 개념을
염두에 두고 행동하지 않기 때문이다.

'강간'이라는 용어는 이해의 촉진과 혼란의 최소화 사이의 어려운
선택을 강조할 뿐만 아니라, 과학 용어가 가치를 담는 가장 심오한 방
법 중 하나를 보여준다. '강간'과 같은 용어에는 서술적인 성분뿐만
아니라 윤리적인 성분도 들어 있기 때문에, 사회과학자들이 이런 용
어들을 사용해서 인간의 행동을 묘사할 때는 도덕적 평가를 드러내는
것이다. 이런 용어를 사용하지 않거나, 그러한 전형적인 의미를 갖지
않도록 용어를 재정의함으로써 이 문제를 피하려고 할 수 있다. 그럼
에도 불구하고, 듀프레는 이 전략이 전형적으로 사회과학에 도움이
되지 않는다고 주장한다. 우리는 이러한 과학들이 인간의 필요 및 관
심사와 연결되기를 바라며, 전형적인 의미에 맞는 방식으로 용어가
사용되기를 원한다. 결과적으로 듀프레는 과학의 많은 분야가 어쩔
수 없이 가치적재적이라고 말한다. 우리는 인간 문화의 세계에 대한
연구에서 가치의 역할을 인정해야 한다는 것이다.

독성학 용어

심지어 인간의 문화와 완전히 구별되는 것으로 보이는 분야에서도 과학 용어들은 가치를 포함한다. 가치적재적인 용어와 무관할 것으로 보이는 독성학 분야의 몇 가지 예를 보자. 우리의 사회는 현재 수만 개의 산업용 화학 물질을 사용하고 있으며, 정부 기관과 민간 기업들은 이 물질들의 독성을 평가하기 위해 많은 노력을 기울이고 있다. 잠재적으로 위험한 화학 물질을 통제된 방식으로 사람에게 의도적으로 노출시키는 실험은 비윤리적이기 때문에 독성 평가는 매우 어렵다. 따라서 우리는 역학 연구(실생활에서 일어나는 인간에 대한 노출과 영향 사이의 상관관계를 관찰하는)와 동물 연구를 수행해야 한다. 두 접근법 모두 정확한 정보를 제공하지 못하는데, 특히 미량의 화학 물질 노출에 대한 효과는 더욱 그렇다. 환경보호청과 산업안전건강관리청OSHA, Occupational Safety and Health Administration 같은 정부 기관들은 현재 유해 화학 물질의 독성 효과가 미량보다 다량에서 더 크다고 가정한다. 그들은 또한 적어도 발암성이 없는 화학 물질의 경우, 어떤 한계 이하에서는 거의 해롭지 않다고 가정한다.

이러한 가정들은 최근에 여러 방향에서 비난을 받고 있다. 이 책의 앞에서 소개한, 테오 콜본이 산업용 화학 물질들이 자연의 호르몬을 모방해서 해로운 효과를 일으키는 내분비계 교란에 대해 수행한 선구적 연구를 기억하자. 내분비 교란 화학 물질은 다량일 때 문제를 일으키지 않는데도 소량으로 해로운 효과를 일으킬 수 있어서 환경보호청과 OSHA 같은 규제 기관들의 가정에 도전하는 것으로 보였다. 그러나 1장에서는 이들을 뭐라고 불러야 할지 알 수 없다고 지적했다. 1999년 미국 국립과학원이 보고서를 발표했을 때는 이 화학 물질을 '호르몬 활성 물질'이라고 불렀다. 이 용어를 사용한 일부 이유는 '교란'이라는 용어보다 감정적으로 덜 공격적으로 느껴지고, 호르몬 활성 화학 물질이 항상 해롭다는 인상이 줄어들기도 했기 때문이다. 그러나 호르몬 '활성'에 대해서만 말하면 반대로 오해를 불러일으킬 수 있다고 걱정할 수도 있다. 내분비 교란 화학 물질이 내분비계를 방해하므로, 그것들을 단지 '호르몬 활성'이라고 부르면 이 효과를 완전히 나타내지 못할 수도 있다. '교란', '간섭', '활성'에 대해 말하게 되면, 우리는 라슨이 과학자들에게 좀더 신중하게 고려하도록 촉구한 은유적인 선택으로 되돌아온다.

독성학의 이전 가정에 대한 또 다른 도전은 '다중화학민감성MCS, multiple chemical sensitivity'이라고 부르는 현상이다. 걸프전 증후군과 비슷하게, MCS로 고통받는 사람들은 다양한 화학 물질에 극도로 민감해지는 것으로 보인다. 그들은 살충제나 향수 같은 유발 화학 물질에 노출되었을 때 두통, 어지러움, 소화 불량, 호흡 곤란과 같은 다양한 증상을 일으킨다. 이 사람들은 매우 민감하고, 독성 화학 물질에 노출되었을 때 흔히 나타나는 것과 다른 증상들을 보이기 때문에, 몇몇 전문가들은 MCS가 단지 정신적 또는 감정적 기원을 가진 심리적 문제일 뿐이라고 생각한다. 그 결과, 일부 전문가들은 '다중화학민감성'이라는 용어가 그 증상으로 고통받는 사람의 정신 상태가 아니라 실제로 화학 물질 때문이라는 인상을 준다는 점을 비판했다.

MCS이라는 용어를 대체하기 위해, 1996년에 베를린에서 열린 회의에서 참가자들이 '특발성환경비수용성IEI, idiopathic environmental intolerance'이라는 새로운 용어를 제안했다. 그들은 IEI라는 용어가 화학 물질이 실제로 문제를 일으킨다는 인상을 줄일 수 있기 때문에 과학적인 조사를 진척시키는 데 도움이 될 것이라고 주장했다. 하지만, 많은 전문가가 새로운 용어를 비난했다. 그들은 베를린 회의에 참가한 많은 연구자가 화학 산업과 어떤 방식으로든 연관되어 있어서 사람들이 겪는 건강 문제의 원인으로 화학 물질에 대한 관심을 최소화하는 용어를 의도적으로 개발하려 한다고 염려했다. 그들의 염려는 베를린 회의 참석자 중 일부가 언론에 '특발성'이라는 단어가 '스스로 일으킨다'는 뜻이라고 말하기 시작했다는 사실 때문에 강조되었다. '특발성'이라는 단어를 이런 의미로 사용함으로써, 이 질환으로 고통받는 사람이 증상을 스스로 일으킨다는 것이 입증되지 않았기 때문에 IEI라는 용어도 오해를 일으킬 수 있게 되었다.

이전의 독성학적 견해에 대한 또 다른 도전은 '호메시스hormesis'라고 부르기도 하는 현상에서 온다. 낮은 용량에서 산업용 화학 물질의 유해성에 대한 새로운 우려를 제기했던 내분비 교란과 다르게, 호메시스는 보통 독성이 있는 화학 물질이 낮은 용량에서 유익한 효과를 내는 경우를 말한다. 예를 들어, 5장에서 논의한 강력한 발암 물질인 다이옥신이 사람들에게 매우 낮은 수준으로 노출되었을 때 일부 종양의 발생률을 실제로 감소시킬 수 있다는 증거가 있다. 매사추세츠 주립대학교 애머스트 캠퍼스의 교수인 에드워드 칼라브리스는 호메시스가 발생했다고 주장하는 수천 개의 연구가 담긴 데이터베이스를 만들었다. 그는 호메시스의 발생이 놀랄 일이 아니라고 말한다. 왜냐하면 유기체들이 흔하게 노출되는 해로운 물질에 적응하는 방법을 찾는 것이 이치에 맞기 때문이다. 그는 호메시스의 발생이 다른 종과 화학 물질에 걸쳐서 크게 '일반화'할 수 있으며, 이는 사회가 독성 화학 물질을 규제하는 방식에 큰 영향을 미칠 수 있다고 주장한다. 예를 들어 독성 화학 물질이 일반적으로 낮은 수준에서 유익한 영향을 미치므로 사람들의 노출을 줄이기 위해 환경보호청과 같은 규제 기관이 그렇게 열심히 노력할 필요가 없다고 가정해야 한다고 그는 제안한다. 업계가 그의 연구에 자금을 제공하고 공중보건에 관심이 있는 학자들이 연구 결과에 이의를 제기하는 등, 그의 주장은 다양한 이익 집단으로부터 많은 관심을 끌었다.

내분비 교란과 MCS의 경우와 마찬가지로, 호메시스에 대한 비판의 일부는 용어와 관련이 있다. 미국 국립환경보건과학연구소NIEHS의 연구원 크리스티나 테이어는 칼라브리스가 새로운 이름을 쓸 만큼 하나의 균일한 현상을 확인했는지 불분명하기 때문에 '호메시스'라는 용어를 쓰지 않는 편이 낫다고 주장했다. 테이어와 그녀의 동료들은 화학 물질이 신체에 너무나 다양한 영향을 미치기 때문에 독성 화학 물질이 때때로 여러 가지 이유로 유익한 영향을 미칠 수 있다는 것은 놀랄 일이 아니라고 지적한다. 따라서, 그들은 칼라브리스가 '이중의 상biphasic' 또는 '비非단조적nonmonotonic' 투여량-반응 관계를 확인했다고 말하는 것이 더 나을 것이라고 주장한다. 이 단어들은 화학적 노출과 신체 반응 사이의 관계가 균일하게 증가하지 않음을 나타낸다. 그러나 새로운 용어 '호메시스'와 달리, 이 용어들은 하나의 현상이 이 모든 효과의 원인임을 나타내지 않는다. 이 경우 흥미로운 점은 이용 가능한 증거가 '호메시스'라는 용어를 쓸 만큼 설득력 있는 이유를 제공하는지 여부가 아니라, 이 용어를 사용하면 대중들이 독성 물질이 유익한 효과를 가질 수 있다는 생각에 더 크게 반응한다는 것이다. 따라서, 연구자들은 이러한 종류의 관심을 끄는 용어를 사용하는 것이 더 나은지 아니면 덜 시사적인 용어를 사용하는 것이 더 나은지 고려할 필요가 있다.

의학 용어

마지막으로, 의학 분야에서 이와 동일한 용어의 문제가 어떻게 발생하는지 간략히 살펴보자. 2015년에, 미국 의학연구소IOM, Institute of Medicine는 만성피로증후군의 분류에 대한 100만 달러짜리 보고서를 발표했다. 〈뉴욕 타임스〉의 2007년 기사에 따르면, 만성피로증후군을 앓고 있는 사람들은 오랫동안 이 구어적인 용어 때문에 "연구자들, 제약 회사들, 정부 기관들이 이 질병을 심각하게 대하지 않게 될 것을 걱정했다."[11] 그래서, 일부 환자들은 의학적으로 더 진지하고 세련되게 들리는 '근통성 뇌척수염myalgic encephalomyelitis'이라는 영국 용어를 선호했다. 2015년의 보고서는 만성피로증후군을 정의하는 새로운 기준을 제공하고, 전신성 활동불능증SEID, systemic exertion intolerance disease이라는 새로운 이름을 제안했다. 'SEID'라는 새로운 용어는 영국 용어보다 의학적인 느낌이 약하지만, 대부분의 사람들에게 더 설명적이다. 또한 '전신성systemic'이라는 용어를 넣어서 인지적·감정적 활동도

SEID 환자에게 피해를 줄 수 있다는 사실을 강조한다.

만성피로증후군을 어떻게 부를지에 대한 결정은 의학 용어 선택과 관련된 가치가 얼마나 복잡한지 보여준다. 정확성, 이해 가능성, 포괄성뿐만 아니라 환자에 대한 존중과 지원을 촉진하는 등의 여러 가지 목적이 여기에 관련된다. 어떤 경우, 질병에 일반적으로 사용되는 용어에는 명백히 존중이 부족하다. 예를 들어 만성피로증후군을 '여피족의 독감'이라고 부르기도 하고, 자궁내막증을 '직장 여성의 병'이라고 부르기도 했다. 가치에 관련된 이유로 이러한 용어를 배제하기는 쉽지만, 어떤 경우에는 더 복잡한 절충이 따르기도 한다. 예를 들어, 2015년에 세계보건기구는 사람, 장소, 동물에게 오명을 씌울 수 있는 방식으로 사람의 전염병에 이름을 붙이지 말라고 과학자들에게 요구했다. 예를 들어 중동호흡기증후군MERS, Middle East respiratory syndrome, 돼지독감, 무좀(운동선수의 발athlete's foot), 마르부르크 병과 같은 이름을 사용하는 것은 세계보건기구의 새로운 지침에 따라 권장되지 않을 것이다. 그러나 일부 과학자들은 쉽게 이해할 수 있는 이러한 이름들을 '필로바이러스 관련 출혈열 1filovirus-associated hemorrhagic fever 1' 또는 '베타CoV 관련 사스 2012BetaCoV-associated SARS 2012'와 같은 용어로 대체함으로써 많은 것을 잃을 수 있다고 주장했다. 그러므로, 과학자들은 이해하기 쉽고 기억하기 쉬운 용어를 사용하는 것의 가치와 잘못된 인식을 심어줄 가능성을 피하는 것의 가치를 비교해야 한다.

범주와 분류 체계

과학의 프레임과 용어에서의 역할 외에도, 가치는 과학적인 범주를 선택할 때도 역할을 한다. 예를 들어, 인종 범주 및 그것이 부당한 편견과 의심스러운 연구에 기여한 방식을 살펴보자. 1994년에, 리처드 헌스타인과 찰스 머레이는《종형 곡선The Bell Curve》이라는 제목의 매우 논란이 많은 책을 출판했다. 그들의 목표는 미국 사회 전체에 걸친 지능의 변이를 설명하고, 지능이 사람들의 성공에 어떻게 기여하는지 조사하고, 그들의 발견에 근거한 정책을 제안하는 것이었다. 그들이 펼친 논증의 핵심은 지능이 사람들의 성공에 기여하는 매우 중요한 요소라는 것이었다. 불행하게도, 그들은 또한 유전적인 요인이 사람들의 지능을 결정하는 데 매우 중요하며, 사람들의 환경을 변화시킴으로써 지능을 크게 변화시키기는 어렵다고 결론지었다. 게다가 그들은 증거가 혼란스럽다고 인정했지만, 아프리카계 미국인들에 비해 백인들과 아시아인들이 보여준 더 높은 지능 검사 결과가 이러한 유전적 요인과 관련이 있다고 제안했다.

놀랄 것도 없이, 그들의 책은 많은 반응을 이끌어냈다. 저명한 교육학자 하워드 가드너는 "이 책의 과학은 한 세기 전에 제안되었을 때 의심스러웠고, 지금은 인지과학과 신경과학의 발달로 완전히 대체되었다"고 주장했다.[12] 심리학자인 리언 카민은 이 책이 '재앙적 실패'이며, 어떤 결정적인 점에서 '한심한' 데이터가 포함되었다고 주장했다.[13] 미국심리학회APA는 이 책의 내용을 검증하는 특별 조사팀을 만들었다. 미국심리학회는 지능 검사가 학교와 미래의 직업에서 성공을 예측하는 경향이 있다는 등의 몇몇 발견에 동의했다. 그러나 그들은 유전적 차이가 지능 검사에서 나타나는 백인과 흑인 간 차이의 원인 이라는 생각에 대해서는 설득력 있는 증거가 없다고 결론지었다.

　유명한 고생물학자이자 과학 저술가인 스티븐 제이 굴드가 《종형 곡선》에 대한 귀중한 역사적 관점을 제시했다. 이 책이 출간된 뒤에, 그는 인종 간 지능 차이의 생물학적 근거에 대한 관심이 "인종에 대한 연구만큼 오래되었고, 거의 확실히 잘못되었다"고 지적했다.[14] 굴드의 고전적인 책 《인간에 대한 오해 The Mismeasure of Man》는 지난 두 세기 동 안 쌓인 인종 차이에 대한 과학적 연구의 역사를 요약하고 있다. 그는 조르주 퀴비에, 찰스 라이엘, 찰스 다윈을 포함한 19세기의 가장 위대 한 자연학자들이 모두 아프리카 인종의 지능이 백인보다 낮다고 추정 했다고 지적한다. 이 시대의 일부 학자들은 다양한 인종이 별개의 종 이라고 생각한 반면에, 다른 학자들은 '열등한' 인종은 궁극적으로 백 인과 같은 조상에서 왔지만 상당히 퇴보했다고 생각했다. 19세기 전 반에 미국의 유명한 과학자이자 의사인 새뮤얼 조지 모턴은 여러 인 종 집단을 대상으로 1,000개 이상의 두개골을 수집했고, 백인의 두개 골이 아메리카 인디언이나 아프리카인들보다 뇌 용적이 크다고 결론 지었다. 폴 브로카와 같은 후대의 인류학자들은 아프리카인(과 여성)의 두뇌가 더 작아서 지능이 같을 수 없음을 나타내는 더 많은 자료를 수 집했다. 다른 과학자들은 아프리카인들이 신체적으로나 지적으로나 백인 어른들보다 백인 아이들과 더 비슷하다는 것을 보이기 위해 (뇌 뿐만 아니라 종아리 근육, 코, 수염과 같은 특징들까지) 모든 종류의 신체 측정 자료를 수집했다.

인종주의 연구의 이 추악한 역사는 지능의 차이를 연구하는 요즘 사람들에게 심각한 경고를 준다. 굴드는 과거에 인종주의를 연구한 많은 과학자가 의도적으로 데이터를 '날조'하려고 시도하지는 않았던 것으로 보인다고 지적한다. 그럼에도 불구하고, 그는 기존의 편견을 뒷받침하기 위해 데이터를 해석하거나 조작하는 미묘하지만 문제가 있는 수많은 방법의 예를 든다. 그 결과로, 그들은 인종주의적 고정관념을 지지하기 위해 겉보기에 객관적인 자료를 제시할 수 있었다. 아이러니하게도, 브로카는 많은 과학자가 그들이 가진 평등주의적 가치 때문에 과학적 사실을 거부했다면서 동시대의 많은 과학자를 비난했다. 그는 자기를 반대하는 가장 저명한 비평가들 중 한 명이 모든 인종이 평등하다는 '선입견의 지배를 받는다'고 주장했고, "정치적이고 사회적인 고려의 개입이 종교적인 요소보다 인류학에 덜 해롭지 않다"고 한탄했다.[15] 브로카를 뻔뻔스러운 위선자라고 비난하는 것은 유혹적이지만, 우리는 이미 5장에서 모든 사람이 이런 '확증 편향'에 빠지기 쉽다는 것을 보았다. 누구나 처음에 믿었던 것을 방어하기 위해 증거를 선택적으로 강조하거나 해석하는 것이다. 사실, 굴드 자신의 연구도 (특히 모턴의 인간 두개골 측정에 대한 비판이) 부정확했던 것으로 보인다.

인종 분류에 대한 논쟁

객관적이라고 가정되는 자료를 바탕으로 기존의 믿음을 지지하기 위해 인종 차이를 연구한 과학자들의 역사적 경향을 고려하면, 단순히 과학자들이 과학 연구에서 인종 범주를 완전히 버려야 한다는 주장은 유혹적이다. 기회 균등을 장려하는 우리의 강한 사회적 가치와 인종 차별에 반대하는 강한 윤리적 이유로 볼 때, 인종 범주를 포함하는 연구는 전혀 유익하지 않은 것 같다. 게다가, 인종 범주를 포기하자는 제안은 단지 우리가 참이기를 원하는 과학적 아이디어를 채택하려는 한 예가 아니다(말하자면, 희망적 사고의 문제). 현대의 유전자 연구는 현대 사회에서 매우 강조하는 인종 분류가 생물학적 관점에서는 거의 근거가 없다는 것을 보여준다. 같은 인종 집단 내의 비교가 보통 다른 인종 집단에서 온 사람들과의 비교보다 더 큰 유전적 변이를 보인다. 예를 들어, 의학 교수이자 생명윤리학자인 밀드레드 조는 약 5~10퍼센트의 유럽 백인들이 특정 약물의 대사를 변화시키는 유전자를 가지고 있다고 밝힌 연구를 강조한다. 이 연구에서 일본인들의 약 1퍼센트만이 이 변형을 가지고 있다고 한다. 이것은 두드러진 인종적 차이가 있다는 증거처럼 보이지만, 백인 집단 사이에서도 유럽인과 일본인 사이에서 발견되는 정도의 변이가 있다는 것을 알면 사정이 달라진다. 북부 스페인 출신의 백인 중 약 10퍼센트가 이 변이를 가지고 있는 반면, 스웨덴 사람들은 약 1~2퍼센트만이 이 변이를 가지고 있었다.

이러한 발견을 바탕으로 밀드레드 조는 생의학 연구와 의료에서 인종 범주의 사용을 포기해야 한다고 주장한다. 그녀는 질병의 원인이 되는 중요한 유전적 변이가 분명히 있다고 인정하지만, 우리 사회가 만들어낸 인종 범주는 집단에서 가장 중요한 유전적 변이를 잘 반영하지 못한다고 말한다. 예를 들어 미국 사람들은 특히 '흑인'과 '백인' 사이의 인종적 차이에 집중하지만, 아프리카 사람들 사이에는 이 구별이 완전히 무시될 만큼 엄청난 유전적 차이가 있다. 또한 의료 환경에서는 의사가 눈으로 보고 판단하거나 본인의 생각에 따라 인종 집단을 분류하지만, 이러한 접근법은 유전적 관점에서 부정확하기로 악명이 높다. 인종 범주의 생물학적 부정확성과 인종주의적 가정과 편견을 부추길 가능성이 연결된다고 볼 때, 밀드레드 조는 이런 것들을 채택하는 것이 분명히 현명하지 않다는 결론을 내린다.

그럼에도 불구하고, 다른 과학자들은 어떤 경우에는 인종 범주를 사용하면 중요한 이점이 있을 수 있다고 주장했다. 예를 들어 의학 교수 제이 콘은 인종 범주가 부정확하다고 해도, 그것들은 때때로 의학적으로 중요한 정보와 상관관계가 있다고 주장했다. 그는 백인 환자에게서 겸상적혈구 질환을 찾거나 흑인에게서 낭포성 섬유증을 찾는 것은 무의미하다고 지적한다. 그는 또한 일부 마약이 스스로 백인이라고 하는 사람들보다 스스로 아프리카계 미국인이라고 하는 사람들에게 더 효과적인 경향이 있다는 증거를 무시해서는 안 된다고 주장한다. 심지어 밀드레드 조도 인종 범주가 조사관들이 인종 집단 간의 건강 격차를 조사할 때는 도움이 될 수 있다고 인정한다. 이러한 차이는 대부분 특정한 인종 집단에 대한 사회적 편견에 의해 생겨나기 때문에, 인종 범주는 이러한 차이를 식별하는 것과 크게 관련된다.

그러므로, 이 사례도 조사관들이 인종 범주를 채택했을 때의 이득이 피해를 압도하는지 판단할 때 가치가 어쩔 수 없이 관련되는 경우다. 공중보건학 교수 S. 비탈 캐티케레디와 철학 교수 션 밸레스는 이러한 종류의 결정을 우리의 과학적 목표와 윤리적 목표에 대해 함께 생각하면서 처리해야 한다고 주장했다. 한 가지 예로, 그들은 1977년 부터 '남성과 성관계를 한 남성MSM, men who have had sex with men'으로부 터 헌혈을 금지한 미국 식품의약청FDA의 결정에 호소한다. 그 동기는 수혈을 통한 HIV 전염의 위험을 낮추기 위한 것이었다. 캐티케레디 와 밸레스는 MSM 범주의 사용은 과학적으로 의심스럽다고 지적하 는데, 그것은 남성-남성 성행위의 종류에 따라 HIV에 걸릴 위험이 크게 달라진다는 사실을 얼버무리기 때문이다. 이것은 또한 MSM 범 주에 있는 사람들에게 낙인을 찍기 때문에 윤리적으로도 걱정스럽다. 게다가, 그들은 이러한 과학적·윤리적 우려들이 이와 같은 경우에 어 떻게 상호작용하는지에 대해 생각하는 또 다른 이점이 있다고 지적한 다. 예를 들어, MSM 범주에 속하는 사람들에게 오명을 씌우는 윤리 적 문제는 이 범주에 속하는 사람들이 의료 제공자 및 공중보건 전문 가들과 공개적으로 의사소통을 하지 못하게 하기 때문에 과학적 문제 를 악화시킨다. MSM과 같은 엉성한 범주를 사용하는 과학적 문제는 각각의 성적 행동에 따라 발생하는 위험이 어떻게 크게 달라지는지 토론할 기회를 줄이기 때문에 다시 윤리적 문제를 일으킨다.

환경 과학에서의 범주

세계를 어떻게 범주에 새겨넣을 것인지에 대한 가치적재적 결정은 의 학과 사회과학의 범위를 넘어선다. 예를 들어, 환경 과학에서 특정 범 주를 사용할지 여부가 아니라 사회적으로 중요한 범주를 정의하는 방법에 초선을 맞춘 최근의 논쟁을 생각해보사. 우리는 4장에서 습지에 대한 태도가 사람들이 습지의 가치를 인식하기 시작하면서 20세기를 지나는 동안 극적으로 변했다는 것을 보았다. 이 장의 주제와 관련해서, '습지'라는 용어가 1950년대까지 널리 사용되지 않았고, 과학자들, 규제 기관, 환경론자들이 '소택지' 또는 '늪'과 같은 용어보다 더 긍정적이고 함축적 의미를 가진 용어를 찾고 있었기 때문에 이 용어가 각광을 받기 시작했다는 것에 주목할 만하다. 그러나 습지의 개념을 정확히 정의하기가 쉽지 않다. 습지는 그 안에 존재하는 물의 양, 토양의 종류, 자라는 식물에 따라 다양하다. 1990년대 중반 국가연구위원회NRC의 보고서에 따르면, 과학자들이 사회적 필요성 때문에 그렇게 하도록 요청을 받기 전까지는 정확한 분류 체계를 채택하려고 시도할 이유가 거의 없었다. "과거에 과학자들은 습지에 대해 공통으로 사용하는 단일한 정의를 만들지 않았는데, 과학적으로 그렇게 해야 할 이유가 없었기 때문이다. 그러나 이제 그들은 습지의 규제적 정의에 대한 해석을 도와달라는 요청을 받고 있다."[16]

습지를 정의하는 방법을 결정하는 것은 매우 논란이 많은 것으로 판명되었다. 이해관계가 엇갈리는 가치들의 혼합을 보기 위해서, 1989년에 조지 H. W. 부시가 대통령이 되었을 때 직면한 과제를 생각해보자. 한편으로, 그는 습지의 '순손실 방지'를 선거 공약으로 내걸었다. 반면에, 개발업자들은 이 정책이 자신들의 활동을 방해한다는 우려를 제기했다. 부시 행정부는 이에 매우 영리한 방식으로 대응했다. 1980년대에 습지에 대한 정책을 수립하는 데 관여한 네 개의 주요 연방 기관은 이 범주의 토지에 대한 공통된 연방의 정의를 개발하기 위해 노력했다. 부시 행정부는 습지로 분류되는(따라서 규제의 보호를 받는) 땅이 갑자기 3분의 1로 줄어들도록 하는 제안을 정의로 선택했다. 그러나 정부는 환경계의 격렬한 반대로 결국은 제안된 재정의를 포기해야 했다. 그럼에도 불구하고, 이 사례는 과학적 범주가 규제와 관련해 중요한 문제가 될 때 사회적 가치가 어떻게 과학과 얽히게 되는지를 보여준다. 부시 행정부에 반대하는 사람들은 그가 과학을 함부로 다루었다고 주장했지만, 다른 논평가들은 '습지'와 같은 범주를 어떻게 정의해야 하는지에 대해 과학적 증거가 명확한 지침을 제공하지 못한다고 지적했다. 습지의 특성은 어느 정도 연속적으로 변하기 때문에, 어디에 선을 긋고 무엇을 보호해야 할지 결정하는 데 사회적 가치가 필요할 수 있다.

결론

우리는 과학적 정보를 기술하는 방법을 결정할 때 가치가 자주 관련된다는 것을 보았다. 이러한 결정에 가치를 포함시키는 이유는 1장에 제시된 두 가지 정당화에 대응한다. 첫째, 과학 정보를 전달하는 완벽하게 가치중립적인 방법을 찾는 것은 비현실적일 때가 많다. 이용 가능한 프레임, 용어, 범주는 일부 가치들을 다른 가치들보다 미묘하게 우대하게 된다. 따라서, 과학자들은 어떤 가치들이 지지하거나 강조하기에 더 적절한지 고려해야 한다. 둘째, 정보를 어떻게 전달할지 결정할 때, 과학자들은 때때로 여러 가지 목표에 직면하게 된다. 정확성을 보장하고, 오해를 방지하고, 연구가 과학의 다른 분야와 어떻게 연결되는지 명확히 하고, 연구 결과가 사회에 주는 영향력을 확인하고, 그들의 발견이 사람들이 가진 가치나 세계관과 어떻게 관련되는지 명확하게 해야 한다. 때때로 이러한 목표들은 서로 혹은 정확성의 목표와 갈등 관계에 있을 수 있으며, 이것은 프레임, 용어, 범주에 따라 더 잘 달성할 수 있는 목표가 달라진다는 것을 의미한다. 이러한 경우에, 어떤 목표를 우선으로 할지 결정할 때 가치가 관련된다.

표 6-1은 이 장에 나온 여러 가지 예를 보여준다. 이것들은 과학적 발견을 전달하는 프레임에 대한 선택, 용어와 은유에 대한 결정, 채택할 범주의 선택과 그 범주를 정의하는 방법의 세 가지로 구별된다. 이 예들은 과학자들이 정보를 전달할 때 가치적재적인 결정이 모든 곳에 있음을 보여준다. 예를 들어, 독성학 같은 분야에서 전문 용어에 대해 그렇게 많은 의견 불일치가 있었다는 것은 놀라운 일이다. 우리는 과학자들이 내분비 교란 물질이라고 말할지 호르몬 활성 물질이라고 말할지, 다중화학민감성이나 특발성 환경 비수용성이라고 말하는 것이 더 적절한지, 호메시스 또는 비단조적 용량-반응 관계 중에 어느 쪽이 더 나은지에 대해 논쟁한 것을 보았다.

물론, 우리는 과학자들이 특정한 프레임, 용어, 범주가 어떤 가치를 다른 가치에 비해 더 우대하게 되는 미묘한 방식을 항상 인식하리라 예상하지는 않는다. 대부분 과학자들은 이익 단체들이 강조하기 전까지는 아마도 언어의 중요성에 대해 무지할 것이다. 대부분의 과학자들은 또한 어떤 언어가 가장 적절한지 결정하려고 노력하면서 그들이

표 6-1 과학적 정보 전달에서 가치적재적 선택의 사례

프레임	• 들쥐 사례: 유전적 결정론, 인간은 들쥐와 같다, 환원주의, 관계 구원하기, 사회적 조작의 위험
	• 니스벳과 무니가 논의한 것들: 사회 진보, 과학적 불확실성, 논란 가르치기, 경제적 경쟁력, 종교적 도덕성, 공공 책임, 불공정한 경제적 부담
	• 다른 프레임: 질병 치료, 호기심 충족, 기술 창출
용어	• 환경 과학에서의 은유: 침입종, 외래종, 토종, 과잉종, 유해종
	• 기후변화에 관련된 용어: 온실효과, 지구 온난화, 기후변화, 지구공학, 기후 개입, 태양 복사 관리, 햇빛 반사 방법, 태양광 반사율 변경, 태양광 반사율 해킹
	• 생물학과 사회과학에 관련된 용어: 일부일처제, 강간
	• 독성학에 관련된 용어: 내분비 교란, 호르몬 활성 물질, 다중화학민감성, 특발성 환경 비수용성, 호메시스, 비단조적 투여량-반응 곡선
	• 의학 관련 용어: 만성피로증후군, 여피족의 독감, 전신성 활동불능증, 자궁내막증, 직장 여성 증후군
범주	• 인종 범주: 이 범주를 사용해야 하는가? 어떤 조건에서 사용되어야 하는가?
	• 남성과 성관계를 가진 남성: 이 범주는 언제 사용되어야 하는가?
	• 습지: 이 범주는 어떻게 정의되어야 하는가?

전문성에서 벗어났다고 느낄 수도 있다. 프레임을 다루는 절에서 논의한 대로, 한 가지 해결책은 과학자들이 '역추적'을 시도하는 것이다. 다시 말해서, 과학자들이 언어에 대해 중요한 결정을 할 때 취했던 조치를 다른 사람들에게 알려서, 채택된 프레임, 용어, 범주의 약점을 다른 사람들이 인식할 수 있게 하는 것이다. 또 다른 접근법은, 과학 정보를 가장 잘 전달하는 방법을 결정하기 위해 다른 학자와 이해관계자들이 참여하는 것이다. 다음 장에서는 어떻게 하면 여러 이해관계

자들(시민단체, 정책 입안자, 과학자, 다른 분야의 학자)들이 참여해서 과학의 가치적재적 측면을 식별하고, 이를 해결하는 방법에 대해 생각할 수 있는지를 다룬다.

참고 자료

럼 등(Lim et al. 2004)과 왈럼 등(Walum et al. 2008)은 들쥐, 인간, 일부일처제에 대한 연구를 제시하는 중요한 최초 자료다. 매코언(McKaughan 2012)과 터커(Tucker 2014)는 이 연구의 개요를 제공한다. 매코언(McKaughan 2012)과 매코언과 엘리엇(McKaughan and Elliott 2013)은 과학 전문가와 언론이 연구에 대해 소통하는 방법을 탐구한다. 매코언과 엘리엇(McKaughan and Elliott 2013)은 이 장에서 논의한 다섯 가지 프레임을 식별하고 역추적 개념을 소개한다. 캐버나(Cavanagh 2007)와 니스벳과 무니(Nisbet and Mooney 2007)는 〈사이언스〉에서 일어난 프레임에 대한 논쟁을 설명한다.

시카고와일더니스 논란에 대한 자세한 정보는 고브스터(Gobster 1997)와 쇼어(Shore1997)에서 확인할 수 있다. 라슨(Larson 2011)은 환경 과학의 은유에 대한 통찰을 제공한다. 엘리엇(Elliott 2009, 2011b)은 독성학의 내분비 교란, 다중 화학 민감성, 호메시스의 사례에서 용어의 중요성을 탐구한다. 가디너(Gardiner 2004)와 필키(Pielke 2007)는 기후변화 사례에서 용어에 대해 논의하고, 엘리엇(Elliott 2016a), 전미연구평의회National Research Council(NRC, 2015), 피어험버트(Pierrehumbert 2015)는 기후 지구공학에 사용되는 용어에 가치가 어떻게 작용하는지 보여준다. 매코언과 엘리엇(McKaughan and Elliott 2013)은 "일부일처제"라는 용어가 어떻게 오해를 불러일으킬 수 있는지에 대해 논의한다. 듀프레(Dupré 2007)는 "강간"과 같은 용어에서 가치의 역할을 고려한다. 엘리엇(Elliott 2009), 그렌스(Grens 2015), 툴러(Tuller 2007)는 만성피로증후군의 사례에서 사용된 용어를 검토하고, 케이펙(Capek 2000)은 자궁내막증을, 쿠페슈미트(Kupferschmidt 2015)는 세계보건기구의 질병 명명 지침을 논의한다.

《종형 곡선》에 대한 논쟁에 대해 더 읽을거리로는 굴드(Kupferschmidt 1981, 1995), 가드너(Gardner 1995), 헤른스타인과 머레이(Herrnstein and Murray 1994), 카민(Kamin 1995)이 있다. 모턴에 대한 굴드의 비판 중 일부가 부정확하다는 증거는 웨이드(Wade 2011)를 참조하라. 인종 범주에 대한 논의는 조(Cho 2006), 콘(Cohn 2006), 캐티케레디와 밸레스(Katikireddi and Valles 2015)에서 찾을 수 있다. 습지의 개념과 습지를 정의하려는 노력에 대한 정보는 엘리엇(Elliott 2017)에서 찾을 수 있다. 과학의 범주와 설명의 프레임 선택에서 가치의 역할에 대한 더 많은 연구는 브리간트(Brigandt 2015), 인테만(Inteman 2015), 루트비히(Ludwig 2016)에서 찾을 수 있다.

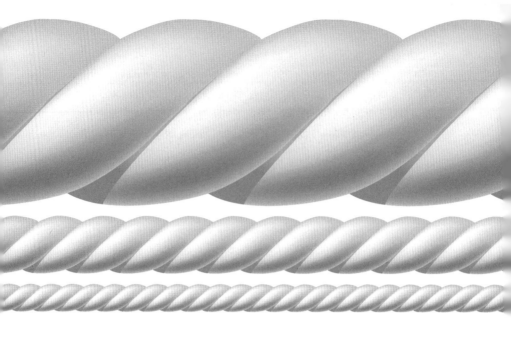

A Tapestry of
Values : An Introduction
to Values in Science

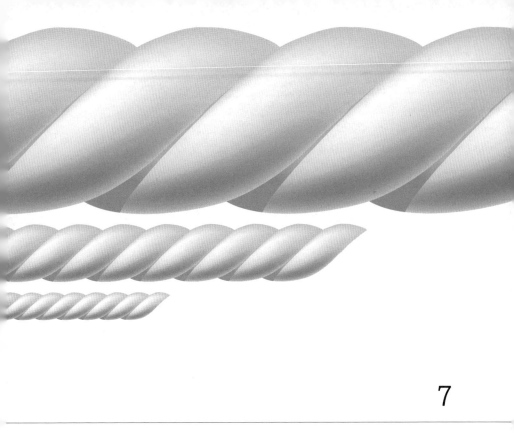

7

가치에 어떻게
참여할 수 있을까?

1988년 10월 11일, 공격적인 활동가 단체인 액트업ACT UP, AIDS Coalition
to Unleash Power(힘의 해방을 위한 에이즈 연맹)의 시위자들이 미국 식품의약
청을 봉쇄했다. 1,000명이 넘는 시위자들이 '연방사망청Federal Death
Administration'이라고 쓰인 검은색 현수막을 걸고 문, 통로, 도로를 막은
채 "이봐, 이봐, 식품의약청. 오늘은 몇 명을 죽였나?" 같은 구호를 외
쳤다. 시위대는 언론의 관심을 최대한 끌기 위해 홍보 자료를 준비하
고 사전에 언론사들에 전화 수백 통을 걸었다. 경찰은 극적인 모습을
보이지 않기 위해 체포를 최소화하라고 지시를 받은 것으로 보였지
만, 거의 180명이 체포되었다. 일부 시위자들은 식품의약청 건물에
들어가려고 했고, "우리는 죽고-그들은 아무것도 하지 않는다We Die-
They Do Nothing"라고 적힌 티셔츠를 입거나 포스터를 든 사람들도 있었
고, 연막탄을 터뜨리기도 했고, 로널드 레이건 대통령 인형으로 화형
식을 했고, 체포된 사람들을 호송하는 버스를 막았다.

　이 시위자들은 몇 가지 주요 메시지를 대중에게 전달하려 했다. 한
가지 목표는 에이즈 신약 승인에 대한 식품의약청의 느린 절차에 주
목하도록 하는 것이었다. 식품의약청의 약물 승인 절차 방법론은 해
로운 약물에 대한 노출로부터 사람들을 보호하기 위해 고안되었지만,
에이즈 환자들은 어차피 곧 죽을 테니 실험적인 약물의 위험을 감
수할 수 있도록 허용해야 한다고 주장했다. 또 다른 메시지는 위약 통
제 실험은 이런 맥락에서 받아들일 수 없다는 것이었다. 활동가들은
비록 그 목표가 과학적 연구를 진전시키는 것일지라도 생명을 위협하

는 질병을 가진 사람들에게 위약(즉 비활성 설탕 알약)을 주는 것은 윤리적으로 부적절하다고 주장했다. 또 다른 중요한 메시지는 여성, 남성, 아동, 유색 인종, 빈곤층 등 모든 인구 집단의 사람들과 HIV 감염의 모든 단계에 있는 사람들이 임상시험에 포함되어야 하며, 특히 이러한 실험이 최첨단의 새로운 치료법의 유일한 원천이기 때문에 그렇다는 것이다.

궁극적으로 액트업과 다른 시민단체들의 활동은 대중이 에이즈 환자들이 직면한 문제에 주목하도록 하는 데 중요한 역할을 했다. 그들의 행동주의에서 아마도 가장 주목할 만한 것은 그들이 대중의 인식뿐만 아니라 생의학 연구의 실행에도 상당한 영향을 미쳤다는 것이다. 그러므로, 에이즈 운동은 공동체가 그들에게 영향을 미치는 중요한 과학적 문제에 대해 교육을 받고, 과학자 및 정부 기관들과 협력해서 그들의 우려를 해결하는 방향으로 연구를 이끌어가는 좋은 예를 보여준다. 에이즈 운동과 같은 일부 사례에서, 과학자들과 시민들 사이의 관계는 대체로 서로 반대된다. 다른 경우에는, 과학자들이 시민들과 협력하여 공동체의 관심사를 해결하는 연구 프로젝트를 설계하고 수행하기도 한다. 과학자들과 공동체들이 상호 참여의 이점을 인식하게 되면서, '지역사회기반 참여연구CBPR'라고도 부르는 이러한 노력은 최근 수십 년 동안 더 흔해졌다. 3장에서 논의했듯이, 하버드 대학교 공중보건대학원과 매사추세츠 워번 시민들 사이의 연구 협력이 CBPR의 초기 사례다.

이 장에서는 시민, 정책 입안자, 과학자, 다른 분야의 학자들이 **참여**하는 CBPR과 다른 노력들이 과학 연구에 가치가 영향을 주는 여러 가지 방식을 다루는 최선의 방법들에 대해 알아볼 것이다. '참여'는 의견을 교환하고, 문제를 강조하고, 신중하게 접근하고, 긍정적인 변화를 촉진하기 위해 다른 사람이나 기관과 상호작용하려는 노력을 의미한다. 네 가지 형태의 참여가 특히 유망해 보인다. (1) '상향식' 참여는 공동체 집단과 과학자들이 관심을 갖는 문제를 다룬다. (2) '하향식' 참여는 과학 문제에 대한 대중의 의견을 이끌어내기 위해 노력한다. (3) 학제간 참여는 다양한 개인적·교육적 배경을 가진 학자들이 참여한다. (4) 제도적 참여는 과학 연구의 실행을 구성하는 법률, 제도 및 정책과 관련된 참여이다. 이 네 가지 형태의 참여는 가치가 과학에 명시적으로 또는 암시적으로 영향을 주는 방식을 강조하는 데 도움을 줄 수 있다. 이것들은 또한 사람들의 요구와 우선순위에 반하는 가치의 영향에 도전하거나 비판할 기회를 제공한다. 마지막으로, 이것들은 사회적 요구에 더 잘 기여할 수 있는 가치를 성찰하고 과학의 실행에서 그러한 가치를 포함시킬 수 있는 기회를 제공한다.

이러한 모든 참여 노력에 대한 논의를 시작하기 전에, 있을 수 있는 비판에 대답하는 것이 도움이 될 것이다. 이러한 참여 활동을 비판하는 사람들은 이미 시장의 힘을 통해 사람들의 가치가 적절하게 표현되지 않았냐고 의구심을 가질 것이다. 2장에서 강조했듯이, 미국에서 과학 분야 R&D의 3분의 2는 민간 자금으로 이루어진다. 민간 기업들이 사람들이 사고 싶어 하는 제품을 고려해서 연구비를 투자할 방법을 선택한다고 생각하면, 대중의 가치는 이미 대부분의 과학 연구에 잘 반영되어 있다고 볼 수 있다.

이 생각에는 분명히 어느 정도 진실이 있지만, 한계도 있다. 첫째,

이 생각은 민간 기업이 자금을 지원하는 연구에만 적용된다. 우리에게는 정부가 지원하는 연구의 방향을 제시하는 전략이 필요하다. 둘째, 소득이 낮은 사람들의 가치를 거의 다루지 못한다. 2장에서 우리는 세계의 많은 사람이 약을 살 돈이 거의 없으며, 따라서 제약 회사들은 이들을 괴롭히는 질병에 대해 상대적으로 적은 자금을 쓰고 있다는 것을 보았다. 셋째, 제품들로 얻는 이득은 소비자의 가치뿐만 아니라 그것들을 판매할 수 있는지, 얼마에 판매할 수 있는지에 영향을 주는 정부 정책에 의해서도 달라진다. 따라서 우리는 이러한 정책들을 조정하는 방법을 고려할 필요가 있다. 넷째, 어떤 연구 프로젝트는 소비자의 가치를 대변하지 않고도 이득이 될 수 있다. 예를 들어, 3장과 5장에서 담배, 산업용 화학 물질, 의약품과 같은 제품의 유해성을 은폐하는 잘못된 연구 프로젝트에 자금을 지원하는 것이 회사로서는 매우 이익이 될 수 있음을 확인했다. 이러한 모든 고려 사항들 때문에, 공익의 가치를 단지 시장의 힘에 의존하기보다 과학 연구에 포함시키는 다양한 방법을 탐구할 필요가 있다.

에이즈 활동과 연구에 대한 공동체의 참여

에이즈 활동가들의 활동은 이 장에서 논의된 첫 번째 형태의 참여, 즉 시민들이 관심을 갖는 방향으로 연구를 추진하려는 상향식 노력에 대한 훌륭한 예시를 제공한다. 식품의약청에서 벌인 시위는 1980년대 후반과 1990년대 초반 활발한 일어난 액트업 활동 중 하나일 뿐이었다. "침묵=죽음"이라는 구호를 내건 이 단체는 대중의 관심을 끌기 위한 연극 활동을 전문으로 했다. 1989년 9월, 액트업 회원 일곱 명이 뉴욕증권거래소의 VIP 발코니에 몸을 묶고 "웰컴을 팔아라 SELL WELLCOME"라고 적힌 현수막을 내걸었다. 그들은 에이즈 치료제인 AZT 1년치를 약 1만 달러라는 터무니없는 가격에 팔고 있는 제약 회사 버로스웰컴Burroughs Wellcome에 도전하려 했다. 1988년에, 여성들이 HIV에 감염된 남성 파트너와 무방비로 성관계를 맺어도 위험이 없다는 기사가 잡지 〈코즈모폴리턴Cosmopolitan〉에 실린 뒤에 액트업의 여성들이 이 잡지의 모회사 앞에서 시위를 벌였고, 단편 다큐멘터리를 제작하고 다수의 텔레비전 프로그램에 출연했다. 1991년에 제1차 걸프전이 일어나는 동안 몇몇 운동가들이 CBS 〈이브닝 뉴스〉의 스튜디오로 들어가서 카메라 앞에 뛰어들어 "에이즈와 싸워라, 아랍이 아니다. 에이즈가 뉴스다!"라고 외쳤다. 이튿날, 시위자들이 뉴욕의 그랜드센트럴역을 가득 메우고 "전쟁이 아니라 에이즈에 돈을 써라"와 "에이즈로 8분에 한 명씩 사망"이라는 현수막을 내걸었다. 다른 시위자들은 국제에이즈회의 개회식을 지연시켰고, 제약 회사 본부 건물에 자신들의 몸을 묶었다.

에이즈 운동이 과학 연구에 미치는 영향

액트업을 비롯한 다른 시민단체들의 공동 노력은 궁극적으로 에이즈 연구에 중요한 영향을 미쳤다. 사회학자 스티븐 엡스타인은《불순한 과학Impure Science》에서 이러한 활동에 영향을 받은 몇몇 연구를 설명했다. 샌프란시스코에서 개발된 한 모형은 공동체 기반 약물 시험을 조직하는 것을 도운 카운티공동체컨소시엄CCC, County Community Consortium으로 구성되었다. CCC의 1차 진료 의사들이 약을 제공하고 효능에 대한 데이터를 수집했다. CCC는 환자가 받는 1차 진료와 연구를 통합하는 데는 도움이 되었지만, 환자의 의사 결정을 받아들이는 데는 상대적으로 거의 도움이 되지 않았다. 뉴욕에서 개발된 또 다른 모형이 이 장벽을 무너뜨렸다. 뉴욕시 공동체연구단CRI, Community Research Initiative은 에이즈 환자가 활동가 의사들과 협력해서 어떤 시험을 수행해야 하는지, 또 그 시험을 어떻게 설계해야 하는지를 결정하도록 했다. 대상이 된 중요한 이슈 중 일부에는 위약의 사용 여부와 잠재적 연구 주제를 포함하거나 제외하기 위해 어떤 기준을 사용할 것인지가 있었다. 제약 회사들은 CRI의 정교함에 감명을 받아 약물 시험에 협력하기 시작했고, 1989년에 식품의약청은 CCC와 CRI의 공동체 기반 연구만을 기초로 에이즈 관련 치료법을 승인했다.

활동가들은 그들 자신의 지역사회 기반 연구의 개발 외에도 미국 식품의약청 및 국립보건원의 연구와 정책 관행을 바꾸기 위해 일하기도 했다. 로널드 레이건 대통령과 저명한 정부 보건 관료들이 에이즈 유행에 대비해 적절한 조치를 하지 않아서 '비활동을 통한 대량 학살'을 했다고 비난했기 때문에, 액트업 활동가들은 처음에 이 정부 기관들과 매우 긴장된 관계에 있었다. 저명한 활동가 래리 크레이머는 대통령과 관료들이 "수용소에서 살인적인 실험을 하는 히틀러와 나치의사들과 똑같다. 의도가 비슷해서가 아니라 결과가 비슷하기 때문이다"라고 썼다.[1] 활동가들의 가장 큰 불만 중 하나는 식품의약청이 약물 사용을 승인하는 데 많은 증거가 필요하다며 죽어가는 환자들이 새로운 에이즈 약물을 쓸 수 없도록 막고 있다는 것이었다.

활동가들은 또한 새로운 에이즈 약물 연구의 설계 방식 때문에 국립보건원, 특히 국립알레르기감염질환연구소NIAID, National Institute of Allergy and Infectious Diseases에 대해서도 비판적이었다. 이 장을 시작할 때 말했듯이, 활동가들의 주된 관심사 중 하나는 실험 대상자의 절반에게 위약을 투여하는 신약 시험의 표준 방법이었는데, 이것은 그들이 신약의 잠재적인 혜택을 누릴 수 없다는 것을 의미했다. 활동가들은 또한 시험의 설계 방식에 따라 다른 약을 복용하고 있거나 다른 질병에 걸린 사람을 제외하므로, 많은 사람이 시험에 참여할 수 없다는 점을 불평했다. 때때로 이 연구는 심지어 여성들을 배제했다. 생의학 연구자들은 위약 사용뿐만 아니라 이러한 배제 관행을 정당화했는데, 그렇게 해야 더 단순하고 해석하기 쉬운 '깨끗한' 연구 결과를 얻을 수 있기 때문이었다. 활동가들은 실험 약물에 접근하는 유일한 방법이 약물 연구에 참여하는 것이라면, 이러한 배제 관행에는 중대한 윤리적 문제가 있다고 지적했다. 그들은 또한 연구 결과가 '청결한' 연구 대상의 특성이 없는 실제 환자들과 관련이 없을 수도 있다고 주장했다. 더 나쁜 것은, 연구 대상자들이 위약 집단에 소속되어 있을 수도 있다고 생각한다면, 그들이 음성적인 방법으로 실험 약물을 얻어서 연구 결과를 무효화시킬 수 있다고 활동가들은 지적했다.

이러한 연구 관행을 바꾸기 위해, 많은 활동가가 시위에 나서는 것을 넘어 에이즈 연구의 세부사항을 스스로 학습하기 시작했다. 그들은 놀라울 정도로 빠르게 배웠다. 뉴욕의 한 약품 구매자 모임의 책임자는 이렇게 말했다. "처음 시작했을 때는 뉴욕 대도시 지역에서 우리에게 가볍게 고개를 끄덕여줄 의사가 세 명쯤 있었을 것이다. 지금은 전화가 하루에 열 번이나 오고, 전화를 받으면 의사가 조언을 구한다. 나에게! 나는 원래 오페라 가수가 되려던 사람인데!"2 에이즈 약물에 대한 정부 위원회의 의장을 맡은 임상시험 방법론 전문가인 루이스 라자냐는 에이즈 활동가들의 차림새와 그들의 과학적 지식 사이의 대조를 강조했다. 그는 이 사람들이 "괴상해 보이는 게 자랑스럽다는 듯이 구식 옷을 입는 사람들"이라고 회상했다. 그럼에도 불구하고, 그는 이렇게 말했다. "나는 뉴욕의 액트업 사람들이 내가 쓴 모든 것을 읽었다고 확신한다."3 엡스타인은 생의학 연구자들의 언어를 배움으로써 "활동가들은 연구자들이 그들 자신의 담론과 행동의 규범을 지키려고 노력하며, 활동가들의 주장을 받아들이려고 한다는 것을 점점 더 많이 알게 되었다"고 주장했다.4 활동가들은 부분적으로 이렇게 쌓은 과학 지식을 바탕으로, 정부 기관의 관행을 바꾸는 놀라운 진전을 이루었다. NIAID 소장 앤서니 파우치(래리 크래머가 '무능한 바보'라고 불렀던)5는 활동가들의 여러 제안을 받아들이기 시작했다. 그는 활동가들이 "어떤 시험이 사회에 더 잘 받아들여질 수 있는지 (⋯) 조사관들보다 감각이 더 좋고 (⋯) 공동체에 무엇이 더 좋을지를 본능적으로 판단했다"6고 말했다. NIAID는 위약이 필요하지 않은 연구 설계를 채택하기 시작했는데, 이렇게 하면 연구 대상자들이 시험에 참여하는 중에 '속임수'를 써서 불법 약물을 복용하려고 하는 동기가 줄어든다.

또한 활동가들은 환자를 임상시험에서 제외하는 엄격한 요구사항 중 일부를 완화하도록 연구자들을 설득했고, 이렇게 해서 연구 참가자를 모집하기가 더 쉬워졌다. 또한 NIAID는 어떤 치료와 연구를 추진할지를 결정하는 위원회에서 일할 수 있도록 활동가들을 받아들이기 시작했다. 심지어 식품의약청은 약품 승인에 대한 엄격한 태도를 완화했고, '조건부 승인' 절차를 채택했다. 이 절차에서는 정상적인 경우보다 적은 증거만으로 먼저 약을 승인하고, 제조사가 나중에 약효를 평가하는 후속 조치를 취해야 한다.

이 책에서 탐구한 가치의 여러 가지 역할 중에서 에이즈 활동가들의 노력을 통해 이루어진 부분은 놀라울 정도로 많다. 첫째, 그들은 에이즈 연구에 더 많은 투자를 요구했고, 따라서 어떤 연구 주제를 우선시해야 하는지에 대한 사회적 결정에 영향을 주었다(2장 참조). 둘째, 활동가들이 에이즈 치료와 연구에 대한 결정을 내리는 NIAID 위원회에 참여하려고 노력한 부분적인 이유는 NIAID가 항바이러스제 연구에 너무 집중하고 있고 감염의 최소화에 도움이 될 수 있는 약물을 충분히 강조하지 않는다고 느꼈기 때문이다. 따라서 3장에서 본 것처럼 연구 주제의 구체적인 질문에 대해 우려를 제기하였다. 셋째, 에이즈 활동가들이 더 많은 사람이 참여할 수 있도록 임상시험의 배제 기준을 완화할 것을 추진했을 때, 그들은 4장의 논의처럼 연구 목적에 관련된 결정에 영향을 미치고 있었다. 특히 그들은 생의학 연구자들이 선호하는 매우 '깨끗하고' 해석하기 쉬운 데이터를 얻으려고 노력하기보다 지저분한 현실 세계를 나타내도록 연구를 설계해야 한다고 주장했다. 넷째, 신약 승인을 두고 벌어진 활동가들과 식품의약청의 충돌은 증거에 요구되는 적절한 수준에 대한 논쟁이었고, 이것은 5장에서 살펴본 내용이다. 다섯째, 많은 활동가가 에이즈에 대한 초창기의 정의에 이의를 제기했는데, 그 이유는 그 정의가 남성들에게서 질병이 나타나는 방식에 초점을 맞추고 여성들에게 나타나는 에이즈의 독특한 특징들을 무시했기 때문이다. 이것은 정확히 6장에서 논의된 것과 같은 용어의 문제다.

공동체 활동의 다른 예

에이즈 활동은 공동체 집단들이 참여해서 과학자들과 함께 과학 연구의 가치적재적 측면들을 탐구한 여러 사례 중 하나일 뿐이다. 이러한 참여는 국립보건원이 지원한 초기 연구에 에이즈 활동가들이 이의를 제기했을 때처럼, 적대적인 경우가 많다. 다른 경우는 참여가 더 협력적이기도 했다. 19세기까지 거슬러 올라가면 제인 애덤스와 앨리스 해밀턴 같은 진보적 개혁가들이 오염 문제와 작업장의 위험을 파악하기 위해 시카고 정착촌에서 지역사회 구성원들과 함께 일했다. 1970년대와 1980년대에 매사추세츠주 워번과 뉴욕주 러브캐널의 사례는 지역사회와 협력해서 연구할 때의 장점에 새로운 관심을 끌었다. 러브캐널에서는 염려하는 시민들이 지역사회에서 질병에 대한 정보를 수집했고, 정부가 그들을 이주하도록 강요하게 된 유독성 폐기물 오염의 증거를 결국 밝혀냈다.

현재, 루이지애나 버킷브리게이드Louisiana Bucket Brigade와 같은 단체들이 시민들과 함께 주변의 대기 오염에 관한 증거 수집을 돕고 있다. 세계의 여러 시민단체와 비정부기구들이 소규모 농부들과 협력해 지역의 필요에 맞는 농업 기술 연구를 수행하고 있다. 공동체 집단들은 기업과 협력하기도 한다. 알래스카 지역사회자문위원회는 1989년 엑손발데즈Exxon Valdez 기름 유출 사고 이후 프린스윌리엄해협을 통해 선박을 이동시키는 더 안전한 방법을 연구하기 위해 석유 산업과 협력했다. 지금은 국립보건원과 같은 기금 지원 기관들이 공동체 집단과 학술 연구자들의 동반자 관계를 육성하기 위해 노력하고 있다.

과학자들과 시민단체들이 협력하면 적대적일 때보다 더 생산적일 수 있지만, 이 협력에서 시민들의 힘이 너무 약해지면 문제가 될 수 있다. 때때로 시민들의 가치와 과학자들의 가치가 엇갈리기도 한다. 예를 들어 과학자들은 학문적 관점에서 더 흥미로운 조사를 추구하려고 하지만, 시민들은 공동체의 불평등을 해소하는 데 도움이 될 더 실용적인 질문에 관심을 가질 수 있다. 이 문제에 대한 한 가지 대응책은 대학의 과학자들이 연구 협력을 주도하기보다 공동체 집단들이 연구 협력을 통제하는 것이다. 예를 들어, 저소득 아프리카계 미국인 사회의 공중보건과 환경 문제를 해결하기 위해 1990년대에 설립된 노스캐롤라이나주 지역사회 기반 단체인 웨스트엔드재활협회WERA, West End Revitalization Association는 자체적으로 연구비를 조성해서 대학 교수진을 동료이자 컨설턴트로 고용하는 것이 가장 효과적이라는 것을 발견했다. 이를 통해 웨스트엔드재활협회는 어떤 질문을 할지 결정하고, 수집된 데이터의 소유권을 유지하고, 지역사회의 이익을 보호하고, 사람들의 신뢰를 유지할 수 있었다. 경우에 따라 이러한 '지역사회 소유·관리 연구COMR, community-owned and managed research' 모형은 (일반적으로 학자들이 주도하는) CBPR과 지역사회와 과학 간의 관계가 적대적일 때 도움이 되는 절충안이 될 수 있다.

사회학자 애비 킨치는 적대 관계와 협력 관계 사이의 또 다른 형태의 타협을 묘사했다. 그녀가 인식적 부메랑epistemic boomerang이라고 부르는 이러한 형태의 참여는 활동가들이 과학자들에게 영향을 주어서 무관심하거나 억압적인 정부에 대해 활동가들의 우려를 대변할 때 발생한다. 이러한 접근법은 시민단체들에게 특히 도움이 될 수 있는데, 왜냐하면 현대의 공공 정책은 종종 과학적 분석에 폭넓은 기반을 두고 있으며, 일반 시민들이 정책 결정을 바꾸려고 할 때 불이익을 받을 수 있기 때문이다. 킨치는 유전자 변형 옥수수에 반대했던 멕시코 활동가들이 전문가 자문위원회에 그들의 여러 염려를 표명하도록 설득한 사례를 들면서 인식적 부메랑 개념을 설명한다. 이 위원회는 유전자 변형 옥수수가 멕시코 농업으로 확산되는 것에 대한 시민들의 지속적인 불만에 대응하여 결성되었고, 2004년 3월 공개 심포지엄에서 예비 조사 결과를 발표할 예정이었다. 킨치가 말했듯이 "NGO와 농촌 단체들은 공식적인 과학 회의를 유전자 조작 옥수수에 대한 반대를 표명할 기회로 삼았고, 증언, 항의 표지판, 연극적 개입, 바닥에 여러 색깔의 옥수수 모자이크를 배치하는 등으로 심포지엄의 계획된 행사 진행을 방해했다."7 킨치에 따르면, 이 시위는 참석한 전문가들에게 강력한 영향을 미쳤고, 그들은 궁극적으로 최종 보고서에서 시민들의 여러 가지 우려를 표명했다.

지역사회가 과학자들과 함께 참여하는 이러한 사례들의 놀라운 특징 중 하나는, 그들이 가치뿐만 아니라 지식에도 기여할 수 있다는 것이다. 이 책에서 우리가 사실과 가치 사이의 긴밀한 연관성에 대해 배운 것을 고려하면, 공동체의 가치와 지식이 밀접하게 연관되어 있다는 것은 놀랄 일이 아니다. 공동체 구성원들은 독특한 경험을 하기 때문에, 그들의 가치는 때때로 과학 전문가들의 가치와 다르며, 그러한 가치들로 인해 그들은 다른 종류의 정보를 수집하거나 다른 질문을 하게 된다. 일부 학자들은 이제 시민들이 과학 연구에 기여할 수 있는 독특한 정보와 통찰력을 '지역적 지식'이라는 용어로 부른다. 예를 들어, 농업 종사자들은 때때로 학구적인 과학자들보다 살충제가 실제로 어떻게 사용되는지에 대해 더 자세히 알고 있으며, 따라서 그들의 통찰은 살충제의 위험을 평가할 때 가치가 있을 수 있다. 토착 사회는 한 곳에서 수백 년 동안 살면서 축적한 독특한 형태의 '전통적인 생태학적 지식TEK, traditional ecological knowledge'을 가지고 있다. 매디슨환경정의기구(3장)의 사례에서 보듯이, 지역 공동체 집단들은 사람들이 먹는 음식, 그들이 가는 장소, 그들이 노출되는 위험에 대해 특권적인 정보를 가지고 있다. 그러므로, 시민들을 연구에 참여시키려는 노력은 때때로 연구에 그들의 가치를 통합하는 방법뿐만 아니라 그들의 독특한 지식의 원천으로부터 이익을 얻는 방법으로도 중요하다.

공공 참여

참여를 끌어내는 두 번째 접근법은 조직적이고 공식적인 노력을 통해 위에서 아래로 하향식으로 시작하는 것이다. 이러한 접근법의 좋은 예는 분자 수준에서 물질을 조작하는 나노 기술이라는 새로이 급성장하는 분야에서 비롯된다. 2002년에, 베스트셀러 작가 마이클 크라이튼은 이 연구와 관련된 잠재적인 위험들을 탐구한 《먹이Prey》라는 소설을 썼다. 블록버스터 영화 〈쥐라기 공원〉의 원작 소설을 쓴 것으로 유명한 크라이튼은 과학과 기술의 다양한 측면을 다룬 20권 이상의 소설을 썼다. 《먹이》에서 그는 과학자들이 분자 수준에서 물질을 조작하는 작은 기계들로 이루어진 '조립자assembler'를 만들 수 있다는 생각을 탐구했다. 이 소설에서 크라이튼은 실험실에서 탈출해 태양빛으로 동력을 얻으면서 자급자족하고 번식하는 조립자 무리를 묘사한다. 이 조립자들은 조직화 능력과 지성적 활동에 참여할 수 있는 능력을 개발한다. 그들은 사람의 몸에 침투해 그 사람의 행동을 바꾸며, 심지어 무리를 지어 다른 인간의 모습을 흉내 낼 수도 있다.

크라이튼의 이야기에서 많은 측면이 매우 비현실적이지만, 일부 논평가들은 과학자들이 정말로 중요한 사회적·윤리적 문제를 제기하는 분자 규모의 기계를 개발할 수 있을 것이라고 제안했다. 그러나 나노 기술에는 작은 기계를 만들려는 꿈 이상의 것이 따라다닌다. 나노 기술이라는 용어는 '나노미터'라는 단어에서 유래되었는데, 나노미터는 10억분의 1미터, 즉 대략 수소 원자 10개의 길이를 가리킨다. 현재 대부분의 나노 기술은 금, 은, 탄소와 같은 보통의 물질로 이루어진 작은 입자(100나노미터 이하)를 만들려는 노력과 연관된다. 이 입자들은 매우 강하지만 가벼운 물질, 스스로 깨끗하게 유지하는 표면, 개선된 태양 전지, 첨단 컴퓨터 칩 등 새로이 응용할 수 있는 여러 가지 독특한 특성을 가지고 있다. 의학에서 나노 기술은 작은 센서를 개발하거나 인체 속에서 약물 공급을 마음대로 조절할 수 있는 초소형 캡슐을 만드는 데 사용될 수도 있다. 빌 클린턴은 대통령 임기가 끝나갈 무렵에 미국의 국가나노기술개발전략NNI, National Nanotechnology Initiative을 출발시켰고, 같은 시기에 전 세계에서 나노 기술에 대한 상당한 투자가 일어났다. 2001년부터 2015년까지 NNI는 20개 정부 부처와 기관에 걸쳐 나노 기술 연구 활동에 200억 달러 이상을 투자했다. 이 기금의 일부로 NNI는 환경보건·안전EHS, environmental health and safety 문제뿐만 아니라 윤리·법률·사회문제ELSI, ethical, legal, and societal issues를 조사하기 위한 기금을 포함시켰다. 예를 들어, 나노 크기 범위의 입자들이 더 큰 입자들과는 다른 독성을 가질 수 있고, 이러한 독성을 예측하기 어려울 수 있다는 많은 우려가 제기되었다. 다른 사람들은 나노 기술이 사람들의 사생활을 위협하는 작은 센서를 만들거나 윤리적 문제를 제기하는 새로운 형태로 인간을 개조하거나 군사 기술을 만드는 데 사용될 수 있다고 우려한다. 마지막으로, 일부 논평가들은 나노 규모의 기계가 난동을 부리고, 분자 수준에서 통제 불능으로 지구를 조작할 수 있고, 궁극적으로는 모든 것을 '회색 반죽'으로 바꿀 것이라고 우려했다.

불행하게도 백혈병, 천식, 에이즈와 같은 공동체의 건강 문제에 비해 나노 기술과 같은 과학적인 주제에 대중의 참여를 촉진하는 것은 조금 더 어렵다. 공동체에 건강 위협이 존재하면, 일반적으로 연구 공동체에 참여하려는 동기를 가진 걱정 많은 시민들이 있다. 그러나 연구자들이 지역사회에 즉시 영향을 미치지 않는 새로운 기술이나 주제를 연구할 때는 상황이 조금 더 복잡해진다. 이 경우 시민들은 과학에 대해 비교적 잘 알지 못하며, 과학자들과 함께 일하려는 특별한 동기가 없다. 게다가 과학계에 참여하려는 의욕이 강한 소수의 시민 집단은 결국 공공 가치의 모든 범위를 대표하지 않는 극단적인 견해(새로운 기술에 대한 극단적인 열광 또는 극단적인 불신)를 갖게 될 수도 있다.

이러한 문제를 해결하기 위해, 사회과학자들과 정책 입안자들은 과학 연구의 중요한 가치판단에 대한 대중의 의견을 수렴하기 위해 많은 기술을 탐구해왔다. 예를 들어 나노 기술의 경우, 일부 학자들은 나노 기술에 대한 대중의 열의를 평가하고 어떤 위험이 특별히 중요하다고 생각되는지를 파악하기 위해 설문 조사를 실시했다. 불행하게도, 이 접근법의 단점은 대부분의 사람들이 나노 기술에 익숙하지 않기 때문에 정보에 입각한 의견을 제공할 근거가 거의 없다는 것이다. 그러므로, 시민들이 전문가들과 함께 참여해서 집단으로 중요한 문제들을 토론할 수 있게 하는 기법들은 훨씬 더 사려 깊은 관점을 만들어내는 경향이 있다. 2006년부터 2009년까지, 유럽위원회European Commission는 시민 참여에 더 집중적인 노력을 기울이는 '떠오르는 나노 기술에 대한 윤리적 참여와 참가의 심화DEEPEN, Deepening Ethical Engagement and Participation with Emerging Nanotechnologies' 프로젝트에 자금을 지원했다. 더 흥미로운 접근법 중 하나는 각 그룹에 약 일곱 명씩 10개의 시민 그룹(영국 6개, 포르투갈 4개)으로부터 의견을 모으는 것이었다. 한 그룹은 교회에서 왔고, 다른 그룹은 유기농 제품에 관심이 있었고, 또 다른 그룹은 신기술을 지지하고, 또 다른 그룹은 회사의 관리직으로 구성되어 있었고, 또 하나의 그룹은 환경 문제나 소비자 권리에 관심이 있었다.

각 그룹은 두 번에 걸쳐 서로 만나서 전반적인 기술을 논의하고 나노 기술에 관한 자료를 읽고 의견을 발표했다. 그런 다음에 토요일 워크숍을 위해 각 그룹은 다른 그룹과 짝을 이루었다. 워크숍 당일 오전에는 그룹별로 나노 기술과 관련된 가장 중요한 이슈나 관심사에 대해 토론하고, 이 주제에 대한 프레젠테이션이나 공연을 만들었다. 오후에는 두 그룹이 서로의 성과를 발표하고 나노 기술의 미래에 대한 견해를 논의했다. 주최자에 따르면, 참가자들은 의도적으로 사람들에게 서로를 위해 '극적인' 공연을 만들 기회를 주는 접근 방식을 설계했는데, 이 방법이 "검사되지 않고, 감정적이며 직관적인 윤리적 반응을 끌어낼 수 있기 때문이었다."[8] 이 워크숍과 시민들이 그들의 견해를 공유한 다른 행사들로부터 정보를 종합해서, 주최자들은 사람들이 일관되게 표현하는 다섯 가지 이야기를 확인했다. (1) 원하는 것을 조심하기, (2) 판도라의 상자를 열기, (3) 자연을 어지럽히기, (4) 어둠 속에서 간직된 것, (5) 부익부 빈익빈.

미국에서는, 국립과학재단이 2005년에 두 개의 사회나노기술센터 CNS, Center for Nanotechnology in Society에 자금을 지원했다. 이 센터의 한 가지 목표는 이 분야의 향후 연구 과정에 대한 대중의 관심을 끌어올리는 것이었다. 애리조나 주립대학교의 CNS는 나노 기술에 대한 대중의 관심을 모으기 위해 국가시민기술포럼NCTF, National Citizens' Technology

Forum을 설립했고, 특히 이 기술이 어떻게 잠재적으로 인간의 향상 human enhancement(예를 들어 시력, 청력, 근력의 향상)에 기여할 수 있는지에 초점을 맞췄다. NCTF는 컨센서스 콘퍼런스라고 부르는 공공 참여에 대한 접근법을 참고했는데, 원래 덴마크에서 개발된 이 기법은 여러 나라에 전파되었다. 컨센서스 콘퍼런스에서는, 한 무리의 시민들이 선택되어서 과학이나 기술의 중요한 분야에 대한 자신들의 관점을 제공한다. 그들은 주제에 대한 기초 자료를 읽고 관련 문제에 대해 더 배우기 위해 여러 번 만난다. 그런 다음에 주말에 만나서 전문가들을 인터뷰하고, 이 주제에 대한 견해와 정책 입안자들이 다뤄야 한다고 생각하는 주요 문제들을 요약한 보고서를 작성한다.

컨센서스 콘퍼런스 실험을 통해 시민들은 매우 통찰력 있고 충실한 정보를 담은 문서를 작성할 수 있다는 것을 보여주었다. 그러나, 이 접근법은 미국처럼 거대하고 매우 균일하지 않은 나라보다 덴마크처럼 작고 비교적 동질적인 나라에서 실행하기가 더 쉽다. NCTF는 미국 전역의 6개 지역에서 74명이 참가하는 수정된 형식을 채택했다. 이 과정이 진행되는 한 달 동안 참가자들은 기초 자료를 읽고, 다른 참가자들과 직접 만나고, 온라인으로 먼 곳의 참가자들 및 전문가들과 토론했다. 마지막 주말 동안, 참가자들은 6개 장소에서 다시 모여 결론에 대한 보고서를 작성했다. 애리조나 주립대학교의 CNS 책임자인 데이비드 거스턴에 따르면, NCTF는 나노 기술을 사용한 의학 치료의 개선을 지지하지만 인간의 향상을 추구하기 위한 나노 기술의 사용에 불편함을 드러내는 사려 깊은 보고서를 제출했다.

학자들은 이러한 참여 노력을 개선할 방법을 계속 탐구하고 있다.

애리조나 주립대학교에서 그들은 이제 스스로 '물질을 매개로 한 숙의material deliberation'라고 부르는 것을 실험하고 있다.[9] 그들은 한 무리의 시민들을 테이블에 앉혀 과학기술에 대해 토론을 시키는 게 아니라, 게임을 하거나 산책을 하면서 도시 기반시설에 대해 토론하거나 예술 작품을 만들거나 시뮬레이션에 참여하는 등의 직접적인 체험을 통해서 사람들의 견해를 끌어내려고 노력한다. 과학 박물관들도 나노기술과 같은 분야의 발전에 대해 사람들에게 알려주면서 새로운 과학의 발전에 따르는 주요 윤리적 문제들을 알려주는 창의적이고 상호소통 가능한 전시회를 개발하기 위해 협력하고 있다. 이러한 노력들 중 일부는 시민들로부터 즉각적인 피드백을 얻는 것이 아니라 과학과 기술의 발전에 대중이 영향을 줄 수 있는 역량을 구축하는 데 더 초점을 맞추고 있다. 또 다른 접근법은 덴마크 컨센서스 콘퍼런스 모형을 바탕으로 구축된 것으로, '월드 와이드 뷰World Wide View' 참여 노력이다. 그것은 전 세계의 시민들이 같은 날에 모여서 긴급한 사회적 이슈에 대해 공통의 질문들을 토론하는 것이다. 2009년에는 38개 나라 4,000명의 시민이 지구 온난화에 관한 자신들의 견해에 대한 질문에 답했고, 2012년에는 25개 나라 3,000명의 시민이 생물다양성 손실에 대해 숙의했다.

물론 대중이 과학과 기술에 대한 (정보에 근거한) 숙의 과정에 참여하려 노력하는 과정에서 귀중한 통찰을 얻을 수 있지만, 그들은 또한 다양한 약점의 먹이가 된다. 예를 들어, 그들은 과학의 특정 측면에 대한 가치를 훨씬 더 잘 다루는 것으로 보인다. 말하자면, 연구 주제의 선택(2장)과 같은 일을 훨씬 더 잘 다루고, 불확실성을 어떻게 다룰 것인지와 정보를 어떻게 기술할 것인지(5장과 6장)에 대해서는 그렇게 능숙하지 못한 것으로 보인다. 사실, 이러한 참여 노력에서 가장 큰 염려는 어떤 주제에 대한 기초 자료의 프레임과 전달 방식에 따라 시민의 숙의가 사전에 흔들릴 수 있다는 것이다. 이것은 이러한 노력에 대한 일반적인 염려, 즉 그러한 노력이 설계되는 전형적인 방식에 상당한 힘의 비대칭성이 있다는 것을 설명해준다. 공무원이나 학문적인 연구자들은 참여 노력을 어떻게 구조화할지 결정하며, 시민들의 반응은 이 구조에 의해 영향을 받는다.

공공 참여 노력에 대한 또 다른 염려는 그들이 정상적인 정책 결정 과정에 정확히 어떻게 영향을 주어야 할지 불분명하다는 것이다. 이러한 노력에 참여하는 사람들은 소수이기 때문에, 어떤 정책을 시행할 것인지 결정할 때 이러한 관행에 너무 큰 무게를 두는 것은 현명하지 못한 일일 것이다. 하지만 그들은 분명 정책을 결정할 때 어느 정도 역할을 해야 한다. 이 점과 관련하여, 이러한 노력이 달성하려는 것이 정확히 무엇인지가 불분명할 때가 많다. 한 가지 가능한 목표는 정책에 직접적으로 영향을 주는 것이다. 조금 다른 목표는 중요한 문제에 대해 시민들을 교육시키는 것이다. 이러한 훈련을 시민 참여를 위한 대중의 역량을 높이는 데 사용하려고 시도할 수도 있다. 또 다른 목표는 과학의 실행에 영향을 미치는 것이다. 마지막으로, 새로운 과학과 기술 영역에 대한 대중의 수용도를 높임으로써 이후의 충돌을 최소화하는 방향으로 이러한 참여의 노력을 고안할 수 있다. 앞으로는 대중의 참여가 여러 가지 목적에 봉사할 수 있으며, 목표와 맥락에 따라 다양한 참여의 방식을 택하는 것이 최선임을 인식해야 할 것이다.

다양한 학제간 연구

세 번째 접근법은 다양한 배경을 가진 학자들의 학제간 참여를 촉진하는 것이다. 노트르담대학교의 철학과 생물학 교수이며 과학과 기술에서 윤리와 가치의 역할에 관해 수백 편의 논문을 저술한 크리스틴 슈래더-프레셰트의 예를 들어보자. 크리스틴 슈래더-프레셰트의 연구에서 아마도 가장 놀라운 점은 그 연구들의 대부분이 환경 오염과 씨름하는 지역사회를 위한 무료 봉사와 연계되어 있다는 것이다. 노트르담 환경정의와아동건강센터Center for Environmental Justice and Children's Health의 소장인 그녀는 지역사회의 건강 문제와 독성 폐기물 투기 또는 다른 오염원들 사이의 연관성에 대한 증거를 제공하기 위해, 강의를 듣는 학생들과 함께 일한다.

그녀의 책《행동하기, 생명 구하기Taking Action, Saving Lives》는 그녀가 자주 연구하는 한 가지 사례로 시작한다. 인디애나주와 일리노이주 사이의 북쪽 경계에 있는 해먼드 마을의 에밀리 피어슨은 세 살 때 뇌암 진단을 받았고, 일곱 살 때인 1998년에 세상을 떠났다. 이 책에서 논의된 다른 시민 행동 사례들과 마찬가지로, 그녀의 어머니 그웬은 암 진단을 받은 인근의 100명 이상의 아이들을 다른 부모들과 함께 확인한 뒤 '독성발암물질방출에 반대하는 일리아나주민IRATE, Illiana Residents Against Toxico-Carcinogenic Emissions'을 설립했다. 그들은 암 발생의 대부분이 근처에 있는 페로케미컬플랜트Ferro Chemical Plant의 이염화에 틸렌과 염화비닐의 배출과 연결될 수 있다고 믿었다. 암에 대한 염려 때문에 미국 정부는 이 공장의 이염화에틸렌과 염화비닐 같은 화합물의 배출 한도를 연간 23톤으로 제한했지만, 이 제한에는 강제력이 없었고, 1990년대에 이 공장은 이염화에틸렌을 거의 연간 900톤씩 방출하고 있었다.

이러한 염려에도 불구하고, 페로의 독성학자는 지역 대기 감시 시설의 데이터를 근거로 자기 회사가 배출한 가스가 지역의 소아암과 무관하다고 주장했다. 미국 독성물질·질병등록국ATSDR, Agency for Toxic Substances and Disease Registry과 인디애나 공중보건부는 페로의 의견에 동의했다. 슈래더-프레셰트는 자신의 저서에서 이 분석이 수많은 의심스러운 가정에 바탕을 두고 있으며, 이 기관들이 페로에게 '건강 증명서'를 주지 말았어야 했다고 주장한다. 예를 들어, 그녀는 공기 모니터링 설비가 페로에서 바람이 부는 방향에 위치하지 않았고, 주요 주거 지역에서의 노출을 측정하지 않았으며, 이염화에틸렌 같은 휘발성 화학 물질에 단기간에 높은 수준으로 노출되었을 가능성을 다루지 않았다고 지적한다. 그녀는 또한 공중보건부의 분석을 비판했다. 이 분석이 공장 근처가 아니라 카운티 전체의 암에 초점을 맞췄고, 인디애나 지역만 조사하고 근처의 일리노이 지역을 누락했으며, 공장 근처에 사는 사람들의 희귀한 암에 초점을 맞추지 않고 모든 암에 대해 평균을 냈기 때문이다.

가치판단의 강조

슈래더-프레셰트의 연구는 다양한 배경을 가진 다양한 분야의 학자들의 참여가 중요한 가치판단을 다루는 데 어떻게 도움을 줄 수 있는 지를 예시한다. 그녀가 페로케미컬프랜트에 대해 강조한 우려는 정확히 우리가 3장에서 논의한 종류의 문제들이다. 3장에서 우리는 과학자들이 어떤 방법을 사용할지, 어떤 가정들을 채택할지, 어떤 질문을 할지 결정해야 한다는 것을 알았다. 슈래더-프레셰트는 윤리뿐만 아니라 수학과 과학 분야에서도 훈련을 받은 철학자이기 때문에, 특히 환경 오염에 대한 과학적 연구에 가치가 영향을 미치는 방식을 밝히는 능력이 뛰어났다.

누구나 인정할 수 있듯이, 페로케미컬플랜트에서 나온 오염의 경우 독성물질·질병등록국과 인디애나 공중보건부의 분석을 비판하는 데 가치를 고려할 필요가 없다고 주장할 수 있다. 엄격하게 가치중립적인 관점에서, 데이터가 너무 제한적이어서 공장이 무관하다고 입증할 충분한 증거가 있다고 주장하기보다는 증거가 모호하다고 선언해야 했다고 주장할 수 있다. 그러나 5장에서 보았듯이, 공장이 무관하다고 판단하기 전에 요구할 증거의 양을 결정하는 것은 (증거가 모호하다고 선언하는 것과 반대로) 여전히 가치적재적 결정이다. 따라서 슈래더-프레셰트와 같은 학자가 가정, 방법론, 증거의 기준(이것은 다시 어떤 사회적 가치를 지지한다)이 달라짐에 따라 어떻게 다른 결론에 도달할 수 있는지 지적해주는 것이 매우 중요하다.

슈래더-프레셰트는 화학 오염, 보존 생물학, 핵 폐기물 처리와 관련된 다양한 사례에서 이런 종류의 분석을 수행했다. 예를 들어, 그녀는 미국 최초의 고준위 핵폐기물 영구 저장소 건설 부지로 네바다주 유카마운틴에 대한 미국 에너지부의 평가를 자세히 검토했다.

1978년과 2011년 사이에, 100억 달러 이상이 유카마운틴을 연구하는 데 쓰였다. 1982년의 연방원자력폐기물정책법이 원자력 발전소의 폐기물 영구 보관 시설을 건설하는 임무를 에너지부에게 부여했기 때문에 현장을 둘러싼 이권이 막대했지만, 치명적인 폐기물을 수만 년 동안 보관할 장소를 찾기란 매우 어려웠다. 정부의 여러 전문가는 유카마운틴이 비가 거의 내리지 않고, 화산이나 지진 활동이 적으며, 대규모 인구 밀집 지역에서 멀리 떨어져 있고, 이미 핵무기 실험을 위해 연방정부가 소유한 곳이었기 때문에 이상적이라고 여겼다. 에너지부가 1992년에 이 장소를 승인하고 기초 공사를 시작했지만, 네바다주와 다양한 시민 집단들은 그 후 20년 동안 일련의 법적 소송을 제기했고, 2011년에 오바마 대통령이 결국 유카마운틴에 대한 자금 지원을 중단했다.

인디애나주 북서부에 있는 페로케미컬플랜트의 경우와 마찬가지로, 슈래더-프레셰트는 유카마운틴에 대한 에너지부의 분석이 여러 가지 의심스러운 가정을 포함하고 있어서 추가적인 정밀 조사가 필요하다고 주장했다. 예를 들어, 그녀는 에너지부의 연구가 현장에서 극도로 긴 시간(말하자면, 수십만 년) 동안 발생하는 수많은 불확실성을 적절하게 설명하지 못한다고 주장했다. 가장 중요한 불확실성 중 일부는 잠재적인 지진이나 화산 활동, 귀중한 광물이 발견되어 채굴할 가능성, 폐기물 저장 용기의 고장, 암석의 균열로 지하수가 유입되어 방사성 물질을 누출시킬 가능성 등이다. 게다가, 에너지부가 이러한 불확실성의 일부를 다루기 위한 모형에서 유카마운틴의 실제 조건을 적절하게 모사하지 못했다고 주장한다. 이러한 분석을 수행함으로써,

슈래더-프레셰트와 같은 학자들은 공공 정책에 정보를 제공하는 연구 프로젝트에 포함된 많은 가정을 면밀히 조사할 기회를 만든다. 예를 들어 에너지부의 모형이 적절하다고 결론지어도 슈래더-프레셰트의 분석은 모형의 일부로 받아들여질 중요한 가정을 명확히 하는 데 도움이 될 것이다.

학제간 참여를 위한 다른 모형들

이 장의 앞에서 설명한 시민 집단들처럼, 슈래더-프레셰트는 적대적인 접근법뿐만 아니라 협력적인 접근법도 연구에 포함시켰다. 예를 들어, 그녀는 환경보호청, 국립과학원, 국제방사선방호위원회ICRP와 관련된 수많은 정부 위원회에서 과학자들과 함께 일해왔다. 또 다른 철학자 낸시 투아나도 인문학과 사회과학 분야의 학자들이 자연과학자들과 협력할 수 있는 중요한 방법적 모형을 개발했다. 펜실베이니아 주립대학교의 록윤리연구소Rock Ethics Institute 소장인 투아나는 기후변화에 대한 통합평가모형을 개발하는 기후 과학자들과 함께 일해왔다. 4장에서 보았듯이, 그녀의 목표는 모형화할 때 내리는 선택이 다른 가치보다 어떤 가치를 지지하게 되는지 그들이 인식하도록 돕는 것이었다. 그녀는 이것을 '내재적intrinsic' 또는 '내포적embedded' 윤리라고 부른다.

4장에서 통합평가모형이 미래의 기후변화를 완화하기 위해 지금 돈을 쓰는 것과 미래의 기후변화에 적응하도록 기다리는 정책 결정의 전체적 귀결을 예측하기 위해 물리 과학과 경제 과학의 정보를 함께 고려한다는 것을 상기하자. 투아나와 같은 철학자들은 통합평가모형들의 중요한 선택을 찾아내는 데 필요한 능력을 잘 갖추고 있다. 예를 들어, 기후변화에 관한 특정 정책의 전반적인 미래 비용과 편익에만 초점을 맞추는 통합평가모형은 가장 부유한 사람들과 달리 사회의 가장 가난한 구성원들이 부담하는 편익과 부담의 매우 중요한 불평등을 식별하지 못할 수 있다. 또한 통합평가모형을 구축할 때는 현재 비용과 편익에 대해 미래 비용과 편익을 비교하는 방법을 결정해야 하며, 홍수나 가뭄 같은 자연재해의 금전적 가치를 평가해야 한다. 또한 어떤 통합평가모형은 특별히 끔찍한 사건들(서유럽의 비교적 온화한 기후를 유지하는 북대서양 해류의 붕괴와 같은)이 일어날 확률이 특정한 값을 넘지 않도록 해야 한다는 요구사항을 포함한다. 투아나는 모형 연구에 관련된 선택의 이러한 의미를 강조하기 위해 기후 과학자들과 그들의 대학원생들과 함께 연구했다.

일부 학자들은 자연과학자들과 과학 연구에서 가치의 역할을 연구하는 다른 학자들 사이의 학문적 협력의 촉진을 돕는 형식적인 구조를 만들었다. 예를 들어, 과학정책학자 에릭 피셔는 국립과학재단의 후원으로 과학자와 공학자의 연구실에서 사회과학자와 인문학자들이 함께하는 현장 연구 프로젝트를 개발했다. 연구실에 와서 함께 연구하는 학자들의 주요 목표 중 하나는 이 책 전반에 걸쳐 탐구한 것과 같은 문제들에 대해 건설적인 질문을 하는 것이다. 왜 특정한 모형을 선택해야 하는지, 왜 연구에서 그러한 목적을 달성하려고 하는지, 왜 (다른 질문이 아니라) 특정한 연구 질문을 조사하는지, 왜 연구 조직에 그러한 프레임을 적용하는지 등이다. 피셔는 이러한 질문들을 성찰하고 그에 따라 연구 노력을 조정하는 과정을 위해 '(연구개발) 중간 단계에서의 조정midstream modulation'이라는 용어를 개발했다. 그는 중간 단계에서의 조정이 사회적 가치를 촉진하고 과학자들이 출판 가능한 우수한 연구를 생산할 수 있는 좁은 과학적 목표를 달성하는 데 도움이 될 수 있다고 주장해왔다.

철학자 마이클 오루크와 스티븐 크롤리는 연구 프로젝트 내에서 사려 깊은 학제간 성찰을 촉진하기 위한 또 다른 전략을 선구적으로 개발했다. 이들의 접근법은 이미 협력하고 있는 (또는 협력할 준비를 하고 있는) 학제간 과학자들의 그룹에 초점을 맞춘다. 그들은 '도구 상자'라고 부르는 장치를 만들었는데, 이것은 "연구의 해석은 불확실성을 다루어야 한다", "연구 데이터의 수용 기준 결정을 구성하는 것은 가치 문제다"와 같은 과학 연구에 대한 많은 철학적인 진술들로 구성된다.10

도구 상자 장치를 사용하려면, 연구 그룹 안의 각각의 협력자들이 그들이 동의하는 진술의 범위를 기록하고, 그런 다음에 그들의 반응에 대해 대화를 나눠야 한다. 대화가 끝난 뒤에, 두 번째로 도구 상자 장치를 채우고 이 경험에 대한 그들의 반응을 기록한다. 오루크와 크롤리는 다른 분야의 과학자들이 함께 연구할 때 이 과정이 매우 유용할 수 있음을 발견했다. 그들은 자주 '복제', '표현', '모형'과 같은 중요한 단어들이 분야마다 다른 의미로 사용된다는 것을 발견했다. 게다가, 다른 분야의 과학자들은 그들의 발견을 확인하는 방법 또는 과학 실행의 특정한 측면에서 가치들이 타당한 역할을 하는지에 대해 매우 다른 기대를 할 수 있다. 그러므로 도구 상자 장치는 앞에서 논의한 많은 문제들에 대해 중대한 반성을 촉진할 수 있다.

다양한 배경을 가진 학자들이 참여하면 과학에 영향을 미치는 가치에 대해 좀더 사려 깊은 성찰을 촉진할 수 있는데, 이때 도움이 될 여러 가지 흥미로운 방법들이 있다. 이 절에서는 특히 학문적 다양성을 촉진하는 데 초점을 맞추고 있지만(말하자면 사회과학자와 인문학자가 자연과학자와 함께 연구하는 것), 과학의 역사는 과학계에서 성별과 인종적 다양성을 증가시키는 것도 극히 가치가 크다는 것을 보여준다. 인류학과 생물학 같은 분야에서는 여성 과학자들이 참여하면서 가치가 과학의 방법·가정·이론에 영향을 미치는 의심스러운 방식을 찾아낼 수 있었다. 4장에서는 여성 인류학자들이 인류 진화에 대한 '사냥꾼 남성' 이론에 어떻게 도전했는지를 논의했다. 비슷하게, 일부 여성(그리고 남성!) 생물학자들이 문란함, 능력, 수학에 대한 적성과 같은 정형화된 남성적 자질에 대한 생물학적 이유를 식별하기 위해 고안된 연구 프로젝트에 맹점이 있다는 것을 밝혀냈다. 영장류학과 같은 분야에서도 관찰의 방법에 암컷 동물들의 중요한 활동을 무시하는 경향이 있음을 여성 학자들이 지적했다.

따라서, 다양한 학제적 연구를 촉진하도록 노력하는 것은 숨겨진 가치판단을 찾아내고, 그에 대한 유익한 성찰을 끌어내는 강력한 방법으로 보인다. 이 목표를 달성하는 한 가지 방법은 다양한 관점을 가진 학자들이 '멀리 있는' 비평가의 역할을 하면서 다른 연구 프로젝트의 배후에 있는 가정과 방법론에 질문하는 것이다. 또 다른 접근법은 다양한 참여자 그룹이 함께 모여서 협력을 촉진하는 것이다. 그러나 남아 있는 중요한 문제 중 하나는, 이런 종류의 학제간 다양성을 촉진하는 제도적 장치를 어떻게 만드는가 하는 것이다. 이미 취해진 조치들도 있다. 국립과학재단과 국립보건원과 같은 자금 지원 기관은 학제간 연구비 신청을 장려하고 있다. 대학들은 분야들 사이의 협력을 장려하고 있으며, 학과들이 공동으로 학자를 고용하기도 하는데, 이는 부분적으로 학제간 융합을 촉진하라는 자금 지원 기관의 압력에 따른 조치다. 여성들과 소수 집단의 사람들이 과학 분야에서 밀려나게 되는 요인들을 확인하고 해결하려는 노력도 이루어지고 있다. 다음 절에서는 과학 수행에서 가치의 역할에 관련된 여러 가지 제도적 요인들을 살펴본다.

제도적 참여

네 번째 접근법은 여러 집단의 사람들과 과학 연구에 영향을 미치는 법규, 제도, 정책에 대한 참여에 초점을 맞춘다. 이러한 형태의 참여는 처음 세 가지와 조금 다른데, 다른 집단 사람들과의 참여뿐만 아니라 사람들 사이의 참여와 그들에게 영향을 미치는 법 또는 정책들에 초점을 맞추기 때문이다. 따라서, 이 네 번째 형태의 참여는 앞의 세 가지와 중복되는데, 세 가지 모두 개별 연구 과제뿐만 아니라 많은 다른 연구 프로젝트에 영향을 미치는 제도 또는 법을 변경할 수 있기 때문이다. 예를 들어, 특허 정책은 과학 연구의 과정에 큰 영향을 미칠 수 있다. 2장과 3장에서 보았듯이, 특허권은 발명가들에게 상당한 이익을 얻을 기회를 주기 때문에 연구를 수행하는 주요 동기가 된다. 우리는 또한 특허 정책이 전략적으로 설계되지 않는다면 특별히 새롭지 않은데도 비싼 약품이 나올 수 있음을 보았다. 그러므로, 어떤 혁신이 특허가 될 수 있는지 결정하는 정책은 추구해야 할 연구 주제와 질문에 영향을 주기 때문에, 다른 가치보다 어떤 가치를 더 지지할 수 있다. 이러한 정책들을 변경하려는 노력(공동체의 참여를 통한 상향식, 공식적인 참여의 하향식, 학자들 사이의 학제간 노력, 기타 여러 접근법)은 이 장의 네 번째 형태의 참여의 예다.

1980년대 초에 하버드대학교의 연구원들이 유전적으로 조작해서 특별히 암에 잘 걸리게 만든 쥐의 이야기를 생각해보자. 나중에 온코마우스oncomouse라고 부르게 된 이 실험용 쥐는 암 생물학뿐만 아니라 잠재적인 암 치료 연구에 이상적이었다. 그럼에도 불구하고, 이 발견은 금방 논란에 휩싸였다. 하버드대학교 연구진은 새 쥐에 대해 미국 특허를 받아서 듀폰에 사용 허가를 주었지만, 이 특허는 국제적인 논쟁거리가 되었다. 한편으로, 과학계의 많은 구성원은 듀폰이 온코마우스의 가격을 너무 높게 매겨서 과학 연구의 진척을 방해한다고 느꼈다. 다른 한편으로, 여러 시민단체는 살아 있는 생명(특히 쥐처럼 익숙한 동물)이 특허의 대상이 된다는 것 자체를 윤리적으로 용납할 수 없다고 느꼈다. 온코마우스를 둘러싸고 벌어진 논쟁은 어떤 가치가 과학의 실행에 영향을 주는지 결정하는 데 중요한 역할을 할 수 있는 제도적 구조와 규정에 대한 참여의 중요성을 보여준다.

온코마우스에 대한 특허는 기념비적인 다이아몬드 대 차크라바티 Diamond vs. Chakrabarty 소송 판결(1980년) 이후 살아 있는 생물에 대한 특허를 낼 수 있게 되고 나서 불과 몇 년 만에 제출되었다. 유전자 변형 박테리아에 대한 특허와 관련된 이 소송은 5 대 4로 이루어진 판결 자체도 논란이었지만, 포유류에 대해 특허를 받을 수 있는가 하는 점에서 논란이 훨씬 더 컸다. 저명한 환경 운동가이자 생명공학 반대 운동가인 제러미 리프킨은 동물의 특허 출원에 반대하는 단체들의 연합을 이끌었다. 그들은 유전자 변형 동물과 관련된 고통에 대한 호소, 생물을 '소유'할 수 있다는 생각에 내재된 윤리적 우려, 생물 다양성의 상실에 대한 우려를 포함한 많은 주장을 했다. 그럼에도 불구하고 미국 특허청은, 미국의 특허법은 윤리적·사회적 관심사를 고려하지 않는다고 주장했고, 결국 1988년에 온코마우스의 특허를 허가했다. 리프킨은 특허청의 접근법에 크게 실망해서, 인간과 인간이 아닌 세포의 혼합으로 구성된 배아에 대한 특허를 출원했다. 그의 행동은 특허 출원을 평가할 때 윤리적·사회적 고려를 하지 않는 미국 특허청의 어리석은 실패에 대해 대중의 관심을 끌기 위한 홍보 전략이었다.

과학정책학자 쇼비타 파타사라티는 여러 나라를 비교하면 특허 정책이 어떻게 가치를 차단하거나 허용하는지에 대해 많은 것을 배울 수 있다고 주장했다. 그녀는 미국의 정책이 지난 30년 동안 시민의 가치가 특허 결정에 영향을 주는 것을 막았지만, 유럽의 체계는 더 많은 시민의 의견을 허용해왔다고 주장했다. 이런 차이의 가장 큰 이유는 유럽 특허법에 도덕성이나 공공질서에 어긋나면 특허를 막을 수 있다는 조항이 포함돼 있기 때문이다. 따라서, 유럽 시민들은 도덕적 고려(생물 특허의 부적절함 같은 것)를 특허 거부의 근거로 호소할 수 있다.

온코마우스 특허가 유럽 특허청으로 넘어가고 시민단체가 이의를 제기했을 때, 그들은 '공공질서' 조항을 활용할 수 있었다. 유럽 특허청은 1992년에 온코마우스의 특허를 허가했다. 이 특허의 윤리성에 대한 질문에 대해, 유럽 특허청은 특허를 허용할 때의 전반적인 결과가 거절할 때보다 더 낫다고 주장했다. 반대자들은 계속해서 사회적·윤리적으로 유럽 특허청을 압박했다. 그들은 이 특허를 없애지는 못했지만, 10년간의 법적 논쟁 끝에 결국 범위를 제한할 수 있었고, 공공질서 조항을 근거로 다른 특허 출원을 막는 데 성공했다. 반면에 미국 시민들은 특허 결정에 영향을 주려고 할 때 가치나 윤리에 대한 우려에 명시적으로 호소할 수 없지만, 미국 특허청의 특허 결정에는 여전히 암묵적으로 다른 가치를 억압하고 모종의 가치를 지지하는 요소가 있다.

구조와 제도에 대한 참여의 다른 접근법

특허 제도에 참여하려는 리프킨의 노력은 사람들이 그들에게 영향을 미치는 가치를 바꾸기 위한 노력으로 과학 제도, 법, 정책에 참여하는 방법을 특히 생생하게 보여주지만, 다른 중요한 예들도 많이 있다. 2장에서는 제약 회사들이 사회적 가치(가난한 사람들을 돕는 것)에 봉사하는 연구를 하도록 재정적인 인센티브를 제공하는 건강영향기금에 대한 토마스 포게의 제안을 간략히 설명하였다. 민간 기업에 대한 인센티브를 변경하는 방법은 다양하다. 예를 들어, 정부와 비정부기구가 자금을 조성하여 제약 회사에게 사전판매약속AMC, advance market commitment을 제공할 수 있다. AMC를 따를 경우, 기부자들은 저소득층에게 제공할 대량의 약물이나 의료 서비스를 지정된 가격으로 구입할 것을 약속한다. 이는 기업이 수익성 없는 치료법을 개발할 충분한 재정적 인센티브를 제공할 수 있다. 예를 들어 2009년에 세계보건기구, 세계은행, 빌앤드멀린다게이츠재단, 몇몇 국가 정부들을 포함한 많은 단체가 가난한 사람들을 주로 괴롭히는 질병들의 백신 개발을 장려하는 AMC를 시작했다.

정부의 규제도 그대로 두면 무시될 가치에 과학적 연구가 봉사하도록 유도할 수 있다. 예를 들어 3장의 마지막에 보았듯이, 철학자 칼 크래너는 이전의 미국 TSCA가 제품과 관련된 잠재적 위험에 대한 정보 수집을 화학 회사들이 회피하도록 권장했다고 주장했다. 이는 TSCA가 회사들이 안전성을 입증하지 않고도 산업용 화학 물질 판매를 허가해주었기 때문이다. 이와 달리, 2016년에는 TSCA가 개정되어 환경보호청이 화학 물질이 시판되기 전에 안전성을 판단할 수 있는 더 많은 권한을 발휘하기 때문에, 기업이 개발 과정의 초기에 제품의 독성을 더 철저하게 탐구할 것으로 기대된다.

규제 영향의 또 다른 예는 매사추세츠주에서 1989년에 통과된 독성사용감소법TURA, Toxic Use Reduction Act이다. 이 법에 따르면 위험한 화학 물질을 대량으로 사용하는 회사들은 더 안전한 대체 물질을 조사해야 한다. 또한 이 법에 따라 유해 화학 물질의 대체 물질 개발을 돕는 독성 사용 감소 연구소가 설립되었다. 독성사용감소법의 목표는 오염 산업이 위험한 화학 물질이 안전하다고 주장할 이유를 줄이고, 가능한 대안을 찾을 이유를 늘리는 것이다.

연방 연구비 정책에 대한 참여

이제까지는 주로 **민간**이 자금을 지원하는 연구에 영향을 주는 사례에 대해 알아보았다. 우리는 **정부**가 자금을 지원하는 연구에 관련된 제도와 정책에도 참여할 수 있다. 이러한 방향의 한 가지 접근법으로, 정부가 특정 분야의 연구에 지원하는 전체 예산의 크기에 주목해보자. 예를 들어, 어떤 사람들은 지난 50년 동안 미국 연방정부의 전체 예산 중 R&D 관련 예산의 비율이 극적으로 변했다고 우려한다. 1960년대에는 R&D 자금의 약 3분의 2를 정부가 지원하고 3분의 1이 민간 산업에서 나왔지만, 이제 그 비율이 뒤집혀서 정부가 R&D 자금의 약 3분의 1만 제공한다. 5장에서 보았듯이, 이는 생의학과 환경 연구 분야에서 기업들이 제품의 유해한 부작용에 대한 증거를 숨기려는 동기를 줄 수 있다는 염려를 일으킨다. 과학자들이 민간 자금보다 정부 자금으로 연구할 때 대중의 가치를 더 존중한다고 가정한다면, 이 분야의 공공 연구비 확보가 대중의 이익에 중요하다고 볼 수 있다.

연방의 연구비 정책에 관여하는 또 다른 방법은 연구 프로젝트의 선정에 영향을 주는 것이다. 예를 들어, 이 장의 앞에 나온 에이즈 활동가들은 대중의 이목이 집중되는 시위와 저항 운동 외에도 특정 연구 프로젝트에 연구비를 할당하는 국립보건원 자문위원회에 자리를 얻어냈다. 다른 활동가 단체들도 이를 본받아 유방암 활동가들이 연구 기금을 결정하는 연방 연구비자문위원회에 참여하게 되었다. 물론 이러한 전략에는 단점도 있다. 에이즈나 유방암처럼 시민단체의 관심이 집중되는 질병들에만 지나친 관심이 쏠린다는 염려도 있다. 그러나 이러한 염려는 참여를 완전히 없애기보다 더 정교한 참여 방식을 개발할 때의 이점이 크다는 점을 강조한다.

자금 지원에 영향을 주는 다른 방법은 연구에 대한 자금 지원 기준을 변경하는 것이다. 예를 들어, 1997년부터 국립과학재단은 연구비 신청을 평가하는 두 가지 주요 기준 중 하나로 '더 광범위한 영향'을 검토해야 한다고 결정했다. 이 기준이 항상 다른 기준(즉 학문적 장점)보다 더 중요시되지는 않았지만, 연구 제안의 사회적 가치를 검토할 명시적인 기회를 제공할 수 있다. 연방 연구비에 대한 경쟁이 매우 치열하기 때문에, 이 기준의 해석은 선정되는 연구의 종류에 큰 영향을 줄수 있다.

과학에서 가치의 역할에 대한 성찰을 촉진하는 특정 프로그램에 대한 자금 지원을 옹호함으로써 연방 연구 정책에 영향을 줄 수도 있다. 이 장의 앞에서 다룬 NNI에 대한 논의에서, 나노 기술의 '윤리적·법적·사회적 의미ELSI, Ethical, Legal, and Social Implications'의 연구를 위한 자금 조성을 보았다. 이것은 부분적으로 1990년대에 인간 DNA의 염기 서열을 알아내기 위한 국제적인 노력인 인간 게놈 프로젝트에 대한 대응으로 국립보건원이 만든 초기의 ELSI 프로그램을 참고한 것이다. ELSI 프로그램 덕분에 학자들이 이러한 연구 프로젝트에 가치가 관련되는 다양한 방식을 검토할 수 있게 되었다.

국립보건원이 만든 지역사회지원·교육프로그램COEP, Community Outreach and Education Program은 과학의 가치를 다루는 방법을 제공하는 연방 후원 프로그램의 또 다른 예다. 국립환경보건과학연구소NIEHS는 대학의 여러 연구소에 자금을 지원하고 있으며, 1995년에 NIEHS는 이 센터들에게 COEP를 포함하라고 요구하기 시작했다. 이 프로그램 은 처음에 환경 건강 위험에 대한 대중 교육을 주로 다루었지만, 시간 이 지나면서 센터가 수행하는 연구에 대한 대중의 의견을 수렴하는 방법으로도 작용했다. 따라서, 과학의 가치를 다루는 데 도움이 되도 록 제도에 참여하는 또 다른 방법은 연방 기관들이 공동체 기반 참여 연구를 촉진하는 프로그램에 더 많은 자금을 지원하도록 권장하는 것 이다. 훨씬 더 혁신적인 접근법은 NIEHS와 같은 정부 기관들이 웨스 트엔드재활협회가 추구하는 것처럼, 공동체가 소유하고 공동체가 관 리하는 연구에 더 많은 자금을 지원하는 것이다. 이렇게 하면 시민 집 단들이 과학자들과 계약을 맺어서 시민의 이익에 도움이 되는 연구를 추구할 수 있는 훨씬 더 많은 힘을 갖출 것이다.

결론

NIEHS가 자금을 지원하는 COEP가 설명하듯이, 이 장 전체에 걸쳐 논의한 참여의 네 가지 접근법은 다양한 방식으로 서로 교차한다(표 7-1 참조). 예를 들어, 참여의 상향식 접근법(범주 1)은 제도(범주 4)가 풀 뿌리 참여를 촉진하도록 구성될 때 크게 도움이 된다. 이는 COEP와 같은 방법 또는 자문위원회에 시민이 참여하거나 윤리적 고려가 의사 결정에 역할을 할 수 있도록 하는 특허 정책의 설계를 통해 이루어질

표 7-1 과학 연구에 관련된 가치의 신중한 분석을 촉진하는 데 도움이 될 수 있는 네 가지 주요 참여 유형

참여의 네 가지 범주	예
상향식: 시민들이 과학자들과 함께 참여	• 시민의 관심사를 위해 연구를 변경하거나 더 많은 연구 기금을 조성하려는 반대적 노력 • 지역사회기반 참여연구 노력 • 자문위원회에 시민 참여
하향식: 공식적인 참여 관행	• 워크숍, 컨센서스 콘퍼런스, 국가시민기술포럼 • 과학 박물관에서의 '체험적 참여'와 과학 박물관 전시 • 월드와이드뷰 프로젝트
학자들 간의 다양하고 학제적인 교류	• 의심스러운 가치를 포함하는 연구를 비판하는 학자들 • 학제간 협업과 도구 상자 프로젝트 • 연구실에 인문학자 또는 사회과학자를 포함 (STIR 프로그램) • 과학계의 다양성 증진
제도, 법규, 정책에 대한 참여	• 특허 과정에서 윤리적 고려 허용 • 건강 영향 기금 또는 사전 판매 약속 • 독성 화학 물질 규정 변경 • 연구를 위한 연방 자금 지원 증가 • 연구비 신청에 대한 광범위한 영향의 기준 조정 • ELSI 연구 또는 CBPR 자금 지원

수 있다. 그러나 이것은 양방향 상호작용이다. 에이즈 사례에서와 같은 시민단체들의 활동은 정책과 법을 공공 가치에 더 잘 반응하도록 바꾸는 데 중요하다.

이 네 가지 접근법 사이에는 여러 가지 연관성이 있다. 우리는 이미 상향식, 하향식, 학세간 참여(처음 세 범주)가 법규, 제도, 정책(범주 4)의 변화를 지향하도록 할 수 있음을 보았다. 법과 정책의 변경은 할당되는 자금 규모에 따라 공공 참여(범주 2)와 다양하고 학제적인 연구 협력(범주 3)을 촉진하거나 지연시킬 수 있다. 게다가, 다양하고 학제적인 학술 공동체(범주 3)는 연구 프로젝트에 대한 시민들의 의견 수렴에 더 개방적이다(범주 1). 또한 상향식 또는 하향식 시민 참여 노력(범주 1과 2)은 공공의 관심사를 해결하기 위해 다양하고 학제적인 연구 프로젝트(범주 3)의 필요성을 강조할 수 있다.

참여에 대한 이 네 가지 접근법은 과학 연구에 영향을 주는 가치를 바꾸는 흥미로운 기회를 제공하지만, 그것들이 만병통치약이 아님을 알아야 한다. 과학의 수행은 여러 가지 요인 때문에 변화하기 어려워진다. 과학의 많은 부분이 고도로 전문화된 지식을 요구하기 때문에, 시민들 및 다른 분야의 학자들이 그들이 의문시하는 과학의 영역에 이의를 제기할 때 필요한 전문성을 얻기 어려울 수 있다. 또한 과학과 기술이 사회를 어떻게 바꾸게 될지 예견하기 어려울 수도 있다. 시민들과 정책 입안자들이 특정 연구 기구가 우려할 만한 결과를 초래한다는 것을 깨달았을 때쯤에는, 연구 과정을 크게 바꾸기에는 너무 늦었을지도 모른다. 게다가, 민간이 지원하는 연구에 대해서는 시민들이 연구에 영향을 줄 수 있는 능력이 제한된다. 그러므로 이 책의 중심 교훈 중 하나는, 우리의 가치에 따라 과학 연구를 이끌 새롭고 창의적인 방법을 계속해서 탐구해야 한다는 것이다.

참 고 자 료

액트업과 에이즈 활동에 대한 자세한 내용은 크림프(Crimp 2011), 디팔 (Deparle 1990), "경찰이 에이즈 시위자를 체포하다"(Police Arrest AIDS Protesters 1988) 외에 액트업 뉴욕 웹사이트(http://www.actupny.org)의 역 사 기록을 참조하라. 엡스타인(Epstein 1996)은 에이즈 활동가들이 과학 연구와 정책에 영향을 준 방법에 대한 훌륭한 분석을 제공한다. 오팅어(Ottinger 2010) 는 루이지애나 버킷브리게이드에 대해 설명한다. 웨스트엔드재활협회와 지역사 회 소유 및 지역사회 관리 연구에 대한 실험은 히니 등(Heaney et al. 2007)에서 논의한다. 킨치(Kinchy 2010)는 인식적 부메랑의 개념을 설명한다. 지역사회 기 반 연구 노력과 지역적 지식에 대한 정보는 코번(Corburn 2005)과 어윈(Irwin 1995)을 참조하라.

크라이튼(Crichton 2002)은 나노 기술에 대한 사변적인 전망을 제시한다. 나노 기술의 개관과 나노 기술이 제기하는 사회적 문제에 대해서는 알호프 등 (Allhoff et al. 2007)을 참조하라. 거스턴(Guston 2008, 2014)과 데이비스 등 (Davies et al. 2009)은 나노 기술에 채택된 여러 가지 공적 참여 관행의 개관 을 제공하며, 어윈(Irwin 2001)은 공적 참여의 추구에 관련된 여러 가지 문제들 을 설명한다. 슈래더-프레셰트의 연구에 대한 더 자세한 정보는 그녀의 책 《행 동하기, 생명을 구하기》(2007)와 《오염Tainted》(2014)을 참조하라. 낸시 투아 나의 연구에 대해 더 자세한 내용은 슈인케 등(Schienke et al. 2011), 투아나 (Tuana 2010), 투아나 등(Tuana et al. 2012)을 참조하라. 에릭 피셔의 흐름 속 에서의 조정에 관련된 노력은 슈비에와 피셔(Schuurbiers and Fisher 2009)에 설명되어 있다. 도구 상자 프로젝트는 오루크와 크롤리(O'Rourke and Crowley 2013)에 설명되어 있다. 페르(Fehr 2011)와 와일리(Wylie 1996)는 가치적새 적 가정, 방법론, 이론에 대한 여성 과학자들의 이의 제기에 대해 설명한다. 하딩 (Harding 2015)은 과학 공동체에서 다양성 육성의 중요성을 강조한다. 파르샤 라시(Parthasarathy 2007, 2011)는 미국과 유럽의 특허 체계의 차이와 특허 결정에서 가치의 영향을 허용하는 것에 담긴 함의를 분석했다. 온코마우스에 관한 정보는 쿡(Cook 2002)과 파크(Park 2004)에서 찾을 수 있다. 비들(Biddle 2014a)은 특허 정책이 연구를 억압하는 방식에 대한 통찰력 있는 논의를 제공한다. AMC는 번트와 허비츠(Berndt and Hurvitz 2005)와 손더홈(Sonderholm 2010)에서 논의된다. 크래너(Cranor 2011)는 TSCA에 대한 논의를 제공하고, 티크너(Tickner 1999)는 독성 사용 감소법에 대해 보고한다. 암 활동가들과 다른 시민단체들이 연방 자문 기구에 봉사한 일에 대해서는 케임 등(Kaime et al. 2010)을 참조하라. 국립과학재단의 광범위한 영향의 기준에 대한 정보는 프로드먼 등(Frodeman et al. 2013)과 록(Lok 2010)에서 찾을 수 있다.

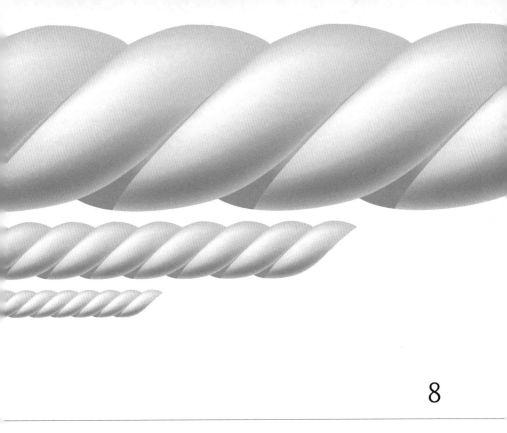

8

결론:
가치의 태피스트리

1970년 2월 2일 〈타임〉은 첫 번째 지구의 날을 두 달 앞두고 환경을 주제로 한 특집호를 발행했다. 이 잡지는 생물학자 배리 커머너를 표지에 싣고, 그를 '생태학의 폴 리비어'(미국 독립혁명 당시 영국군의 동태를 알려 승리에 기여한 전령 – 옮긴이)라고 이름 붙였다. 커머너는 핵무기 실험에 반대하는 정치적 행동주의로 유명해졌다. 그는 특히 핵실험으로 생기는 방사능 낙진이 잠재적으로 건강에 미치는 영향을 염려했고, 대중에게 그 위험을 알리는 광범위한 캠페인을 벌였다. 그의 노력은 1963년 핵실험금지조약의 체결에 중요한 역할을 했다. 커머너의 이야기가 중요한 이유는 부분적으로 그가 환경 운동의 발전에서 중심적인 역할을 했기 때문이기도 하지만, 그의 이야기가 이 책의 처음에 나온 리센코와 스탈린의 이야기와 비교되기 때문에 중요하다. 커머너도 그들처럼 강력한 정치적 견해를 가지고 있었고, 자본주의를 깊이 의심했다. 하지만 리센코와 스탈린이 그들의 정치적 가치를 문제가 있는 방법으로 휘두른 반면에, 커머너의 정치적 가치는 사회를 이롭게 하는 적절한 방식으로 연구에 영향을 주었다. 그러므로 그의 이야기는, 가치에 정당성을 부여하는 것은 그것이 어떤 종류(말하자면 보수적이거나 자유주의적이거나, 종교적이거나 세속적이거나)인지가 아니라 그 가치가 투명한 방식으로, 윤리적·사회적 우선순위에 맞는지 적절한 토론과 함께, 경험적 증거에 공정하게 적용되는지에 따라 결정된다는 이 책의 주장을 뒷받침한다.

커머너의 이야기를 바탕으로, 이 마지막 장은 과학적 추론에 가치가 어떻게 정당하게 영향을 줄 수 있는지에 대한 이 책의 주요 교훈을 종합한다. 첫째, 태피스트리의 은유가 어떻게 가치와 연구가 교차하는 여러 가지 방식들을 나타낼 수 있는지 탐구한다. 둘째, 이 책에서 말한 과학 정책과 과학과 사회의 관계에 대한 우리의 견해가 주는 주요 함의를 강조한다. 마지막으로, 일부 독자들을 여전히 괴롭힐 수 있는 해결되지 않은 반론 몇 가지를 다룬다.

배리 커머너

1917년에 태어난 커머너는 러시아에서 온 유대인 이민자의 아들이었다. 그는 뉴욕 브루클린에서 자랐고, 컬럼비아대학교를 졸업한 뒤에 하버드대학교 대학원에 다녔다. 1930년대를 거치며 그는 사회주의와 공산주의 집회에 영향을 받았고, 학부생으로서 '과학을 공적인 삶에 적절하게 통합하는 활동'에 참여하는 데 헌신했다.[1] 그에게, 이 통합을 수행하는 가장 중요한 방법은 시민들이 효과적인 민주적 의사결정에 참여할 수 있도록 중요한 사회 문제를 대중에게 알리는 것이었다. 이것이 그가 대중에게 방사능 낙진에 대한 정보를 제공하는 데 그렇게 헌신한 이유였다. 그는 핵 실험에 수반되는 국가 안보의 이익이 국민의 잠재적인 건강 위험을 능가하기에 충분한지를 대중이 결정할 수 있어야 한다고 생각했다.

방사성 낙진에 대한 커머너의 연구는 과학 연구에 가치가 적절하게 영향을 줄 수 있는 많은 방법을 보여준다. 첫째, 그는 방사능 낙진이 매우 중요한 사회적 문제라고 보았기 때문에 이 분야를 연구하기로 결정했다. 둘째, 그는 이해할 수 있는 방식으로 자신의 연구 결과를 전달하는 데 깊은 관심을 가졌고, 이것은 시민들이 공공 정책에 영향을 줄 수 있는 능력을 갖추도록 도와주었다. 사실, 그는 방사능 낙진에 대한 과학적 발견을 대중에게 전파하기 위해 핵정보위원회CNI, Committee for Nuclear Information라는 기구의 설립을 도왔다. 셋째, 그는 시민들의 참여에 특히 효과적인 연구 방법을 사용했다. 예를 들어, 그는 어린이들의 젖니를 채취하여 방사성 스트론튬-90의 함유량을 검사하는 계획을 주도했다. 아기 치아 조사는 정보의 중요한 출처였을 뿐만 아니라, 핵실험과 관련된 잠재적인 건강 영향에 대한 대중의 관심을 일깨우는 역할도 했다. 이 조사에서 피폭을 염려하는 부모들로부터 20만 개 이상의 치아를 수집했고, 1950년대 전반기에 아이들의 치아에서 스트론튬-90의 양이 네 배나 증가한 것을 확인할 수 있었다.

만년에 이르러, 그는 중요한 사회적 가치에 도움이 되는 방식으로 과학적인 연구를 계속하면서 다른 주제로 눈을 돌렸다. 그는 워싱턴 대학교 세인트루이스 캠퍼스에서 자연시스템생물학센터Center for the Biology of Natural Systems를 발전시켰고, 나중에 이 센터를 뉴욕의 퀸즈칼리지로 옮겼다. 한편 그는 뉴욕에서 새로운 사회적 도전으로 도시 쓰레기 처리에 관심을 가졌다. 뉴욕 시장은 더 많은 쓰레기를 소각하려고 했지만, 커머너는 플라스틱을 태우면 5장에서 논의했듯이 발암성 화학 물질인 다이옥신이 방출될 것을 염려했다. 그의 센터는 어떻게 다이옥신이 먼 곳까지 이동해서 먹이 사슬에 흡수될 수 있는지를 연구했다. 중요한 것은, 커머너가 다이옥신을 비롯한 여러 문제에 관련된 과학을 지역 활동가들에게 알려주어서 그들이 오염과 더 잘 싸울 수 있도록 도왔다는 사실이다. 1997년 그의 80번째 생일을 기념하는 심포지엄에서, 연설자 중 한 명은 커머너를 '풀뿌리 환경주의의 아버지'라고 불렀다.[2] 즉, 그의 연구는 7장에서 논의한, 시민과 과학자의 연대를 보여주는 초기의 사례. 역사학자 마이클 에건은 커머너의 경력을 "공익과 전문화된 과학을 다시 연결하는 방법을 탐색했다"는 말로 잘 요약했다.[3] 다시 말해, 그는 이 책의 메시지를 몸소 실천했다. 과학자들은 과학의 우수성을 희생시키지 않고도 다양한 방법으로 연구에 가치를 포함시킬 수 있다.

가치의 태피스트리

앞의 장들에서 살펴보았고, 표 8-1에 요약되어 있듯이, 가치는 과학적 추론의 넓은 범위에서 정당한 역할을 할 수 있다. 책 전체에 걸쳐 살펴본 사례들을 성찰함으로써, 우리는 가치가 과학과 어떻게 교차하는지를 보여주는 더 통찰력 있는 시각을 개발할 수 있다. 태피스트리의 은유는 이러한 사례들의 많은 특징을 요약하는 유용한 방법을 제공한다. 이 은유에 따르면, 과학적 추론은 과학자들이 결론을 도출하기 위해 모아야 하는 수많은 성분이나 '실마리들'로 짜인 태피스트리라고 생각할 수 있다. 이러한 실마리들 중 일부는 논리적 원리와 수학

표 8-1 과학의 실행에서 가치가 정당하게 수행할 수 있는 주요 역할과 이 책에 나온 중요한 사례

가치의 역할	예
연구할 주제의 선택	• 성별 또는 인종에 따른 지능 변이에 관한 연구의 추진 여부 결정 • 연방 연구 자금 배분 방법 선택, 이 절차에서 의회의 역할 포함 • 민간 후원 의약품 연구가 사회적 우선순위를 얼마나 잘 충족하는지 평가
특정 주제를 연구하는 방법 결정	• 농업 혁신 연구에서 최선의 방법 선택 • 환경오염 물질의 위험 평가에서 가정의 선택 • 우울증 또는 암 연구에서 탐구해야 할 구체적인 질문 식별
특정 맥락에서 과학 연구의 목적 결정	• 위험 평가 방법에서 어떤 기준(말하자면 신속성 또는 정확성)을 우선으로 볼 것인지 결정 • 인류학에서 추구할 이론 결정 • 기후 모형에서 어떤 것의 예측 능력을 우선시할지 결정
불확실성에 가장 잘 대응할 수 있는 방법 결정	• 기후변화 또는 내분비 교란에 대한 결론을 얼마나 과감하게 전달할 것인지 결정 • 다이옥신과 같은 물질에 독성이 있다고 결론을 내리기 위해 얼마나 많은 증거를 요구할지 결정
결과를 어떻게 설명하고, 어떤 프레임으로 전달할지 결정	• 행동에 영향을 주는 유전적 요인에 대한 연구를 전달하기 위한 최적의 프레임 식별 • 침입종 또는 환경 현상을 설명하기 위한 용어와 은유 선택 • 인종 분류 또는 환경 규제에 대한 범주 평가

적 기법 같은 규칙에 의해 상대적으로 더 많이 지배되고 가치와 무관하다. 그러나 과학의 이러한 측면들은 배후의 가정, 용어 선택, 어떤 방법의 사용이 가장 적절한지에 대한 결정처럼 가치적재적인 실마리들과 서로 얽혀 있다. 태피스트리라는 은유는 과학의 실행에서 적어

도 세 가지 중요한 교훈을 강조한다. (1) 과학적 추론에서 분석적이거나 규칙에 지배되는 성분들은 가치의 영향을 받는 성분들과 서로 깊이 얽혀 있다. (2) 가치의 역할은 과학적 추론의 다른 측면으로부터 분석에 의해 분리할 수 있다. (3) 가치의 특정한 영향은 과학 전반으로 '파문' 효과를 낼 수 있으므로 세심한 주의가 필요하다.

첫째, 태피스트리의 실이 단단히 얽혀 있듯이, 우리는 과학의 실행이 가치판단과 깊이 얽혀 있음을 보았다. 대부분의 사람은 이미 과학의 실행에서 가치가 '씨줄'을 따라 여러 가지 역할을 한다는 것을 알고 있다. 가치는 연구 주제에 대한 선택을 안내하고, 과학자들이 서로를 어떻게 대하고 실험 주제를 어떻게 다룰지에 영향을 주고, 과학이 사회에서 어떻게 사용되는지를 결정한다. 그러나 우리가 살펴본 사례들은 과학적 추론에서 가치가 훨씬 더 통합적인 역할을 한다는 점을 보여준다. 과학자들이 묻는 특정한 질문, 연구에 사용하는 방법, 채택하는 배경의 가정, 개발하는 모형의 종류, 요구하는 증거의 양, 발견을 설명하는 데 사용하는 언어, 이 모두에 가치가 영향을 줄 수 있다. 그러므로 과학적 추론에는 가치의 영향이 철저히 스며든다. 철학자 헤더 더글러스가 설득력 있게 논증했듯이, 과학자들은 사회에 대한 그들의 가치적재적 선택이 주는 영향을 고려할 윤리적 책임이 있다.

미국 국립과학원의 보고서가 위험 평가의 관행에 대해 '분석-숙의적analytic-deliberative'이라고 기술할 때 태피스트리 은유와 본질적으로 같은 점을 가리킨다. 위험을 평가할 때 연구자는 그 보고서가 '분석적'이라고 기술하는 다양한 기술적 방법들을 동원한다. 그러나 어떤 기술적 방법을 사용하고 그 결과를 어떻게 해석할지 결정하려면 많은 가치판단이 필요하다. 이 책의 7장에 따라, 국립과학원은 이러한 가치판단을 가장 잘 다루기 위해서는 광범위한 이해관계자들이 그것을 다루는 최선의 접근에 대해 숙고해야 한다는 결론을 내렸다. 따라서 이 보고서는 위험 평가가 기술적 '분석'과 가치판단에 대한 '숙의'가 서로 얽혀 '분석-숙의적' 과정을 형성한다고 설명했다. 또한 학자들은 사회적 가치와 과학적 실행의 뒤얽힘을 기술하기 위해 '공동 제작co-production'이라는 용어를 사용한다.

태피스트리의 은유는 과학의 실행이 가치와 얼마나 뒤얽혀 있는지 강조하는 것 외에도, 가치의 특정한 역할을 어떻게 과학적 추론의 다른 요소들로부터 분석적으로 분리할 수 있는지 설명한다. 태피스트리의 실들이 서로 단단히 엮여 있어도, (충분히 노력하면) 서로 다른 실들을 구별할 수 있다. 비슷하게, 우리는 이 책 전체를 통해 가치가 과학의 실행에 영향을 주는 다양한 방법들을 명확히 할 수 있다는 것을 확인했다. 가치를 과학의 다른 요소들로부터 '분석적으로 분리'할 수 있다고 말하는 것은 비록 우리가 그 가치들을 제거할 수 없어도, 특정한 가치의 영향을 확인하고 그것들을 과학적 추론의 다른 측면들과 구별할 수 있음을 의미한다.

이것은 가치가 과학에 영향을 주는 특정한 방식에 대해 우리가 비판적으로 생각할 수 있다는 의미에서 중요한 교훈이다. 우리는 과학적 추론에 가치가 영향을 주는 것은 언제나 정당하거나 부당하다고 포괄적으로 주장할 필요가 없다. 오히려 우리는 가치들이 특정한 사례에서 과학에 어떻게 영향을 주는지 조사할 수 있고, 그러한 영향들이 정당한지 생각해볼 수 있다. 우리는 과학적 추론의 특정한 측면에 의식적으로 가치를 부여할 때 발생하는 두 가지 주요 정당화를 이 책의 곳곳에서 만났다. 첫째, 때때로 과학자들이 다른 가치보다 어떤 가치를 지지하는 선택을 해야 하는 것은 사실상 피할 수 없기 때문에, 과학자들은 이러한 선택을 부주의하게 하기보다는 사려 깊게 해야 할 책임이 있다. 둘째, 어떤 경우에는 가치가 사회 봉사와 관련된 정당한 목표를 달성하도록 과학자들을 돕는다. 우리는 또한 과학에서 가치가 어떤 역할을 해야 하는지 결정할 때 중요한 세 가지 조건(투명성, 대표성, 참여)을 보았다. 이 조건들에 대해서는 이 장의 다음 절에서 자세히 논의할 것이다.

세 번째 방법으로, 태피스트리의 은유는 가치가 만들어낼 수 있고, 그 효과를 인지하기 위해 주의가 필요한 '파문' 효과를 설명함으로써 과학에서 가치의 역할을 조명하는 데 도움이 된다. 태피스트리의 실 한 가닥을 당기면, 주변의 천이 일그러져서 태피스트리에 새겨진 모양이 예상할 수 없는 방식으로 바뀔 수 있다. 마찬가지로, 가치가 과학에 미치는 복잡한 영향을 인식하기 어렵기 때문에 때때로 가치의 특정한 영향이 적절한지 아닌지 구별하기 어려울 수 있다. 어떤 경우에는 겉보기에 문제가 있을 것 같은 영향이 아무렇지 않을 수 있고, 또 어떤 경우에는 해롭지 않아 보이는 영향이 문제가 될 수 있다. 따라서, 이 책이 특정한 가치의 영향이 적절한지를 구별하는 전략을 제시하려고 노력해왔다 해도 이러한 구별이 항상 쉽지만은 않다는 것을 기억해야 한다.

예를 들어, 4장에서는 인류학자들이 의도적으로 여성의 역할을 강조하는 이론을 개발한 것과 같이 과학자들이 흥미롭다고 생각하거나 개인적인 가치를 촉진하는 이론들을 추구하는 것이 적절하다고 주장했다. 그러나, 과학자들이 어떤 이론을 추구할지 결정할 때 개인적인 가치에 집중하는 것이 항상 유익하지 않을 수 있다. 특정한 분야를 연구하는 과학자들의 다양성이 크지 않다고 가정해보자. 그들에게 개인적 가치를 촉진하는 이론을 추구하라고 격려할 경우 그 분야를 매우 효과적으로 또는 사회적으로 책임 있게 발전시키기 어려워진다. 그들이 시험하고 비교하는 이론이 폭넓은 다양성을 만들어내지 못할 것이기 때문이다.

3장의 제약 산업에 대한 논의를 고려해보자. 우리는 제약 연구에서 문제가 될 만한 영향들이 모두 노골적이고 명백하지는 않음을 알았다. 예를 들어, 1970년대와 1980년대의 정신과 의사들은 정신 건강을 생물학적으로 설명하는 노력(사회적·심리적 설명에 반대해서)에 집중함으로써 그 분야의 과학적 정당성을 촉진하려고 했다. 특허를 받을 수 있는 치료법을 강조하려는 제약 업계의 열망들과 함께, 이런 경향이 우울증에 대한 다른 잠재적 치료법을 물리치고 약물 치료를 지나치게 강조하는 결과로 이어졌을 수 있다. 원칙적으로, 의사들이 자신들의 분야에서 과학적인 엄밀함을 추구하거나 기업이 더 많은 이득을 얻을 수 있는 제품을 개발하는 일에는 어떤 잘못도 없어 보이지만, 이 경우 가치의 수렴에 의해 최적의 치료에 실패할 수 있다. 그러므로 태피스트리의 은유는 가치의 특정한 역할이 전형적으로 정당(또는 부당)해도, 여전히 그러한 가치의 영향을 광범위하게 탐구해야 한다는 점을 알려준다.

과학 정책의 파급 효과

태피스트리의 은유를 포함해서 이 책의 교훈을 진지하게 받아들인다면, 최근 수십 년간 두드러졌던 과학에 대한 몇 가지 공통된 견해를 다시 생각해볼 필요가 있다. 예를 들어 2장에서 논의했듯이, 버니바 부시는 제2차 세계대전 이후의 과학 정책에 큰 영향을 준 보고서 〈과학: 끝없는 프런티어Science: The Endless Frontier〉를 출간했다. 그는 대학의 과학자들에게 연구비를 주면서 동시에 외부의 간섭 없이 그들의 관심사를 추구하도록 최대한의 자율성을 주는 기관(나중에 국립과학재단이 되었다)을 설립하자고 제안했다. 부시는 기초 연구가 국방과 경제 성장을 뒷받침하는 혁신에 연료를 제공하는 중요한 국가적 자원이라고 주장했다. 부시의 보고서는 이후의 과학 정책에 주요한 영향을 준 몇 가지 개념을 개발하는 데 기여했다.

이전의 과학 정책 개념

기초 연구가 곧바로 응용과학으로 이어지고, 이것이 다시 일관되게 기술 발전과 사회적 이익을 만들어낸다는 부시의 개념을 '선형 모형'이라고 부른다. 이 모형과 밀접한 것이 과학자들이 사회와 '사회계약'을 맺고 있다는 개념이다. 이 개념에 따르면 과학자들이 적합하다고 생각하는 기초 연구를 추구할 수 있도록 최대한의 자율을 보장해야 한다. 사회계약의 개념을 지지하는 사람들은 과학은 자율적으로 실행

될 때 번성하고 궁극적으로 광범위한 사회적 이익을 생성할 것이라고 주장한다. 이러한 개념들은 기초 연구에서는 가치판단을 대부분 무시하거나 배제할 수 있고, 과학이 새로운 상품을 만들어내거나 정책 입안자들을 안내하는 최종 단계에서만 가치판단을 고려하면 된다는 생각을 뒷받침한다.

20세기의 과학 정책은 과학에 대한 대중의 이해를 '결핍 모형'으로 보는 경향이 있었다. 결핍 모형에 따르면, 대중들이 과학과 기술의 새로운 발전을 반대하는 이유는 그들이 과학 지식을 잘 모르기 때문이다. 예를 들어 사람들이 유전자 변형 식품, 백신, 원자력을 의심하는 이유는 이러한 주제와 관련된 과학적 증거를 잘 모르기 때문이다. 결핍 모형은 일반 대중이 과학과 기술에 대해 지적인 방식으로 연구 과정에 영향을 줄 만큼 충분히 알지 못한다고 암시하기 때문에 선형 모형과 사회계약 모형에 잘 어울린다. 과학자들 스스로 연구 방법을 판단하는 것이 최선이며, (사회계약에 따르면) 그렇게 함으로써 궁극적으로 사회에 가장 큰 이익이 될 것이다.

과학정책학자 로저 필키에 따르면, 또 다른 일반적인 경향은 과학자들이 정책 입안자들에게 비교적 가치로부터 자유로운 조언을 할 수 있다고 사람들이 가정하는 것이었다. 필키에 따르면, 이 가정을 유지하는 것이 매력적이라고 생각하는 세 그룹의 '철의 삼각형'이 있다. 첫째, 과학자들은 자신들의 전통과 어울리고 권위를 증진시키기 때문에 가치로부터의 자유를 추구하려고 한다. 둘째, 정치가들은 스스로 어려운 결정을 내리지 않고 가치에 얽매이지 않는 과학의 권위가 공공 정책을 이끌도록 둘 수 있으므로 이 개념을 좋아한다. 셋째, 특수한 이익 집단들도 과학이 가치로부터 자유롭다는 명성이 유지되기를 원한다. 왜냐하면 사회적 목표를 추구하는 과정에서 더 많은 권위에 의해 그들이 선호하는 과학적 아이디어를 관철시킬 수 있기 때문이다.

과학적 추론이 가치판단과 서로 얽혀 있는 태피스트리라는 개념은, 과학과 공공 정책의 관계에 대한 모든 전통적인 개념들을 복잡하게 한다. 가장 명백한 사실은 과학이 정책 입안의 지침으로 삼을 수 있는 가치에 얽매이지 않는다고 생각하고 싶어 하는, 철의 삼각형을 이루는 이해관계자들을 좌절시킨다는 것이다. 이것은 또한 선형, 사회계약, 결핍 모형도 복잡하게 한다. 선형 모형은 기초 연구가 최종 단계에 이르러 새로운 제품과 정책 입안을 위한 지침을 제공하게 될 때까지 가치판단을 대부분 무시할 수 있음을 시사한다. 그러나 우리는 가치판단이 과학 연구의 과정 내내 중요한 역할을 한다는 것을 보았다. 사회계약 모형도 잘못된 것 같다. 이러한 모든 가치판단을 다루는 최선의 방법이 과학자들을 외부의 압력 없이 단순히 그들 자신에게 맡기는 것인지 의심스럽기 때문이다. 그리고 결핍 모형의 주요 가정(과학에 대한 대중의 반대가 주로 무지에서 비롯된다)은 과학을 가치의 태피스트리로 인식할 때 그 힘의 상당 부분을 잃게 된다. 많은 경우, 대중의 반대는 무지에서가 아니라 특정 연구 프로젝트에 숨어 있는 가치에 대한 의견 차이에서 비롯될 수 있다.

앞으로 나아갈 길

과학과 사회의 관계에 대한 이러한 사고방식이 적절하지 않다면, 우리는 새로운 접근법을 개발할 필요가 있다. 이 책 전체를 통해 살펴본 사례들은 우리가 과학과 사회의 관계를 탐구하면서, 과학에 가치를 완전히 정당한 방식으로 통합하기 위해 적어도 세 가지 조건(참여, 투명성, 대표성)에 초점을 맞추어야 한다는 것을 알려준다. 7장에서는 **참여**가 과학에서 가치판단을 책임 있는 방식으로 다루는 데 중심적이라고 강조했다. 이 장에서는 시민 집단들과 관련된 상향식 참여, 대중의 의견을 수렴하기 위한 공식적인 노력을 통해 이루어지는 하향식 참여, 다양하고 학제적인 학자 집단의 참여, 제도적 규칙과 정책에 대한 참여에 대해 논의했다. 이러한 모든 형태의 참여는 이해관계자들이 과학 연구를 구성하는 가치의 태피스트리에 자신들의 관점을 통합할 수 있는 계열을 제공한다. 이러한 방식으로, 더는 개별 과학자들만이 가치판단을 (사회계약 모형이 제시하듯이) 하지 않고, 다양한 이해관계자들이 최선의 가치판단을 위해 숙의할 수 있다.

이제까지 많은 장에서 나타난 또 다른 중심적인 조건은 **투명성**이다. 우리는 여러 사례에서 과학 연구를 수행할 때 가치판단을 피하기가 사실상 불가능하다는 사실을 알았다. 다르게 말해서, 과학자들이 어떤 가치들을 다른 가치들보다 더 지지하려는 의도가 없다고 해도, 어떤 가치에 치우치는 선택을 피할 수 없다. 예를 들어, 3장은 과학자들이 환경 오염 물질과 관련된 위험 평가에서 어떻게 다양한 가정을 하도록 강요당하는지 설명했다. 이용 가능한 증거로는 대개 어떤 가정이 최선인지 결정할 수 없지만, 어떤 가정은 궁극적으로 공중보건에 도움이 되는 반면, 다른 가정은 화학 산업에 더 유리하다. 따라서 이러한 가정을 가치와 무관한 방식으로 다룰 수 있는 희망은 거의 없다. 우리가 할 수 있는 최선의 방법은 다른 사람들이 따져볼 수 있도록 가정들을 투명하게 다루는 것이다. 마찬가지로, 5장의 끝에서 과학의 불확실성을 부적절하게 제조하는 사람들과 과학에 대해 정당한 의문을 제기하는 사람들 사이의 중요한 차이점 중 하나는 전자의 경우 그들의 지식이나 동기에 대해 완전히 투명하지 못할 경우가 많다는 것임을 보았다. 과학자들이 그들의 이론에 대한 인지적 태도와 과학 정보를 표현할 때 가치의 역할을 투명하게 다루어야 한다는 내용을 담은 4장과 6장에서도 마찬가지로 투명성이 강조된다. 과학자들이 자신들의 가치를 완전히 투명하게 하는 것은 조금 비현실적이라고 인정되지만, 데이터와 연구 방법에 관련된 더 많은 정보를 제공하려는 과학자들의 최근의 노력은 다른 사람들이 그들의 연구를 면밀히 조사하고 그 연구가 어떤 가치를 더 우대하는지 알아볼 수 있게 해준다.

앞의 장들에서 나타난 세 번째 조건은 **대표성**인데, 이는 연구에 영향을 주는 가치가 우리의 윤리적·사회적 우선순위를 대표해야 한다는 것을 의미한다. 이 개념은 2장에서 의회의 대표들이 유권자들의 전반적인 관심사를 아주 잘 대표하지 못한다는 염려를 맞닥뜨렸을 때 강조되었다. 같은 장에서, 제약 산업의 연구 우선순위가 세계 시민의 모든 요구를 제대로 대표하지 못한다는 것은 훨씬 더 명백했다. 주로 저소득 국가들을 괴롭히는 질병에 대해서는 많은 연구가 이루어지지 않으며, 부유한 나라의 시민을 위해 만들어진 약조차 특별히 혁신적이지 않은 경우가 많다. 5장에서 담배와 산업용 화학 물질의 유해성과 기후변화에 대한 의심을 제조하는 사람들이 일반 대중들의 이익보다 소수의 부유한 기업들의 관심을 대표한다는 것을 보았을 때도 같은 염려가 제기되었다. 물론, 사회의 여러 가치들을 따져보고 어떤 가치들의 혼합이 진정으로 사회를 대표하는지 결정하기 어려울 수 있다. 그럼에도 불구하고 2장과 5장의 예들은 연구 노력이 제한된 이익 집단의 강력한 이해에 초점을 맞추는 경우도 있지만 또한 연구를 다른 방향으로 움직이는 강한 윤리적 이유도 있음을 보여준다. 연구의 수행을 전환하여 우리의 윤리적 헌신이나 더 넓은 이해관계자들의 가치를 대표하도록 하기는 여전히 쉽지 않지만, 7장에 기술된 참여 노력의 대부분은 이러한 목표를 달성하는 데 도움이 되도록 고안되었다.

다행히도 참여·투명성·대표성을 촉진하는 목표는 일치하는 경향이 있다. 예를 들어 참여 노력은 투명성 또는 대표성의 실패를 해결하려는 욕구에서 나오는 경우가 많다. 7장에서 보았듯이, 연방정부와 제약 회사들의 정책이 자신들의 가치를 대표하지 않는다고 느낀 에이즈 환자들은 자신의 가치에 더 잘 부합하는 정책을 옹호하기 위해 액트업을 결성했다. 마찬가지로, 7장에서는 크리스틴 슈래더-프레셰트와 같은 학제간 학자들의 참여 노력이 의심스러운 연구 가정을 더 투명하게 만든다는 것을 보았다. 투명성과 대표성의 개선도 참여의 개선에 기여할 수 있다. 예를 들어 6장의 중심 주제는 과학자가 과학 정보를 전달할 때 가치에 대한 투명성을 높이기 위해 노력해서 대중들이 자신의 가치가 반영되고 있는지를 더 잘 이해할 수 있도록 해야 한다는 것이었다. 따라서 우리가 이 세 가지 목표(참여·투명성·대표성)를 달성하기 위한 조치를 밟아갈 때, 결국 이 세 가지 목표가 향상되기를 바랄 수 있다.

반론

결론에 도달하기 전에, 몇 가지 반론에 답하는 것이 도움이 될 수 있다(표 8-2 참조). 첫째, 이 책에서 설명한 대로 과학이 가치들로 가득 차 있다는 주장을 받아들인다면, 왜 과학에 대한 가치 배제의 이상이 그렇게 두드러질 수 있는가 하는 의문을 가질 수 있다. 가치 배제의 이상이 널리 받아들여지고 있는 것으로 볼 때, 여기에도 어떤 타당성이 있을 것 같다. 나의 대답은 과학이 가치와 무관해야 한다는 전통적인 개념에도 분명히 진리의 핵심이 있다는 것이다. 모든 학자처럼, 과학자들도 그들이 이용 가능한 증거를 평가할 때 공정하고 객관적으로 하려고 노력해야 한다. 과학자들이 희망적 사고에 빠져서, 또는 단지 그러한 결론이 참이기를 원한다고 해서 그 결론을 받아들여서는 안 된다. 그 반대로, 과학자들은 그들의 결론을 뒷받침하는 신중한 추론과 적절한 증거를 요구해야 한다. 하지만 우리는 가치가 여전히 과학에서 많은 타당한 역할을 할 수 있다는 것을 인식하면서도 이러한 모든 한계를 인정할 수 있다.

그렇게 많은 사람이 과학에서 가치가 배제되어야 한다고 주장하는

표 8-2 이 책의 교훈에 대한 반론과 그에 대한 답변

반론	답변
• 과학이 가치와 무관하다는 개념이 널리 받아들여지므로, 이 개념도 어느 정도 타당할 것이다.	과학자들은 정말로 공정하게 생각하고 희망적인 사고를 피해야 하지만, 가치 배제의 이상은 주로 과학에 가치를 통합하는 것의 의미를 잘못 해석했기 때문일 수 있다.
• 과학이 가치적재적이라고 인정하면 모두가 받아들일 수 있는 지식의 원천으로서 과학의 권위가 훼손된다.	대부분의 최첨단 연구에서 의견 불일치가 자주 일어나므로, 이러한 의견 불일치를 인정하고 잠재적인 원인을 탐구하는 것이 최선이다.
• 과학의 모든 영역이 이 책의 예들만큼 가치적재적이지는 않다.	가치가 관련될 수 있다고 예상하고, 가치의 잠재적인 영향을 식별하기 위한 참여 기회를 제공하는 것은 여전히 현명한 일이다.
• 이 책에 표현된 긍정적인 비전은 과학자, 시민, 사회 지도자들에게 너무 많은 것을 요구한다.	이미 존재하는 노력을 강화하는 것만으로도 큰 진전을 이룰 수 있다.

이유는 과학에 가치를 통합한다는 의미에 대해서 특별한 견해를 갖고 있기 때문일 것이다. 그들은 과학자들이 의도적으로 어떤 증거를 무시하고 또 어떤 증거를 잘못 해석해서 그들의 사회적·정치적·종교적 목적에 맞는 결론을 끌어내는 것으로 생각하고 있을 것이다. 그러나 우리가 이 책 전체를 통해 보았듯이, 실제로 가치는 훨씬 더 사려 깊고 적절한 방식으로 과학에 통합할 수 있다. 많은 경우 과학자들은 이미 특정한 가정을 하고 있거나, 특정한 용어를 선택하거나, 특정한 방법들을 사용함으로써 다른 가치들이 아닌 어떤 가치를 우대하게 된다. 그러므로 과학이 가치적재적이라고 인정하는 것은, 우리의 가치와의 연관성에 대해 명시적으로 검토하면서 사려 깊고 투명한 방식으

로 이러한 선택을 해야 함을 인식하는 것이다. 많은 경우, 이 선택은 가치적재적 선택을 투명하게 할 것인가 아니면 중요성을 인식하지 않고 할 것인가의 문제이다.

두 번째 염려는 가치가 과학에 역할을 하도록 허용한다면, 과학이 사회에서 할 것으로 기대되는 고유의 역할이 희생된다는 것이다. 정치, 윤리, 종교에 대해서는 사람들의 견해가 엇갈릴 수 있지만, 과학은 모두가 받아들일 수 있고 하나의 사회로서 결정을 내릴 때 출발점으로 사용할 수 있는 정보의 원천이 될 것으로 기대된다. 그러나 이 반론이 가진 문제는, 그것이 최첨단 연구에 대해서는 잘 맞지 않는다는 것이다. 과학의 일부 영역은 매우 잘 정착되어 있지만(예를 들어, 물리학이나 화학의 기본 원리를 생각할 수 있다), 과학의 많은 부분은 그렇지 않다. 연구자들이 인간의 행동에 영향을 주는 생물학적 요인, 독성 화학 물질이 건강에 미치는 영향, 새로운 농업 기술을 개발하는 최선의 방법을 연구할 때는 의견이 일치하지 않을 여지가 많다. 따라서, 이러한 연구 상황에서 가치의 역할을 인정하면 잃을 것은 적고 얻을 것은 훨씬 더 많다. 전문가들과 일반 시민 모두 어떤 결론이 가장 신뢰할 수 있고 이용 가능한 증거를 어떻게 해석하는 것이 최선인지에 대해 이미 의견이 엇갈리기 때문에, 이러한 의견 불일치의 이유를 더 크게 드러낼 때 실제로 과학의 객관성이 촉진될 것이다.

세 번째 반론은 과학의 모든 분야가 이 책 전체에서 논의한 예들만큼 가치적재적이지 않다는 것이다. 비판적인 독자들은 이 책이 인간 생물학, 의학, 위험 평가, 기후변화, 인류학, 농업, 독성학과 같은 복잡하고 사회적 의미가 큰 과학 분야의 예들로 가득 차 있다는 것을 알아차릴 수 있다. 비평가들은 물리학이나 화학 같은 분야에서는 가치가 중요한 역할을 할 가능성이 적다고 지적할 수도 있다. 이것은 분명히 옳겠지만, 그렇다고 이 책의 교훈이 이 분야와 완전히 무관하다는 것을 의미하지는 않는다. 어떤 주제를 연구할 것인지, 그것을 어떻게 연구할 것인지, 결론을 내기 위해 얼마나 많은 증거를 요구해야 하는지, 모형화할 때 어떤 현상을 가장 중요하게 다룰지, 결과로 얻은 발견을 어떤 방식으로 전달할지에 대해 여전히 중요한 질문을 해야 한다. 그리고 비록 가치가 과학의 어떤 분야에서 상대적으로 미미한 역할을 한다고 해도, 여전히 다른 과학 분야의 넓은 영역에서는 분명히 중심적인 역할을 한다. 그러므로, 과학자들은 그들의 연구에서 가치가 관련될 수 있다고 가정하는 것이 그들의 전문 분야에서는 가치가 할 수 있는 역할이 없다고 가정하는 것보다 더 나을 것이다.

네 번째 반대는 이 책에서 제안하는 긍정적인 비전(참여·투명성·대표성에 초점을 맞추는)이 모든 관계자에게 너무 많은 것을 요구한다는 것일 수 있다. 과학자들에게는, 그들이 일상적으로 내리는 선택의 사회적 파장을 찾아내고 고려하는 데 엄청난 양의 작업이 필요한 것으로 보인다. 시민들에게는, 그들이 현대 과학의 상황과 그것이 그들의 이익에 기여하거나 기여하지 않는 방식에 대해 숙의하는 데 비현실적으로 많은 시간을 써야 하는 것으로 보인다. 정부의 정책 입안자들과 기업 경영자들에게는 공공의 이익에 도움이 되는 방식으로 연구 포트폴리오를 조정하기 위한 매우 어려운 조치를 취할 것을 요구하는 것 같다.

어떤 면에서, 이 책에서 제시한 비전은 정말로 달성하기 어렵겠지만, 이미 진행 중인 여러 단계를 유지하고 강화함으로써 상당한 진전을 이룰 수 있다. 예를 들어, 과학자들이 자신들의 연구와 관련된 가치에 대해 책임 있는 결정을 내리기 위해 연구의 사회적 파장을 생각하는 데 모든 시간을 쏟을 필요는 없다. 그들은 자금 지원 기관과 염려하는 시민들에게 잘 응답하고, 자신들의 분야에서 학자들의 다양성을 키우도록 장려하고, 기회가 될 때 학제적인 협력을 발전시킴으로써 큰 발전을 끌어낼 수 있다. 비슷하게, 시민들은 비교적 작은 행동만으로도 긍정적인 방식으로 과학에 영향을 줄 수 있다. 예를 들어, 많은 사람이 이미 자신들의 관심사에 해당하는 의제를 홍보하는 시민 단체에 참여하도록 동기를 부여받고 있다. 다른 사람들은 NGO에 돈을 기부하거나 정치 활동에 참여할 수도 있다. 정부 정책과 기업의 행동을 바꾸려는 시도는 여전히 어려운 과제로 여겨진다. 그러나 과제가 어렵다고 해서 그것이 시도하지 말아야 할 이유가 되지는 않는다. 아무 노력도 하지 않으면 우리의 윤리적·사회적 우선순위를 충족시키지 못하는 과학적 연구 의제를 체념한 채 그냥 놔둘 수밖에 없다.

결론

철학자 셸던 크림스키는 배리 커머너가 불평등, 공중보건, 환경 파괴와 같은 긴급한 사회 문제들을 다루는 과학의 훌륭한 예를 스스로 '공익 과학public-interest science'이라는 이름으로 제공한다고 주장했다. 크림스키가 공익적인 연구를 한다고 강조한 또 다른 과학자는 마운트시나이 의과대학의 과학자인 루즈 클라우디오다. 그녀의 연구는 중요한 대중의 요구를 다룰 뿐만 아니라, 이 책 전체에서 강조한 많은 교훈을 보여준다. 1990년대 후반에 수행한 어느 연구에서, 그녀는 천식이 뉴욕시 지역사회에 미치는 영향이 부유함의 정도에 따라 극적으로 다르다는 것을 발견했다. 예를 들어, 이스트할렘의 가난한 지역에서는 매년 천식과 관련된 합병증으로 인구 1만 명당 200명 이상이 입원하는 반면에, 맨해튼과 퀸스의 부유한 지역에서는 인구 1만 명당 입원율이 0명이었다. 전체적으로, 천식으로 인한 입원율이 부유한 지역보다 가난한 지역에서 20배 이상 높았다. 이 결과는 저소득층과 소수 집단이 도시의 대기 오염으로 인한 피해를 더 많이 입는다는 커져가는 인식을 뒷받침한다. 다른 연구에서는 브롱크스의 어린이들이 전국 평균보다 천식에 두 배 더 많이 걸리고, 뉴욕 소수 집단들의 천식 입원율이 백인보다 일곱 배 높다는 것이 밝혀졌다.

클라우디오의 연구가 이 책의 교훈을 설명하는 한 가지 방법은 참여가 어떻게 공동체의 가치에 봉사하는 방식으로 연구를 이끌고 갈 수 있는지 보여주는 것이다. 클라우디오가 처음에 뉴욕시의 혜택 받지 못하는 지역사회에 관련된 연구를 시작했을 때, 그녀는 천식이 그들에게 중요한 문제임을 알지 못했다. 그러나 환경보호청의 연구 보조금을 받은 클라우디오는 할렘, 브루클린, 브롱크스의 지역 지도자들과 함께 모여서 그들에게 중요한 문제들을 의논했다. 그녀는 천식이 큰 문제임을 알아낸 뒤에, 지역사회 지도자들과 함께 위에서 논의한 연구를 발전시켰다. 그녀는 나중에 뉴욕 로어이스트사이드에 있는 발전소의 발전량 증가가 지역 시민들에게 어떤 영향을 주는지 조사하기 위해 지역 지도자들과 협력했다. 그 결과 전력회사와 독성 물질 방출 완화에 관해 협상할 때 지역사회 구성원들에게 도움이 되었다.

클라우디오의 연구는 7장에 나온 여러 형태의 참여를 보여준다. 먼저, 그녀는 푸에르토리코에서 자랐고, 그녀가 토착 '치료사'라고 묘사한 어떤 할머니에게 깊은 영향을 받았다.[4] 따라서, 그녀는 함께 일하는 연구팀에게 독특한 관점을 줄 수 있는 다양한 과학 인력이 있을 때의 장점을 설명한다. 그녀는 또한 연구자들이 자신들의 연구 프로젝트에 공동체의 의견을 반영하도록 장려하는 제도적 정책의 도움도 받았다. 7장에서 언급했듯이, NIEHS는 1990년대에 COEP를 창설하고 여러 센터에 자금을 지원했다. 클라우디오는 마운트시나이센터의 COEP 책임자가 되었고, 이 직책은 그녀가 지역사회의 가치에서 얻은 정보로 연구를 수행하기에 이상적인 상황을 만들어주었다. 마침내 클라우디오는 이미 지역의 오염 문제를 해결하기 위해 일하고 있던 시민단체 이스트리버환경연합East River Environmental Coalition과 협력할 수 있었고, 이 때문에 로어이스트사이드의 주민들과 함께 수행한 그녀의 연구는 더욱 강화되었다.

클라우디오의 연구에서 나타나는 것과 같은 비슷한 특징들이 컬럼비아대학교 메일맨공중보건대학원에 설립된 또 다른 뉴욕시 COEP의 연구에도 나타난다. 컬럼비아의 COEP는 지역 단체인 위액트WE ACT, 즉 웨스트할렘환경연합West Harlem Environmental Action과 긴밀한 협력 관계를 발전시켰다. 위액트는 1980년대 후반에 대기와 수질 오염에 대한 우려에 대응하여 설립되었다. 위액트의 젊은이들은 컬럼비아 COEP의 과학자들과 협력해서 경유 버스와 트럭의 대기 오염이 건강에 미치는 영향을 연구했고, 지역사회는 이 결과를 이용하여 경유 자동차 반대 운동을 펼쳤다. 컬럼비아대학교의 과학자들은 위액트의 회원들이 이 연구의 설계와 해석에 도움을 주었다고 강조했고, 지역사회 구성원들이 궁극적으로 출판물의 공동 저자가 되었다. 컬럼비아 COEP의 책임자인 매리 노스리지에 따르면, "우리 지역사회의 높은 응답률, 문화적으로 민감한 연구 계획, 신중한 데이터 해석은 지역사회 주민들이 연구의 설계, 실행, 연구 결과의 홍보에 대해 긴밀하게 협력한 직접적인 결과다."[5]

마운트시나이와 컬럼비아 COEP의 연구는 과학자들이 최근 수십 년 사이 대중들을 연구에 통합하는 데 얼마나 정교해졌는지를 잘 보여준다. 배리 커머너는 과학자들이 어떻게 공공의 가치에 봉사하고 민주적 의사 결정을 촉진하는 방식으로 결과를 전달하도록 연구를 추구할 수 있는지 생생하게 보여주었다. COEP는 더 나아가 과학자들이 어떻게 시민들과 함께 연구를 설계하고 결과를 해석하는 방법을 결정할 수 있는지 보여주었다. 사실, 이 프로그램의 이름은 나중에 지역사회 지원 및 **교육**에서 지역사회 지원 및 **참여**로 변경되었다. 부분적으로 '참여'라는 용어가 이 프로그램이 열망하는 정보의 양방향 흐름을 더 잘 표현하기 때문이다. 뉴욕의 COEP는 강력한 기관들이 올바른 형태의 참여를 촉진하고 장려할 때 나올 수 있는 놀라운 결과를 보여준다.

이러한 COEP가 보여주듯이, 과학 연구는 사회를 향상시킬 엄청난 잠재력을 가지고 있다. 불행하게도, 연구에 대한 선택이 어떻게 어떤 가치를 지지하고 다른 가치들을 손상시키는지 과학자들이 인식하지 못할 때 이러한 잠재력의 많은 부분이 사라진다. 이 책 전체에 걸쳐, 우리는 특별히 중요한 다섯 가지 연구 선택에 초점을 맞췄다. 그것은 연구 주제의 결정, 연구 방법의 결정, 사용 가능한 증거의 불확실성에 대한 대응, 연구 결과를 전달하는 방법의 선택이다. 명시적이든 암시적이든, 과학자들은 이러한 선택을 어떻게 가장 잘 처리할지를 결정할 때 가치판단을 내린다. 가치 배제의 이상을 지지하는 사람들은 과학에 가치를 포함시키면 과학적 객관성이 훼손된다고 염려하지만, 객관성은 사실 암묵적인 가치판단이 공개되어 사려 깊은 조사와 숙의의 대상이 될 때 높아질 수 있다. 이 책의 중심 주제는 과학자들이 가치를 충분히 투명하게 밝히고, 그 가치들이 우리의 윤리적 원칙과 사회적 우선순위를 적절하게 대표하며, 이러한 가치들을 면밀히 조사하고 조정할 수 있도록 적절한 형태의 참여가 마련된다면, 과학자들이 자신들의 연구에 가치를 정당하게 통합할 수 있다는 것이다. 공공 기관과 민간 기관, 시민 집단, 학자, 과학자의 사려 깊은 참여를 통해 가치에 기여하고 삶을 풍요롭게 하는 방식으로 연구에 지침을 줄 수 있다.

참 고 자 료

에건(Egan 2007)은 배리 커머너의 삶과 업적에 대해 매우 유용한 연구를 제공한다. 커머너에 대해 더 자세한 내용은 크림스키(Krimsky 2003)에서 찾아볼 수 있다.

더글러스(Douglas 2003, 2009)는 과학자들이 가치적재적 선택의 사회적 결과를 고려할 책임이 있다고 주장한다. 분석-숙의적 과정을 요청하는 국립과학원 보고서는 NRC(1996)이다. 공동 제작이라는 용어는 하딩(Harding 2015)과 자사노프와 윈(Jasanoff and Wynne 1998)에서 찾아볼 수 있다. 특정한 맥락에서 가치 영향의 조합을 어떻게 검토할 수 있는지와 전체적인 영향이 문제가 있는지 여부를 고려하는 방법에 대한 논의는 솔로몬(Solomon 2001)을 참조하라.

미국 과학 정책의 역사에 대해서는 엘리엇(Elliott 2016c)을 참조하라. 부시(Bush 1945)는 선형 모형의 영향력이 큰 초기 선언을 제공한다. 거스턴(Guston 2000), 필키(Pielke 2007), 새러위츠(Sarewitz 1996)는 선형 모형과 사회계약 모형의 평가에 대한 훌륭한 자료다. 결핍 모형은 토미(Toumey 2006)와 윈(Wynne 1992, 2005)에서 논의된다. 필키(Pielke 2007)는 철의 삼각형에 대해 논의한다. 참여에 대해 더 자세한 내용은 롱기노(Longino 1990, 2002) 외에 7장의 끝에 있는 참고 자료를 참조하라. 투명성의 중요성에 대해서는 더글러스(Douglas 2009)와 엘리엇과 레스닉(Elliott and Resnik 2014)을 참조하라. 대표성에 대한 더 많은 관점은 엘리엇(Elliott 2011b), 인테만(Intemann 2015), 쿠라니(Kourany 2010)에 나온다.

가치 배제의 이상이 발전한 과정에 대한 더 많은 성찰은 더글러스(Douglas 2009)와 프록터(Proctor 1991)에 나온다. 과학에서의 의견 불일치를 예상하고 존중해야 한다는 생각에 대해서는 윅슨과 윈(Wickson and Wynne 2012)을 참조하라. 특별히 가치적재적인 과학 분야에 대한 통찰력 있는 논의는 펀토위츠와 라베츠(Funtowicz and Rabez 1992)를 참조하라. 슈래더-프레셰트(Shrader-Frechette 2007)는 시민들이 자신들의 가치에 따라 과학 연구에 영향을 줄 수 있는 다양한 활동에 대해 논의한다.

마운트시나이 의과대학의 COEP는 클라우디오(Claudio 1996), 크림스키 (Krimsky 2003), 노블(Noble 1999)에 설명되어 있다. 컬럼비아대학교의 COEP 에 대한 자세한 정보는 클라우디오(Claudio 2000)와 코번(Corburn 2005)에서 확인할 수 있다.

토론 질문

1장

(1) 이 책을 읽기 전에 과학이 가치 배제적이어야 한다고 생각했는가? 그렇다면, 이유는 무엇인가? 그렇지 않다면, 가치의 어떤 역할을 기꺼이 받아들일 수 있는가?

(2) 부엌에서 칼을 치우는 것과 과학에서 모든 가치를 배제하는 것을 비교하는 게 공정하다고 생각하는가? 왜 그렇게 생각하는가?

(3) 1장에서 읽은 내용을 바탕으로, 콜본과 동료들이 적절한 방식으로 가치의 영향을 받았다고 생각하는가? 만약 그렇다면, 가치가 그들에게 영향을 준 방식과 스탈린과 리센코와 같은 인물들에게 영향을 준 가치의 핵심적인 차이점은 무엇인가? 그렇지 않다면, 콜본과 동료들이 가치의 영향을 전혀 받지 말아야 하는가? 아니면 그들이 때때로 잘못된 가치의 우선순위를 부여한 것이 문제인가?

(4) 가치가 적절하거나 부적절하다고 생각하는 방식으로 과학에 영향을 준 과거 또는 현재의 사례를 생각할 수 있는가?

(5) 가치의 영향을 피할 수 없는 많은 상황이 있으며, 따라서 가치판단을 피하려고 하기보다 가치적재적 선택에 대해 분명히 하는 것이 더 낫다는 것에 동의하는가?

(6) 가치를 투명하게 포함시킬 때, 가치가 주요한 윤리적·사회적 우선순위를 대표할 때, 가치에 대해 성찰할 수 있는 적절한 형태의 참여가 있을 때 과학에 가치가 적절하게 영향을 주기 쉽다는 데 동의하는가? 가치가 적절한지 여부를 결정하는 다른 조건을 생각할 수 있는가?

(7) 과학 연구에 대한 시민들의 참여(위변의 사례처럼)에 대해 들으면, 그것이 매력

적이라고 생각하는가, 그렇지 않은가? 시민들이 연구의 우수성을 해칠 가능성이 있다고 염려하는가, 아니면 시민들의 참여가 연구를 사회적으로 더 유익한 방향으로 이끌 수 있는 효과적인 방법을 제공한다고 생각하는가? 연구에 해로운 영향을 미칠 잠재적 영향을 최소화하면서 참여의 이점을 얻을 수 있는 방법이 있는가?

2장

(1) 성별이나 인종 집단 사이의 인지 능력 차이에 대한 연구의 사회적 우선순위를 낮춰야 한다는 것에 동의하는가? 왜 그렇게 생각하는가?

(2) 우선순위가 높다고 생각하는 성별 또는 인종적 차이에 대한 연구 형태가 있는가? 예를 들어, 여성들이 수학과 과학에 대한 흥미나 능력을 억제하도록 사회화되는 방식에 대한 연구를 지지하는가? 이것을 지지한다면, 이러한 형태의 연구와 여러분이 막으려고 하는 연구 프로젝트 사이의 차이점은 무엇인가?

(3) 사회에 해로울 수 있기 때문에 연구를 금지하거나 출판을 금지해야 한다고 생각하는 분야가 있는가? 그 연구 분야들이 문제가 되는 이유는 무엇인가?

(4) 의회가 국립과학재단의 기금 결정을 지도하는 데 어떤 역할을 해야 한다고 생각하는가(그런 역할이 필요하다면)? 국방부와 같은 다른 연방 기관의 연구 자금 결정에 의회가 더 큰 영향력을 행사할 수 있도록 허용해야 한다고 생각하는가? 왜 그렇게 생각하는가?

(5) 의회의 감독 외에도, 국립과학재단과 같은 기관의 자금 지원을 납세자의 이익에 대응할 수 있도록 결정하는 데 사용할 다른 전략을 생각할 수 있는가?

(6) 스미스 하원의원이 진정으로 기후변화에 대한 연구를 억제하기 위한 정치적 노력에 관여했다면, 그의 노력은 인지 능력의 성별 또는 인종적 차이에 대한 연구에 반대한 사람들과 차이가 없었는가? 왜 그렇게 생각하는가?

(7) 의회가 정부 기관에 의한 특정한 연구비 지원 결정을 이중 검토하는 것은

좋은 생각이 아니라는 데 동의하는가? 이 과정이 지나치게 정치적이거나 근시안적이 되지 않도록 과정을 구성하는 방법을 상상할 수 있는가?

(8) 공정 배분 원칙에 동의하는가? 다시 말해, 질병이 초래하는 고통의 양에 비례해서 그 질병에 대한 연구비를 배분해야 한다는 생각에 동의하는가? 이렇게 했을 때 미국의 연구 기금의 많은 부분이 미국에 대해서는 중요하지 않은 질병에 배정된다고 해도 윤리적인 조치라고 동의하는가?

(9) 현대 생의학 연구의 문제를 해결할 가장 유망한 해결책은 무엇이라고 생각하는가? 어떤 방식으로든 현재의 특허 제도를 바꿀 것인가, 아니면 대안적인 해결책을 찾을 것인가?

3장

(1) 3장에서 배운 내용을 바탕으로, 황금쌀에 대한 광범위한 연구를 추진할 의향이 있는가, 아니면 비타민 A 결핍에 대한 다른 해결책이 더 중요하다고 생각하는가?

(2) 사람들은 종종 장님과 코끼리 이야기를 다른 종교들이 동일한 영적 실체에 대한 부분적인 이해를 공유하는 경우의 예시로 사용한다. 과학도 비슷한 특징이 있다고 말하는 것이 옳다고 생각하는가? 왜 그렇게 생각하는가?

(3) 일부 집단이 IAASTD 프로젝트를 포기한 것에 실망해야 하는가, 아니면 보고서가 집단에 따라 서로 크게 다른 가치의 차이를 강조한 것이 도움이 되었는가? 기획자들이 좀더 전략적이고 창의적이었으면 보고서를 둘러싼 갈등을 피할 수 있었을 거라고 생각하는가?

(4) 3장에서는 정책 입안자들이 농민을 돕는 생물학적·기술적 전략뿐만 아니라 사회적·정치적 전략이 있다는 것을 망각할 위험이 있다고 말한다. 이 연구 전략들의 장점과 단점은 무엇인가? 기술적 전략으로 접근하는 경우가 많지만 사회적 또는 정치적 변화를 사용하여 해결할 수 있는 다른 사회적 문제들을 생각할 수 있는가?

(5) 3장의 두 번째 절은 과학자들이 때때로 그들을 안내할 적절한 정보를 얻기 전에 가정을 하도록 강요당하며, 따라서 가치가 그들에게 타당하게 영향을 줄 수 있다고 암시한다. 여기에 동의하는가? 이런 상황에서 가정을 피하는 방법을 생각해낼 수 있는가?

(6) 전문가들이 의심스러운 가정을 하고 있다고 시민들이 이의를 제기할 때, 그 러한 비판이 타당한 것인지, 아니면 시민들의 무지를 반영하는 것인지 판단 할 좋은 방법을 생각할 수 있는가?

(7) 암 치료보다 암 예방 연구에 더 많은 노력을 기울이거나 이미 나온 화학 물 질의 위험성을 평가하기보다 안전한 화학 물질을 개발하기 위해 더 많은 노 력을 기울이는 것이 사회 전반적으로 더 좋을 것이라고 가정하자. 어떻게 하면 이런 종류의 연구를 더 많이 할 수 있을까? 정부가 그렇게 하도록 설득 하는 것이 정치적으로 실현 가능한가? 민간 재단이나 자선가들이 그 공백을 메울 수 있을까? 민간 산업이 이러한 종류의 연구에 더 많은 자금을 지원하 도록 장려할 방법을 생각해낼 수 있는가?

4장

(1) 규제 기관들이 가장 정확한 결과를 산출하지 않는 과학적 접근법을 채택하 는 것이 정당하다고 생각하는가? 그렇다면, 더 빠르거나 쉽게 결과를 얻기 위해 신뢰성을 희생하는 '너무 많이 간' 경우를 어떻게 결정할 수 있을까?

(2) 4장에서는 정부 기관들이 조금 부정확한 접근법을 사용한 세 가지 사례를 검토한다. NCD 하천 복원 기법, 캘리포니아 환경보호청의 위험 평가 방법, RAM의 습지 평가가 그러한 사례들이다. 이 사례들에 대해 어떻게 생각하 는가? 모두 정당한가? 그중 어떤 것이 다른 것보다 더 정당하거나 덜 정당 한가? 왜 그렇게 생각하는가?

(3) 4장의 세 번째 절은 과학자들이 어떤 이론을 개발하거나 탐구할지 결정할 때 가치가 그들에게 영향을 미치도록 허용하는 것이 적절하다고 주장한다. 이에 동의하는가, 아니면 과학자들이 가장 옳을 것 같은 이론을 추구하는

데 집중해야 한다고 생각하는가?

(4) 4장의 두 번째 절은 페미니스트 인류학자들이 여성이 특히 두드러진 역할을 한 인류 진화 이론을 개발하는 데 초점을 맞추는 것이 타당하다고 주장한다. 이것이 적절하다는 것에 동의하는가? 왜 그렇게 생각하는가? 사회에서 여성의 역할을 줄이려고 하는 인류학자들이 여성이 중요한 역할을 하지 않는 인류 진화론을 탐구하는 데 초점을 맞추는 것이 똑같이 적절할까? 왜 그렇게 생각하는가?

(5) 4장은 기후변화에 대한 윌리 순의 태양 복사 이론을 받아들일 수 없는 이유를 설명한다. 이 설명에 동의하는가? 그가 비판받을 수 있는 다른 방법이 있을까?

(6) 4장의 세 번째 절은 적어도 어떤 경우에는 과학자들이 모형이나 이론을 개발할 때 세계의 가장 중요한 특징을 선택해야 한다는 것을 보여준다. 과학자들이 모형이나 이론을 개발할 때 무엇을 나타낼지에 대해 언제나 이러한 결정을 내려야 한다고 생각하는가, 아니면 이러한 선택은 단지 가끔씩만 필요할까? 이것은 모형이나 이론을 개발할 때 언제나 가치가 관련된다는 뜻일까, 아니면 단지 가끔씩만 그렇다는 뜻일까?

5장

(1) 증거가 얼마간 불분명한데도 기후변화가 일어나고 있다고 주장한 제임스 한센의 발언이 적절하다고 생각하는가? 그가 메시지를 더 적절하게 바꿀 방법이 있었을까? 한센, 콜본, 캉가스의 사례들 사이에 중요한 차이점이 있다고 생각하는가?

(2) 표 5-1은 과학자들이 채택할 수 있는 세 가지 이상적인 과학 의사소통의 접근법을 제시한다. 이러한 접근법 중에서 가장 정당하다고 판단되는 것은 무엇이며(그런 것이 있다면), 그 이유는 무엇인가?

(3) 알라와 백신 논란으로 촉발된 대중적 공황 상태를 막기 위해 과학자들이 언론과 소통할 때 사용할 수 있는 전략을 생각할 수 있는가?

(4) 과학자들이 결론을 도출하거나 증거를 해석하거나 가정할 때, 가치가 그들이 요구하는 증거의 양에 영향을 미치도록 허용해야 한다는 더글러스의 의견에 동의하는가? 여러분의 대답이 과학자들이 내리는 결정이나 가정의 특정한 유형(예를 들어, 통계적 유의 수준 설정, 쥐의 조직 슬라이드 등의 해석)에 달려 있다고 생각하는가?

(5) 과학적인 정보로 윽박지르기보다 가치에 대한 의견 불일치를 해결하는 데 더 집중한다면, 기후변화, 진화, 백신, 유전자 변형 식품과 같은 주제를 둘러싼 사회적 논쟁을 더 잘 해결할 수 있다는 것에 동의하는가? 이것은 과학에 주어야 할 존경을 희생하는 것일까?

(6) 담배 산업과 화석 연료 산업이 그들의 재정적 이익과 상충되는 과학적 증거에 이의를 제기했을 때 부적절하게 행동했다는 것에 동의하는가? 이 회사들이 책임 있는 행동을 하려면 어떻게 해야 한다고 생각하는가? 5장이 산업에 대해 너무 비판적이라고 생각하는가?

(7) 5장의 마지막 절은 가치가 부적절한 방식으로 불확실성을 만들어내는 것으로 보이는 예에 초점을 맞춘다. 가치가 과학적 불확실성이나 논쟁을 촉발하는 것이 유용하고 타당한 경우를 생각해낼 수 있는가?

6장

(1) 의사소통에 관여하려는 책임 있는 과학자들이 어떤 범위의 목표를 달성하려고 노력해야 한다고 생각하는가? 그들은 최대한 정확성만을 위해 노력해야 하는가? 6장의 시작과 끝에 논의한 다른 목표 중 하나 이상을 포함시켜야 하는가? 왜 그렇게 생각하는가?

(2) 과학자들이 제공하는 정보에 어쩔 수 없이 프레임이 적용된다는 주장에 동의하는가? 프레임을 다루는 한 가지 좋은 방법이 선택 가능한 경우들을 인식하고 논란이 되는 프레임을 사용할 때 역추적하는 것임에 동의하는가? 프레임을 책임 있게 다룰 수 있는 다른 방법을 생각해낼 수 있는가?

(3) 6장의 첫 번째 절에서는 프레임(말하자면 사회적 진보, 과학적 불확실성, 논란에 대한 교

육, 경제적 경쟁력 등)의 여러 예를 논의한다. 과학자들이 대중들에게 정보를 전달할 때 사용하는 다른 주요 프레임을 생각해낼 수 있는가?

(4) 라슨은 과학자들이 지속가능한 환경처럼 사회적으로 유익한 가치를 촉진하는 은유를 사용하려고 노력해야 한다고 주장한다. 그가 과학에 가치를 포함시키는 데 너무 공격적이라고 생각하는가? 과학자들이 너무 강한 가치와 묶여 있지 않은 은유를 채택하려고 노력한다면 여러분은 더 편안하게 느낄까? 그것이 가능할까?

(5) 라슨은 환경 과학에 사용된 수많은 은유를 보여준다. 화학이나 물리학 같은 과학의 다른 분야에서의 은유를 생각해보라. 이 은유들이 어떤 가치들을 포함하고 있다고 생각하는가?

(6) 많은 경우 과학자들이 완전히 '중립적인' 용어를 찾을 수 없으며, 그들은 어떤 가치들을 다른 것들보다 미묘하게 우대하는 용어를 선택하도록 강요당한다는 데 동의하는가?

(7) 6장에서 제시한 예 또는 여러분이 생각할 수 있는 다른 예들을 바탕으로, 과학 용어를 선택하는 것이 사회에 영향을 미칠 수 있는 방법들의 목록을 만들 수 있는가? 예를 들어 어떤 용어들은 한 가지 문제에 대해 사람들의 관심을 더 잘 끌거나 그렇지 못할 수 있고, 또는 긍정적이거나 부정적인 태도를 만들어내는 경향이 있을 수도 있다. 다른 예를 생각해내려고 시도해보라.

(8) 의학에 인종 범주를 적용하는 것이 좋은 생각이라고 보는가? 왜 그렇게 생각하는가? 그것은 상황에 따라 달라지는가? 피해를 최소화하면서 이익을 극대화하는 방식으로 이 범주를 사용하는 방법이 있는가?

7장

(1) 7장에서 논의한 참여에 대한 다양한 접근법 중에서 어떤 것이 최선이라고 생각하는가? 그 이유는 무엇인가? 어떤 것이 가장 효과적이라고 생각하는가? 구현하기에 가장 쉬운 것은 어떤 것인가? 어떤 목적에 가장 적합하지만 다른 목적에 대해서는 그렇지 않은 접근법이 있는가?

(2) 에이즈 활동가들이 임상시험 설계에 영향을 준다는 이야기를 들었을 때, 걱정이 되는가, 아니면 안심이 되는가? 그들의 개입이 시험의 우수성을 해치지 않도록 보장하는 조치를 취할 수 있는가? 그 결과에 영향을 받을 사람들과 상의하지 않고 무엇이 '우수한' 시험인지 결정할 수 있는가?

(3) 나노 기술의 사례에서 논의되는 공공 참여 행사들이 미래의 연구 발전에 많은 영향을 줄 수 있다고 생각하는가? 논의된 형식적 접근법 중 어떤 것이 가장 좋게 생각되는가? 이 기술에 대한 대중의 관점을 이끌어내는 훨씬 더 좋은 방법을 생각해낼 수 있는가?

(4) 크리스틴 슈래더-프레셰트나 낸시 투아나 같은 철학자들이 과학 연구자들과 협력하거나 '아웃사이더'의 관점에서 과학 프로젝트를 비판적으로 평가할 때 연구 프로젝트에 관련된 가치에 더 큰 영향을 줄 가능성이 있다고 생각하는가? 이것은 상황에 따라 달라지는가?

(5) 민간 부문 연구를 지도하는 제도적 인센티브와 정책 또는 공공 부문 연구를 지도하는 정책 중 하나를 변경하려고 시도해야 한다면, 어떤 것을 변경하는 데 초점을 맞출 것인가? 이러한 인센티브나 정책을 변경하기 위해 어떤 조치를 취할 것인가?

(6) 과학 연구에 윤리적·사회적 가치를 더 효과적으로 포함시킬 수 있는 추가적인 방법을 생각할 수 있는가?

8장

(1) 태피스트리의 은유가 과학에서 가치의 역할을 잘 대표한다고 생각하는가? 은유의 가장 큰 장점과 단점은 무엇이라고 생각하는가?

(2) 선형, 사회계약, 결핍 모형을 포기해야 한다고 생각하는가, 아니면 이 모형들의 일부 요소가 합리적이라고 생각하는가?

(3) 과학과 사회를 연관짓기 위한 '앞으로 나아갈 길'에서 참여, 투명성, 대표성의 개념에 초점을 맞춰야 한다는 제안에 대해 어떻게 생각하는가? 이 개념

들 중 어느 것이 다른 개념들보다 더 중요하다고 생각하는가? 성취하기에 가장 쉬운 것과 가장 어려운 것은 무엇인가?

(4) 8장의 끝에서는 이 책의 주요 주제에 대해 제기될 수 있는 몇 가지 반론을 제기했다. 이러한 반대 중 가장 설득력 있는 것은 무엇인가? 책에 나와 있는 반응이 적절하다고 생각하는가? 제시할 필요가 있다고 생각하는 다른 반대 의견이 있는가?

(5) 8장은 배리 커머너의 이야기로 시작해서 뉴욕시의 COEP 이야기로 끝난다. COEP와 커머너의 예가 보여주는 과학에 대한 접근법이 매력적이라고 생각하는가? 그들의 활동에 대해 다른 염려가 있는가?

주

2장

1. Kourany 2010, 5.
2. Rose 2009, 788.
3. Mervis 2014, 152.
4. 다음 문헌에서 인용함. Greenberg 1968, 103.
5. Shah 2010, 177.
6. Reiss and Kitcher 2009, 263.

3장

1. Shiva 2002, 60.
2. Potrykus 2002, 57.
3. Stokstad 2008, 1474.
4. IAASTD 2009, 3.
5. IAASTD 2009, 7.

4장

1. Malakoff 2004, 938.
2. Malakoff 2004, 937.
3. Malakoff 2004, 938.
4. Malakoff 2004, 939.
5. Malakoff 2004, 939.
6. Malakoff 2004, 939.
7. 레베카 레이브와의 개인적인 이메일 교신. 2013년 2월 4일, 2월 8일. 육군 공병대 직원과의 인터뷰를 근거로 한다.
8. Zihlman 1985, 367.
9. Zihlman 1985, 371.

10. Zihlman 1985, 374.

11. Zihlman 1985, 374.

12. Zihlman 1985, 374.

13. Zihlman 1985, 375.

14. Weitzman 2007, 708, 강조는 원문에 따름.

15. Weitzman 2007, 705.

16. Anderson 1995, 39.

5장

1. Shabecoff 1988.

2. Weart 2014.

3. Kerr 1989, 1041.

4. Kerr 1989, 1041.

5. Kerr 1989, 1043.

6. Kerr 1989, 1043.

7. Kerr 1989, 1043.

8. Weart 2014.

9. Lucier and Hook 1996, 350.

10. 다음 문헌에서 인용함. Shrader-Frechette 1996, 82.

11. Kerr 1989, 1041.

12. Colborn et al. 1996, 185.

13. Colborn et al. 1996, 231.

14. Kerr 1989, 1041.

15. Beder 2000, 151.

16. Shrader-Frechette 2007, 52.

17. Oreskes and Conway 2010, 190.

18. Oreskes and Conway 2010, 186.

6장

1. Tucker 2014.

2. 다음 문헌에서 인용함. McKaughan and Elliott 2013, 215.

3. 다음 문헌에서 인용함. McKaughan and Elliott 2013, 217.

4. McKaughan and Elliott 2013, 215.

5. 다음 문헌에서 인용함. McKaughan 2012, 527.

6. 다음 문헌에서 인용함. McKaughan and Elliott 2013, 217.

7. Young 2009, 148.

8. Kavanagh 2007, 1168.

9. Kavanagh 2007, 1169.

10. Gobster 1997, 33.

11. Tuller 2007.

12. Gardner 1995, 61.

13. Kamin 1995, 82.

14. Gould 1995, 5.

15. 다음 문헌에서 인용함. Gould 1981, 116.

16. NRC 1995, 43.

7장

1. 다음 문헌에서 인용함. Epstein 1996, 221.

2. 다음 문헌에서 인용함. 1996, 229.

3. 다음 문헌에서 인용함. 1996, 232.

4. Epstein 1996, 231-232.

5. 다음 문헌에서 인용함. 1996, 236.

6. 다음 문헌에서 인용함. 1996, 249.

7. Kinchy 2010, 188.

8. Davies et al. 2009, 22.

9. Guston 2014, 56.

10. O'Rourke and Crowley 2013, 1952.

8장

1. Egan 2007, 20.

2. Egan 2007, 195.

3. Egan 2007, 197.

4. Krimsky 2003, 192.

5. Claudio 2000, A451.

참고문헌

ACT UP New York. n.d. http://www.actupny.org.

Allhoff, F., P. Lin, J. Moor, and J. Weckert, eds. 2007. *Nanoethics: The Ethical and Social Implications of Nanotechnology*. Hoboken, NJ: Wiley-Interscience.

Anderson, E. 1995. "Knowledge, Human Interests, and Objectivity in Feminist Epistemology." *Philosophical Topics* 23: 27 - 58.

Anderson, E. 2004. "Uses of Value Judgments in Science: A General Argument, with Lessons from a Case Study of Feminist Research on Divorce." *Hypatia* 19: 1 - 24.

Angell, M. 2004. *The Truth about the Drug Companies: How They Deceive Us and What to Do about It*. New York: Random House.

Basken, P. 2014. "NSF-Backed Scientists Raise Alarm over Congressional Inquiry." *Chronicle of Higher Education*, October 24, A4.

Beder, S. 2000. *Global Spin: The Corporate Assault on Environmentalism*. Rev. ed. White River Junction, VT: Chelsea Green.

Bekelman, J., J. Lee, and C. Gross. 2003. "Scope and Impact of Financial Conflicts of Interest in Biomedical Research." *Journal of the American Medical Association* 289: 454 - 465.

Berndt, E., and J. Hurvitz. 2005. "Vaccine Advance-Purchase Agreements for Low-Income Countries: Practical Issues." *Health Affairs* 24: 653 - 665.

Betz, G. 2013. "In Defence of the Value Free Ideal." *European Journal for Philosophy of Science* 3: 207 - 220.

Biddle, J. 2014a. "Can Patents Prohibit Research? On the Social Epistemology of Patenting and Licensing in Science." *Studies in History and Philosophy of Science* 45: 14 - 23.

Biddle, J. 2014b. "Intellectual Property in the Biomedical Sciences." In *Routledge Companion to Bioethics*, edited by J. Arras, E. Fenton, and R. Kukla, 149 - 161. London: Routledge.

Biddle, J., and A. Leuschner. 2015. "Climate Skepticism and the Manufacture of Doubt: Can Dissent in Science Be Epistemically Detrimental?" *European*

Journal for the Philosophy of Science 5: 261–278.

Bombardieri, M. 2005. "Summers' Remarks on Women Draw Fire." *Boston Globe*, January 17.

Bombardieri, M. 2006. "Some Seek a Scholar's Return." *Boston Globe*, June 6.

Brigandt, I. 2015. "Social Values Influence the Adequacy Conditions of Scientific Theories: Beyond Inductive Risk." *Canadian Journal of Philosophy* 45: 326–356.

Brown, J. R. 2002. "Funding, Objectivity, and the Socialization of Medical Research." *Science and Engineering Ethics* 8: 295–308.

Brown, M. 2013. "Values in Science beyond Underdetermination and Inductive Risk." *Philosophy of Science* 80: 829–839.

Brown, P., and E. Mikkelsen. 1990. *No Safe Place: Toxic Waste, Leukemia, and Community Action*. Berkeley: University of California Press.

Brulle, R. 2014. "Institutionalizing Delay: Foundation Funding and the Creation of U.S. Climate Change Counter-Movement Organizations." *Climatic Change* 122: 681–694.

Bush, V. 1945. *Science: The Endless Frontier*. Washington, DC: Government Printing Office.

Capek, S. 2000. "Reframing Endometriosis: From 'Career Woman's Disease' to Environment/Body Connections." In *Illness and the Environment: A Reader in Contested Medicine*, edited by S. Kroll-Smith, P. Brown, and V. Gunter, 345–363. New York: New York University Press.

Cho, M. 2006. "Racial and Ethnic Categories in Biomedical Research: There Is No Baby in the Bathwater." *Journal of Law, Medicine & Ethics* 34: 497–499.

Ciarelli, N., and A. Troianovski. 2006. "'Tawdry Shleifer Affair' Stokes Faculty Anger Toward Summers." *Harvard Crimson*, February 10.

Claudio, L. 1996. "New Asthma Efforts in the Bronx." *Environmental Health Perspectives* 104: 1028–1029.

Claudio, L. 2000. "Reaching Out to New York Neighborhoods." *Environmental Health Perspectives* 108: A450–A451.

Cohn, J. 2006. "The Use of Race and Ethnicity in Medicine: Lessons from the African-American Heart Failure Trial." *Journal of Law, Medicine & Ethics* 34: 552–554.

Colborn, T., D. Dumanoski, and J. P. Myers. 1996. *Our Stolen Future*. New York: Penguin.

Cook, G. 2002. "OncoMouse Breeds Controversy/Cancer Researchers at Odds with DuPont over Fees for Patents." *Boston Globe*, June 2.

Corburn, J. 2005. *Street Science: Community Knowledge and Environmental Health Justice.* Cambridge, MA: MIT Press.

Cranor, C. 1990. "Some Moral Issues in Risk Assessment." *Ethics* 101: 123-143.

Cranor, C. 1993. *Regulating Toxic Substances: A Philosophy of Science and the Law.* New York: Oxford University Press.

Cranor, C. 1995. "The Social Benefits of Expedited Risk Assessments." *Risk Analysis* 15: 353-358.

Cranor, C. 2011. *Legally Poisoned: How the Law Puts Us at Risk from Toxicants.* Cambridge, MA: Harvard University Press.

Crichton, M. 2002. *Prey.* New York: HarperCollins.

Crimp, D. 2011. "Before Occupy: How AIDS Activists Seized Control of the FDA in 1988." *The Atlantic*, December 6.

Dahlberg, K. 1979. *Beyond the Green Revolution: The Ecology and Politics of Global Agricultural Development.* New York: Plenum.

Davies, S., P. Macnaghten, and M. Kearnes. 2009. *Reconfiguring Responsibility: Lessons for Public Policy (Part 1 of the Report on Deepening Debate on Nanotechnology).* Durham, UK: University of Durham.

De Melo-Martin, I., and K. Intemann. 2016. "The Risk of Using Inductive Risk to Challenge the Value-Free Ideal." *Philosophy of Science* 83: 500-520.

Deparle, J. 1990. "Rude, Rash, Effective, ACT UP Shifts AIDS Policy." *New York Times*, January 3.

Diekmann, S., and M. Peterson. 2013. "The Role of Non-Epistemic Values in Engineering Models." *Science and Engineering Ethics* 19: 207-218.

Douglas, H. 2000. "Inductive Risk and Values in Science." *Philosophy of Science* 67: 559-579.

Douglas, H. 2003. "The Moral Responsibilities of Scientists: Tensions between Autonomy and Responsibility." *American Philosophical Quarterly* 40: 59-68.

Douglas, H. 2007. "Inserting the Public into Science." In *Democratization of Expertise? Exploring Novel Forms of Scientific Advice in Political Decision-Making*, edited by S. Maasen and P. Weingart, 153-169. New York: Springer.

Douglas, H. 2009. *Science, Policy, and the Value-Free Ideal.* Pittsburgh: University of Pittsburgh Press.

Douglas, H. 2015. "Values in Science." *Oxford Handbook of Philosophy of Science.*

doi: 10.1093/oxfordhb/9780199368815.013.28.

Dupr, J. 2007. "Fact and Value." In *Value-Free Science? Ideals and Illusions*, edited by H. Kincaid, A. Wylie, and J. Dupre, 27–41. New York: Oxford University Press.

Egan, M. 2007. *Barry Commoner and the Science of Survival*. Cambridge, MA: MIT Press.

Elliott, K. 2009. "The Ethical Significance of Language in the Environmental Sciences: Case Studies from Pollution Research." *Ethics, Place & Environment* 12: 157–173.

Elliott, K. 2011a. "Direct and Indirect Roles for Values in Science." *Philosophy of Science* 78: 303–324.

Elliott, K. 2011b. *Is a Little Pollution Good for You? Incorporating Societal Values in Environmental Research*. New York: Oxford University Press.

Elliott, K. 2013a. "Douglas on Values: From Indirect Roles to Multiple Goals." *Studies in History and Philosophy of Science* 44: 375–383.

Elliott, K. 2013b. "Selective Ignorance and Agricultural Research." *Science, Technology & Human Values* 38: 328–350.

Elliott, K. 2016a. "Climate Geoengineering." In *The Argumentative Turn in Policy Analysis: Reasoning about Uncertainty*, edited by G. Hirsch Hadorn and S. Ove Hansson, 305–324. Dordrecht: Springer.

Elliott, K. 2016b. "Environment." In *Miseducation: A History of Ignorance Making in America and Beyond*, edited by A. J. Angulo, 96–122. Baltimore, MD: Johns Hopkins University Press.

Elliott, K. 2016c. "Science and Policy." In *A Companion to the History of American Science*, edited by M. Largent and G. Montgomery, 468–478. Malden, MA: Wiley-Blackwell.

Elliott, K. 2017. "The Plasticity and Recalcitrance of Wetlands." In *Research Objects in Their Technological Setting*, edited by Bernadette Bensaude-Vincent, Sacha Loeve, Alfred Nordmann, and Astrid Schwarz, forthcoming. London: Pickering & Chatto.

Elliott, K., and D. McKaughan. 2014. "Non-Epistemic Values and the Multiple Goals of Science." *Philosophy of Science* 81: 1–21.

Elliott, K., and D. Resnik. 2014. "Science, Policy, and the Transparency of Values." *Environmental Health Perspectives* 122: 647–650.

Elliott, K., and D. Steel, eds. 2017. *Current Controversies in Science and Values*.

New York: Routledge.

Elliott, K., and D. Willmes. 2013. "Cognitive Attitudes and Values in Science." *Philosophy of Science* 80 (2013 Proceedings): 807–817.

Epstein, S. 1996. *Impure Science: AIDS, Activism, and the Politics of Knowledge.* Berkeley: University of California Press.

Fehr, C. 2011. "Feminist Philosophy of Biology." *Stanford Encyclopedia of Philosophy.* http://plato.stanford.edu/entries/feminist-philosophy-biology.

Frickel, S., S. Gibbon, J. Howard, J. Kempner, G. Ottinger, and D. Hess. 2010. "Undone Science: Charting Social Movement and Civil Society Challenges to Research Agenda Setting." *Science, Technology & Human Values* 35: 444–473.

Frodeman, R., J. B. Holbrook, P. Bourexis, S. Cook, L. Diderick, and R. Tankersley. 2013. "Broader Impacts 2.0: Seeing—and Seizing—the Opportunity." *BioScience* 63: 153–154.

Funtowicz, S., and J. Ravetz. 1992. "Three Types of Risk Assessment and the Emergence of Post-Normal Science." In *Social Theories of Risk*, edited by S. Krimsky and D. Golding, 251–274. Westport, CT: Praeger.

Gardiner, S. 2004. "Ethics and Global Climate Change." *Ethics* 114: 555–600.

Gardner, H. 1995. "Scholarly Brinkmanship." In *The Bell Curve Debate: History, Documents, Opinions*, edited by R. Jacoby and N. Glauberman, 61–72. New York: Times Books.

Gillis, J., and J. Schwartz. 2015. "Deeper Ties to Corporate Cash for Doubtful Climate Researcher." *New York Times*, February 21.

Gobster, P. 1997. "The Chicago Wilderness and Its Critics III: The Other Side A Survey of the Arguments." *Restoration & Management Notes* 15: 32–37.

Goldacre, B. 2012. *Bad Pharma: How Drug Companies Mislead Doctors and Harm Patients.* New York: Faber and Faber.

Gordin, M. 2012. "How Lysenkoism Became Pseudoscience: Dobzhansky to Velikovsky." *Journal of the History of Biology* 45: 443–468.

Gotzsche, P. 2013. *Deadly Medicines and Organised Crime: How Big Pharma Has Corrupted Healthcare.* London: Radcliffe.

Gould, S. 1981. *The Mismeasure of Man.* New York: Norton.

Gould, S. 1995. "Mismeasure by Any Measure." In *The Bell Curve Debate: History, Documents, Opinions*, edited by R. Jacoby and N. Glauberman, 3–13. New York: Times Books.

Graham, L. 1993. *Science in Russia and the Soviet Union*. Cambridge: Cambridge University Press.

Greenberg, D. 1968. *The Politics of Pure Science*. New York: New American Library.

Grens, K. 2015. "Chronic Fatigue Syndrome Reframed." *The Scientist*, February 11.

Guston, D. 2000. *Between Politics and Science: Assuring the Integrity and Productivity of Research*. Cambridge: Cambridge University Press.

Guston, D. 2008. "Innovation Policy: Not Just a Jumbo Shrimp." *Nature* 454: 940 – 941.

Guston, D. 2014. "Building the Capacity for Public Engagement with Science in the United States." *Public Understanding of Science* 23: 53 – 59.

Harding, S. 2015. *Objectivity and Diversity: Another Logic of Scientific Research*. Chicago: University of Chicago Press.

Harr, J. 1995. *A Civil Action*. New York: Random House.

Healy, D., and D. Catell. 2003. "Interface between Authorship, Industry, and Science in the Domain of Therapeutics." *British Journal of Psychiatry* 183: 22 – 27.

Heaney, C., S. Wilson, and O. Wilson. 2007. "The West End Revitalization Association's Community–Owned and–Managed Research Model: Development, Implementa–tion, and Action." *Progress in Community Health Partnerships: Research, Education, and Action* 1: 339 – 349.

Herrnstein, R., and C. Murphy. 1994. *The Bell Curve: Intelligence and Class Structure in American Life*. New York: Free Press.

Hicks, D. 2014. "A New Direction for Science and Values." *Synthese* 191: 3271 – 3295.

Holman, B. 2015. "The Fundamental Antagonism: Science and Commerce in Medical Epistemology." PhD diss., University of California – Irvine.

Hough, P., and M. Robertson. 2009. "Mitigation under Section 404 of the Clean Water Act: Where It Comes from, What It Means." *Wetlands Ecology and Management* 17: 15 – 33.

Hudson, R. 2016. "Why We Should Not Reject the Value–Free Ideal of Science." *Perspectives on Science* 24: 167 – 191.

IAASTD (International Assessment of Agricultural Knowledge, Science, and Technology for Development). 2009. *Agriculture at a Crossroads: Executive Summary of the Synthesis Report*. Washington, DC: Island Press.

Intemann, K. 2015. "Distinguishing between Legitimate and Illegitimate Values in Climate Modeling." *European Journal for Philosophy of Science*. doi:

10.1007/s13194-014-0105-6.

Irwin, A. 1995. *Citizen Science: A Study of People, Expertise, and Sustainable Development*. London: Routledge.

Irwin, A. 2001. "Constructing the Scientific Citizen: Science and Democracy in the Biosciences." *Public Understanding of Science* 10: 1–18.

Jasanoff, S., and B. Wynne. 1998. "Science and Decision Making." In *Human Choice and Climate Change*, vol. 1, edited by S. Rayner and E. Malone, 1–87. Columbus, OH: Battelle Press.

John, S. 2015. "Inductive Risk and the Contexts of Communication." *Synthese* 192: 79–96.

Kahan, D. 2010. "Fixing the Communications Failure." *Nature* 463: 296–297.

Kaime, E., K. Moore, and S. Goldberg. 2010. "CDMRP: Fostering Innovation through Peer Review." *Technology and Innovation* 12: 233–240.

Kamin, L. 1995. "Lies, Damned Lies, and Statistics." In *The Bell Curve Debate: History, Documents, Opinions*, edited by R. Jacoby and N. Glauberman, 81–105. New York: Times Books.

Kassirer, J. 2005. *On the Take: How Medicine's Complicity with Big Business Endangers Your Health*. New York: Oxford University Press.

Katikireddi, S. V., and S. Valles. 2015. "Coupled Ethical–Epistemic Analysis of Public Health Research and Practice: Categorizing Variables to Improve Population Health and Equity." *American Journal of Public Health* 105: e36–e42.

Kavanagh, E., ed. 2007. "The Risks and Advantages of Framing Science." *Science* 317: 1168–1169.

Kerr, R. 1989. "Hansen vs. the World on the Greenhouse Threat." *Science* 244: 1041–1043.

Kessler, G. 2015. "Setting the Record Straight: The Real Story of a Pivotal Climate-Change Hearing." *Washington Post*, March 30.

Kinchy, A. 2010. "Epistemic Boomerang: Expert Policy Advice as Leverage in the Campaign against Transgenic Maize in Mexico." *Mobilization: An International Journal* 15: 179–198.

Kintisch, E. 2014. "Should the Government Fund Only Science in the 'National Interest'?" *National Geographic News*, October 29.

Kitcher, Philip. 1990. "The Division of Cognitive Labor." *Journal of Philosophy* 87: 5–22.

Kitcher, P. 2001. *Science, Truth, and Democracy*. New York: Oxford University Press.

Koertge, N. 1998. *A House Built on Sand: Exposing Postmodernist Myths about*

Science. New York: Oxford University Press.

Kourany, J. 2010. *Philosophy of Science after Feminism*. New York: Oxford University Press.

Krimsky, S. 2000. *Hormonal Chaos: The Scientific and Social Origins of the Environmental Endocrine Hypothesis*. Baltimore, MD: Johns Hopkins University Press.

Krimsky, S. 2003. *Science in the Private Interest: Has the Lure of Profits Corrupted Biomedical Research?* Lanham, MD: Rowman and Littlefield.

Kupferschmidt, K. 2015. "Rules of the Name." *Science* 348: 745.

Lacey, H. 1999. *Is Science Value Free?* London: Routledge.

Largent, M. 2012. *Vaccine: The Debate in Modern America*. Baltimore, MD: Johns Hopkins University Press.

Larson, B. 2011. *Metaphors for Environmental Sustainability: Redefining our Relationships with Nature*. New Haven, CT: Yale University Press.

Lave, R. 2009. "The Controversy over Natural Channel Design: Substantive Explanations and Potential Avenues for Resolution." *Journal of the American Water Resources Association* 45: 1519–1532.

Leonhardt, D. 2007. "A Battle over the Costs of Global Warming." *New York Times*, February 21.

Lim, M., Z. Wang, D. Olazabal, X. Ren, E. Terwilliger, and L. Young. 2004. "Enhanced Partner Preference in a Promiscuous Species by Manipulating the Expression of a Single Gene." *Nature* 429: 754–757.

Lok, C. 2010. "Science Funding: Science for the Masses." *Nature* 465: 416–418.

Longino, H. 1990. *Science as Social Knowledge*. Princeton, NJ: Princeton University Press.

Longino, H. 2002. *The Fate of Knowledge*. Princeton, NJ: Princeton University Press.

Lovejoy, C. O. 1981. "The Origin of Man." *Science* 211: 341–350.

Ludwig, D. 2016. "Ontological Choices and the Value-Free Ideal." *Erkenntnis* forthcom-ing. doi: 10.1007/s10670-015-9793-3.

Lyon, S., J. A. Bezaury, and T. Mutersbaugh. 2010. "Gender Equity in Fair Trade-Organic Coffee Producer Organizations: Cases from Mesoamerica." *Geoforum* 41: 93–103.

MacLean, D. 2009. "Environmental Ethics and Future Generations." In *Nature in Common? Environmental Ethics and the Contested Foundations of Environmental Policy*, edited by Ben Minteer, 118–141. Philadelphia:

Temple University Press.

Malakoff, D. 2004. "The River Doctor." *Science* 305: 937-939.

McCright, A., and R. Dunlap. 2010. "Anti-Reflexivity: The American Conservative Movement's Success in Undermining Climate Science and Policy." *Theory, Culture & Society* 27: 100-133.

McKaughan, D. 2012. "Voles, Vasopressin, and Infidelity: A Molecular Basis for Monogamy, a Platform for Ethics, and More?" *Biology and Philosophy* 27: 521-543.

McKaughan, D., and K. Elliott. 2013. "Backtracking and the Ethics of Framing: Lessons from Voles and Vasopressin." *Accountability in Research* 20: 206-226.

Merton, R. 1942. *The Sociology of Science*. Chicago: University of Chicago Press.

Mervis, J. 2014. "Congress, NSF Spar on Access to Grant Files." *Science* 346: 152-153.

Michaels, D. 2008. *Doubt Is Their Product: How Industry's Assault on Science Threatens Your Health*. New York: Oxford University Press.

Musschenga, A., W. van der Steen, and V. Ho 2010. "The Business of Drug Research: A Mixed Blessing." In *The Commodification of Academic Research*, edited by H. Radder, 110-131. Pittsburgh: University of Pittsburgh Press.

Nabhan, G. P. 2009. *Where Our Food Comes From: Retracing Nikolay Vavilov's Quest to End Famine*. Washington, DC: Island Press.

NAS (National Academies of Sciences, Engineering, and Medicine). 2016. *Genetic Engineered Crops: Experiences and Prospects*. Washington, DC: National Academies Press.

Niemitz, C. 2010. "The Evolution of the Upright Posture and Gait—A Review and a New Synthesis." *Naturwissenschaften* 97: 241-263.

Nisbet, M., and C. Mooney. 2007. "Science and Society. Framing Science." *Science* 316: 56.

Noble, H. 1999. "Far More Poor Children are Hospitalized for Asthma, Study Shows." *New York Times*, July 27.

Nordhaus, W. 2007. "Critical Assumptions in the Stern Review on Climate Change." *Science* 317: 201-202.

NRC (National Research Council). 1995. *Wetlands: Characteristics and Boundaries*. Washington, DC: National Academy Press.

NRC (National Research Council). 1996. *Understanding Risk: Informing Decisions* in a Democratic Society. Washington, DC: National Academies Press.

NRC (National Research Council). 1999. *Hormonally Active Agents in the Environment*. Washington, DC: National Academies Press.

NRC (National Research Council). 2015. *Climate Intervention: Reflecting Sunlight to Cool Earth*. Washington, DC: National Academies Press.

O'Fallon, L., and S. Finn. 2015. "Citizen Science and Community-Engaged Research in Environmental Health." *Lab Matters* Fall: 5.

Okruhlik, K. 1994. "Gender and the Biological Sciences." *Canadian Journal of Philosophy* Supplementary vol. 20: 21–42.

Oreskes, N., and E. Conway. 2010. *Merchants of Doubt: How a Handful of Scientists Obscured the Truth on Issues from Tobacco Smoke to Global Warming*. New York: Bloomsbury.

O'Rourke, M., and S. Crowley. 2013. "Philosophical Intervention and Cross-Disciplinary Science: The Story of the Toolbox Project." *Synthese* 190: 1937–1954.

Ottinger, G. 2010. "Buckets of Resistance: Standards and the Effectiveness of Citizen Science." *Science, Technology & Human Values* 35: 244–270.

Park, P. 2004. "EPO Restricts OncoMouse Patent." *The Scientist*, July 26.

Parker, W. 2009. "Confirmation and Adequacy-for-Purpose in Climate Modelling." *Aristotelian Society Supplementary Volume* 83: 233–249.

Parthasarathy, S. 2007. *Genetic Medicine: Breast Cancer, Technology, and the Comparative Politics of Health Care*. Cambridge, MA: MIT Press.

Parthasarathy, S. 2011. "Whose Knowledge? What Values? The Comparative Politics of Patenting Life Forms in the United States and Europe." *Policy Sciences* 44: 267–288.

Patel, R. 2007. *Stuffed and Starved: The Hidden Battle for the World's Food System*. Brooklyn, NY: Melville House.

Perfecto, I., J. Vandermeer, and A. Wright. 2009. *Nature's Matrix: Linking Agriculture, Conservation, and Food Sovereignty*. London: Earthscan.

Pielke, R., Jr. 2007. *The Honest Broker: Making Sense of Science in Policy and Politics*. Cambridge: University of Cambridge Press.

Pielke, R., Jr. 2010. *The Climate Fix: What Scientists and Politicians Won't Tell You about Global Warming*. New York: Basic Books.

Pierrehumbert, R. 2015. "Climate Hacking Is Barking Mad." *Slate*, February 10.

Plotz, David. 2001. "Larry Summers: How the Great Brain Learned to Grin and Bear

It." *Slate*, June 29.

Pogge, T. 2009. "The Health Impact Fund and Its Justification by Appeal to Human Rights." *Journal of Social Philosophy* 40: 542 – 569.

"Police Arrest AIDS Protesters Blocking Access to FDA Offices. 1988. *Los Angeles Times*, October 11.

Potochnik, A. 2015. "The Diverse Aims of Science." *Studies in History and Philosophy of Science* 53: 71 – 80.

Potrykus, I. 2002. "Golden Rice and the Greenpeace Dilemma." In *Genetically Modified Foods*, edited by M. Ruse and D. Castle, 55 – 57. Amherst, NY: Prometheus.

Powell, M., and J. Powell. 2011. "Invisible People, Invisible Risks: How Scientific Assessments of Environmental Health Risks Overlook Minorities —and How Community Participation Can Make Them Visible." In *Technoscience and Environmental Justice: Expert Cultures in a Grassroots Movement*, edited by G. Ottinger and B. Cohen, 149 – 178. Cambridge, MA: MIT Press.

Pringle, P. 2003. *Food Inc.: Mendel to Monsanto —The Promises and Perils of the Biotech Industry*. New York: Simon and Schuster.

Pringle, P. 2008. *The Murder of Nikolai Vavilov*. New York: Simon and Schuster.

Proctor, R. 1991. *Value-Free Science? Purity and Power in Modern Knowledge*. Cambridge, MA: Harvard University Press.

Proctor, R. 2012. *Golden Holocaust: Origins of the Cigarette Catastrophe and the Case for Abolition*. Berkeley: University of California Press.

Raffensperger, C., and J. Tickner, eds. 1999. *Protecting Public Health and the Environment*. Washington, DC: Island Press.

Reiss, J., and P. Kitcher. 2009. "Biomedical Research, Neglected Diseases, and Well-Ordered Science." *Theoria* 66: 263 – 282.

Robertson, M. 2006. "The Nature that Capital Can See: Science, State, and Market in the Commodification of Ecosystem Services." *Environment and Planning D: Society and Space* 24: 367 – 387.

Roll-Hansen, N. 1985. "A New Perspective on Lysenko?" *Annals of Science* 42: 261 – 278.

Rose, S. 2009. "Darwin 200: Should Scientists Study Race and IQ? No: Science and Society Do Not Benefit." *Nature* 457: 786 – 788.

Sarewitz, D. 1996. *Frontiers of Illusion: Science, Technology, and the Politics of Progress*. Philadelphia: Temple University Press.

Sarewitz, D. 2007. "How Science Makes Environmental Controversies Worse." *Environmental Science & Policy* 7: 385–403.

Schienke, E. W., S. D. Baum, N. Tuana, K. J. Davis, and K. Keller. 2011. "Intrinsic Ethics Regarding Integrated Assessment Models for Climate Management." *Science and Engineering Ethics* 17: 503–523.

Schlesinger, S., and S. Kinzer. 1999. *Bitter Fruit: The Story of the American Coup in Guatemala*. Cambridge, MA: Harvard University Press.

Schuurbiers, D., and E. Fisher. 2009. "Lab-Scale Intervention." *EMBO Reports* 10: 424–427.

Shabecoff, P. 1988. "Global Warming Has Begun, Expert Tells Senate." *New York Times*, June.

Shah, S. 2010. *The Fever: How Malaria Has Ruled Humankind for 500,000 Years*. New York: Farrar, Straus, and Giroux.

Shiva, V. 1988. "Reductionist Science as Epistemological Violence." In *Science, Hegemony, and Violence: A Requiem for Modernity*, edited by A. Nandy, 232–256. Oxford: Oxford University Press.

Shiva, V. 2002. "Golden Rice Hoax: When Public Relations Replace Science." In *Genetically Modified Foods*, edited by M. Ruse and D. Castle, 58–62. Amherst, NY: Prometheus.

Shore, D. 1997. "The Chicago Wilderness and Its Critics II: Controversy Erupts over Restoration in Chicago Area." *Restoration & Management Notes* 15: 25–31.

Shrader-Frechette, K. 1991. *Risk and Rationality: Philosophical Foundations for Populist Reforms*. Berkeley: University of California Press.

Shrader-Frechette, K. 1996. *The Ethics of Scientific Research*. Lanham, MD: Rowman and Littlefield.

Shrader-Frechette, K. 2007. *Taking Action, Saving Lives: Our Duties to Protect Environmental and Public Health*. New York: Oxford University Press.

Shrader-Frechette, K. 2014. *Tainted: How Philosophy of Science Can Expose Bad Science*. New York: Oxford University Press.

Sismondo, S. 2007. "Ghost Management: How Much of the Medical Literature is Shaped Behind the Scenes by the Pharmaceutical Industry?" *PLoS Medicine* 4:e286.

Sismondo, S. 2008. "Pharmaceutical Company Funding and Its Consequences: A Qualitative Systematic Review." *Contemporary Clinical Trials* 29: 109–113.

Smith, H. 2014. "Remembering the Genius Who Got BPA Out of Your Water Bottles, and So Much More." *Grist*, December 16.

Solomon, M. 2001. *Social Empiricism*. Cambridge, MA: MIT Press.

Sonderholm, J. 2010. "A Theoretical Flaw in the Advance Market Commitment Idea." *Journal of Medical Ethics* 36: 339-343.

Steel, D. 2010. "Epistemic Values and the Argument from Inductive Risk." *Philosophy of Science* 77: 14-34.

Stern, N. 2007. *The Economicsof Climate Change: The Stern Review*. Cambridge: Cambridge University Press.

Stokstad, E. 2008. "Dueling Visions for a Hungry World." *Science* 319 (14 March): 1474-1476.

Tickner, J. 1999. "A Map Toward Precautionary Decision Making." In *Protecting Public Health & the Environment: Implementing the Precautionary Principle*, edited by C. Raffesnperger and J. Ticker, 162-186. Washington, DC: Island Press.

Toumey, C. 2006. Science and Democracy. *Nature Nanotechnology* 1: 6-7.

Tuana, N. 2010. "Leading with Ethics, Aiming for Policy: New Opportunities for Philosophy of Science." *Synthese* 177: 471-492.

Tuana, N., R. Sriver, T. Svogoda, R. Olson, P. Irvine, J. Haqq-Misra, and K. Keller. 2012. "Towards Integrated Ethical and Scientific Analysis of Geoengineering: A Research Agenda." *Ethics, Policy & Environment* 15: 136-157.

Tucker, A. 2014, "What Can Rodents Tell Us about Why Humans Love." *Smithsonian Magazine*, February.

Tuller, D. 2007. "Chronic Fatigue No Longer Seen as 'Yuppie Flu.'" *New York Times*, July 17.

Turner, E., A. Matthews, E. Linardatos, R. Tell, and R. Rosenthal. 2008. "Selective Publication of Antidepressant Trials and Its Influence on Apparent Efficacy." *New England Journal of Medicine* 358: 252-260.

Uscinski, J., and C. Klofstad. 2010. "Who Likes Political Science?: Determinants of Senators' Votes on the Coburn Amendment." *Political Science & Politics* 43: 701-706.

Wade, N. 2011. "Scientists Measure the Accuracy of a Racism Claim." *New York Times*, June 13.

Walum, H., L. Westberg, S. Henningsson, J. Neiderhiser, D. Reiss, W. Igl, J. Ganiban, et al. 2008. "Genetic Variation in the Vasopressin Receptor 1a Gene (AVPR1A) Associates with Pair-Bonding Behavior in Humans." *Proceedings of the National Academy of Sciences* 105: 14153-14156.

Weart, S. 2014. "The Public and Climate Change." http://www.aip.org/history/climate/public2.htm.

Weitzman, M. 2007. "A Review of the *Stern Review* on the Economics of Climate Change." *Journal of Economic Literature* 45: 703–724.

Wickson, F., and B. Wynne. 2012. "Ethics of Science for Policy in the Environmental Governance of Biotechnology: MON810 Maize in Europe." *Ethics, Policy & Environment* 15: 321–340.

Wilholt, T. 2009. "Bias and Values in Scientific Research." *Studies in History and Philosophy of Science* 40: 92–101.

Wilholt, T. 2013. "Epistemic Trust in Science." *British Journal for Philosophy of Science* 64: 233–253.

Wylie, A. 1996. "The Constitution of Archaeological Evidence: Gender Politics and Science." In *The Disunity of Science: Boundaries, Contexts, and Power*, edited by P. Galison and D. Stump, 311–343. Stanford, CA: Stanford University Press.

Wynne, B. 1992. "Public Understanding of Science Research: New Horizons of Hall of Mirrors?" *Public Understanding of Science* 1: 37–43.

Wynne, B. 2005. "Risk as Globalising 'Democratic' Discourse? Framing Subjects and Citizens." In *Science and Citizens: Globalization and the Challenge of Engagement*, edited by M. Leach, I. Scoones, and B. Wynne, 66–82. London: Zed Books.

Ye, X., S. Al-Babili, A. Kloti, J. Zhang, P. Lucca, P. Beyer, and I. Potrykus. 2000. "Engineering the Provitamin A (ß-Carotene) Biosynthetic Pathway into (Carotenoid-Free) Rice Endosperm." *Science* 287: 303–305.

Young, L. 2009. "Being Human: Love—Neuroscience Reveals All." *Nature* 457: 148.

Zihlman, A. 1985. "Gathering Stories for Hunting Human Nature." *Feminist Studies* 11: 365–377.

찾 아 보 기

A Tapestry of Values

: An Introduction to Values in Science